Dissertationes Botanicae Band 319

Hartmut Pfeifer

Angewandte Pflanzengeographie in maghrebinischen Oasen

unter besonderer Berücksichtigung der Ackerwildkräuter als agrarökologische Phytoindikatoren

mit 56 Abbildungen und 23 Tabellen im Text und auf 2 Beilagen

J. CRAMER in der Gebrüder Borntraeger Verlagsbuchhandlung
BERLIN · STUTTGART 1999

Anschrift des Autors:

Hartmut Pfeifer
Paul-Gossen-Str. 34/52

D-91052 Erlangen

Alle Rechte, auch das der Übersetzung, des auszugsweisen Nachdrucks, der Herstellung von Mikrofilmen und der photomechanischen Wiedergabe, vorbehalten.

♾ Gedruckt auf alterungsbeständigem Papier nach ISO 9706-1994

© 1999 by Gebrüder Borntraeger, D-14129 Berlin, D-70176 Stuttgart
Printed in Germany by strauss offsetdruck gmbh, D-69509 Mörlenbach

ISSN 0070-6728
ISBN 3-443-64231-4

Inhaltsverzeichnis

	Vorwort	1
1	**Fragestellung**	3
2	**Charakterisierung der Untersuchungsgebiete**	7
	2.1 Oasen: Eine allgemeine Charakterisierung	7
	2.1.1 Typisierung der maghrebinischen Oasen	7
	2.1.2 Merkmale der Oasenwirtschaft	9
	2.2 Die Drâa-Oase (Marokko)	12
	2.2.1 Geographische Lage und Beschreibung der Drâa-Oase	12
	2.2.2 Klima	15
	2.2.3 Geologie	17
	2.2.4 Hydrologie	18
	2.2.5 Bewässerung	19
	2.3 Die Oasen des Chott el Djérid (Tunesien)	22
	2.3.1 Geographische Lage und Beschreibung der untersuchten Oasen	23
	2.3.2 Klima	26
	2.3.3 Geologie	30
	2.3.4 Hydrologie	31
	2.3.5 Bewässerung	33
	2.4 Probleme der Oasenwirtschaft	35
	2.4.1 Die knappe Ressource Wasser	35
	2.4.2 Phytoparasiten	36
	2.4.3 Desertifikationserscheinungen	37
	2.4.4 Strukturelle Schwierigkeiten	38
	2.4.5 Bodenversalzung	39
3	**Methodik der Datenerhebung**	44
	3.1 Pflanzensoziologische Aufnahmen	44
	3.2 Floristische Daten	45
	3.3 Standortdaten	46
4	**Auswertungsmethodik**	48
	4.1 Transformationen	48
	4.1.1 Maskierung	48
	4.1.2 Skalartransformationen	49
	4.1.3 Vektortransformationen	50
	4.1.3.1 Zentrieren	50
	4.1.3.2 Standardisieren	50
	4.2 Klassifikation	50
	4.3 Ordination	51
	4.3.1 Grundlagen	51
	4.3.2 Direkte und indirekte Gradientenanalyse	52

	4.3.3	Lineares und unimodales Antwortmodell.	53
	4.3.4	Korrespondenzanalyse (CA)	54
	4.3.5	Kanonische Korrespondenzanalyse (CCA)	54
	4.3.6	Ergebnisdaten von CA und CCA	55
		4.3.6.1 CA und CCA	55
		4.3.6.2 CCA	55
	4.3.7	Interpretation der Ordinationsdiagramme.	56

5 Ergebnisse der Drâa-Oase (Marokko) 57

5.1 Bodenanalysen 57
5.2 Nutzungsänderung entlang der Drâa-Oase 60
    5.2.1 Baumkulturen 60
        5.2.1.1 Bestandsdichte und Artenvielfalt. 61
        5.2.1.2 Zusammensetzung der Arten 62
    5.2.2 Unterkulturen 64
        5.2.2.1 Flächenanteile der verschiedenen Unterkulturen . . 64
    5.2.3 Strukturelle Unterschiede der Oasengärten 67
5.3 Die Ackerwildkrautvegetation der Drâa-Oase 72
    5.3.1 Klassifizierung und synsystematische Betrachtung 73
    5.3.2 Ökologie 80
        5.3.2.1 Die Standortfaktoren 81
        5.3.2.2 Bewertung der Gesellschaften und ökologischen
        Gruppen 83
        5.3.2.3 Phytoindikation der Bodenversalzung 92
    5.3.3 Geoelementspektren 94
    5.3.4 Artenvielfalt 99
    5.3.5 Lebensformenspektren 100

6 Ergebnisse der tunesischen Oasen 102

6.1 Bodenanalysen 102
    6.1.1 Djérid-Oasen: Tozeur 103
    6.1.2 Nefzaoua-Oasen: Toumbar 105
6.2 Toumbar als Fallbeispiel einer typischen Nefzaoua-Oase 108
    6.2.1 Beschreibung der Oase 108
    6.2.2 Entwicklung der Bodensalinität von 1975-1996. 118
6.3 Die Oasenvegetation der Oasen Tunesiens 127
    6.3.1 Klassifizierung und synsystematische Betrachtung 127
    6.3.2 Ökologie 138
        6.3.2.1 Die Standortfaktoren 138
        6.3.2.2 Bewertung der ökologischen Gruppen 139
        6.3.2.3 Phytoindikation der Bodenversalzung 147
    6.3.3 Geoelementspektren 153
    6.3.4 Artenvielfalt 158
    6.3.5 Lebensformenspektren 160
    6.3.6 Die Fluß- und Gebirgsfußoasen 163

7	Praxisbezogener Ausblick	170
8	Zusammenfassung	174
	Summary	179
9	Literaturverzeichnis	183
10	Anhang: Artenlisten, Kopfdaten, Gesamttabellen	205

Abbildungsverzeichnis

Abb. 1:	Lage der Drâa-Oase	13
Abb. 2:	Kulturräumliche Gliederung der Drâa-Oase	14
Abb. 3:	Jahresgang der Lufttemperatur und des Niederschlags in Zagora	15
Abb. 4:	Jahressummen der Niederschläge in Zagora von 1963-1987	16
Abb. 5:	Lage der tunesischen Oasengebiete	24
Abb. 6:	Jahresgang der Lufttemperatur und des Niederschlags in Kebili	27
Abb. 7:	Klimadiagramm nach WALTER et al. (1975), Jahresgang der potentiellen Verdunstung nach THORNTHWAITE (1948) und der relativen Luftfeuchtigkeit der Station Kebili	28
Abb. 8:	Prinzip der Wasser- und Salzbilanzierung im Bewässerungsfeldbau	40
Abb. 9:	Lineares und unimodales Antwortmodell	53
Abb. 10:	Bodenprofile der Drâa-Oase	59
Abb. 11:	Relative Häufigkeit der Baum- und Straucharten in typischen Oasengärten des Drâa-Tals	63
Abb. 12:	Relative Häufigkeit der Unterkulturen in typischen Oasengärten des Drâa-Tals	65
Abb. 13:	Aufsicht eines typischen Oasengartens in Agdz	68
Abb. 14:	Aufsicht eines typischen Oasengartens in Zagora	69
Abb. 15:	Aufsicht eines typischen Oasengartens in M'Hamid (nur mit Seguiabewässerung)	70
Abb. 16:	Aufsicht eines typischen Oasengartens in M'Hamid (mit zusätzlicher Brunnenbewässerung)	71
Abb. 17:	CA des Datensatzes, 1./2. Achse (Aufnahmen oben, Arten unten)	84
Abb. 18:	CCA des Datensatzes, 1./2. Achse (Aufnahmen oben, Arten unten)	87
Abb. 19:	CCA des Datensatzes, Aufnahmen, 1./2. Achse, prozentualer Anteil der sechs häufigsten Arten der ökologischen Gruppe von *Polygonum aviculare* und *Vicia monantha* an der Gesamtdeckung aller Arten als Overlay	91
Abb. 20:	CCA des Datensatzes, Arten, 1./3. Achse	93
Abb. 21:	Geoelementspektren der Ackerwildkrautgesellschaften der Drâa-Oase	96

Abb. 22:	Geoelementspektren der Drâa-Oase differenziert nach Oasenmitte und Oasenrand	98
Abb. 23:	Artenzahl-Statistik der Drâa-Oase	99
Abb. 24:	Lebensformenspektren der Ackerwildkrautgesellschaften der Drâa-Oase	100
Abb. 25:	Bodenprofile der Oase Tozeur/Djérid	104
Abb. 26:	Bodenprofile der Oase Toumbar/Nefzaoua	106
Abb. 27:	Gesamtansicht der Oase Toumbar/Nefzaoua (Stand: Herbst 1996)	109
Abb. 28:	Oasengärten in Toumbar, Garten 1 (oben), Garten 2 (unten)	112
Abb. 29:	Oasengarten in Toumbar, Garten 3	113
Abb. 30:	Oasengarten in Toumbar, Garten 4	114
Abb. 31:	Nutzungsprofil (X-Y) durch Oasenareale unterschiedlichen Alters (Toumbar/Nefzaoua)	115
Abb. 32:	Nutzungsprofil (Q-Z) von einem aufgegebenen Quellhügel bis zur illegalen Oasenerweiterung (Toumbar/Nefzaoua)	116
Abb. 33:	Oasengarten in Toumbar, Garten 5	117
Abb. 34:	Bodensalinität in 10 cm Tiefe der Oase Toumbar/Neftaoua - Frühjahr 1975 (Quelle: WEHMEIER, 1977)	120
Abb. 35:	Bodensalinität in 10 cm Tiefe der Oase Toumbar/Nefzaoua - Frühjahr 1987 (Quelle: RICHTER, 1987, 1995)	121
Abb. 36:	Bodensalinität in 10 cm Tiefe der Oase Toumbar/Nefzaoua - Herbst 1995 (eigene Erhebungen)	124
Abb. 37:	Bodensalinität in 10 cm Tiefe der Oase Toumbar/Nefzaoua - Frühjahr 1996 (eigene Erhebungen)	125
Abb. 38:	Auswirkungen der Bewässerung auf die Salzverlagerung im Boden sowie auf die Abflußverhältnisse während eines Jahres (Idealisierte Modellskizze; Quelle: SCHAFFER, 1979)	126
Abb. 39:	Jahreszeitliche Verschiebung der Blütezeit kälte- und wärmekeimender Ackerwildkrautarten in Abhängigkeit der geographischen Breite	134
Abb. 40:	CA des Herbstdatensatzes, Arten, 1./2. Achse	140
Abb. 41:	CCA des Herbstdatensatzes, Arten, 1./2. Achse	142
Abb. 42:	CCA des Frühjahrsdatensatzes, Arten, 1./2. Achse	146
Abb. 43:	Die Stetigkeit wichtiger Arten der ökologischen Gruppen der Schottoasen in verschiedenen Bodenversalzungsklassen; gewichtete und ungewichtete EC-Mittelwerte, Standardabweichungen (σ)	148
Abb. 44:	Aufsicht eines Vegetationsbestandes in einem unversalzten Kürbisbeet	152
Abb. 45:	Aufsicht eines Vegetationsbestandes in einem versalzten Luzernebeet	153
Abb. 46:	Geoelementspektren der Schottoasen; rel. Deckung gegen den EC-Wert des Bodens	155
Abb. 47:	Geoelementspektren der Pflanzengesellschaften der Schottoasen	156
Abb. 48:	Geoelementspektren der Oase Toumbar im Frühjahr; rel. Deckung in Abhängigkeit der Baum- u. Strauchdeckung (rechts) und dem Alter bzw. der räumlichen Lage (links)	157

Abb. 49: Geoelementspektren der Winter/Frühjahrs- und Sommer/Herbst-Ökophase einjähriger Anbaukulturen der Schottoasen mit Bodenleitfähigkeitswerten unter 3 mS/cm 158
Abb. 50: Artenzahl-Statistik der Schottoasen in Abhängigkeit der elektrischen Leitfähigkeitswerte des Bodens 159
Abb. 51: Lebensformenspektren der Frühjahrs-Ackerwildkrautvegetation einjähriger Anbaukulturen der Oase Toumbar in Abhängigkeit des Alters bzw. der räumlichen Lage 160
Abb. 52: Vergleich von Lebensformenspektren der Ackerwildkrautvegetation einjähriger Anbaukulturen verschiedener Oasenregionen am Chott el Djérid 161
Abb. 53: Lebensformenspektren der Pflanzengesellschaften der Schottoasen.... 162
Abb. 54: CA des Frühjahrsdatensatzes von Fluß-, Gebirgsfuß-, und Schottoasen in Tunesien; Aufnahmen, 1./2. Achse 166
Abb. 55: Dendrogramm der floristischen Ähnlichkeit pflanzensoziologischer Aufnahmen (Frühjahr) der Fluß- und Gebirgsfußoasen Tunesiens im Vergleich mit den entsprechenden EC-Bodenwerten 167
Abb. 56: Dendrogramm der floristischen Ähnlichkeit pflanzensoziologischer Aufnahmen maghrebinischer Oasen (Algerien, Marokko, Tunesien). (Quelle: RICHTER, (in prep.)) 171

Tabellenverzeichnis

Tab. 1: Flächenangaben zu den einzelnen Palmenhainen der Drâa-Oase 14
Tab. 2: Durchschnittswerte des Salzgehaltes für das Oberflächenwasser in g/l für die einzelnen Palmenhaine der Drâa-Oase 19
Tab. 3: Entwicklung von Oasenfläche und Dattelpalmenbestand im Djérid und Nefzaoua (1976-1993) 25
Tab. 4: Vergleichende Gegenüberstellung von Bestandsdichte und Artenzahl der Baum- und Straucharten typischer Oasengärten der drei Teilarbeitsgebiete im Drâa-Tal. 62
Tab. 5: Wasserbedarf verschiedener Baum- und Strauchkulturen 64
Tab. 6: Wasserbedarf verschiedener Unterkulturen 66
Tab. 7: Synoptische Tabelle der 6 Pflanzengesellschaften der Drâa-Oase 78
Tab. 8: Korrelationen zwischen den Kopfdaten des Datensatzes 82
Tab. 9: Eigenwerte der CA 83
Tab. 10: Eigenwerte, Art-Umwelt-Korrelationskoeffizienten und kumulative Varianzen der Art-Umwelt-Beziehung bei der CCA. 85
Tab. 11: Inter-Set-Korrelationen und t-values zwischen den Umweltdaten und Achsen. 86
Tab. 12: Synoptische Tabelle der 7 tunesischen Oasengesellschaften 128
Tab. 13: Korrelationen zwischen den Kopfdaten des Datensatzes 139
Tab. 14: Eigenwerte der CA (Herbst) 139

Tab. 15: Eigenwerte, Art-Umwelt-Korrelationskoeffizienten und kumulative
Varianzen der Art-Umwelt-Beziehung bei der CCA (Herbst) 141
Tab. 16: Inter-Set-Korrelationen und t-values zwischen den Umweltdaten
und Achsen 141
Tab. 17: Eigenwerte, Art-Umwelt-Korrelationskoeffizienten und kumulative
Varianzen der Art-Umwelt-Beziehung bei der CCA (Frühjahr) 145
Tab. 18: Phytoindikation der Bodenversalzung im Herbst 150
Tab. 19: Phytoindikation der Bodenversalzung im Frühjahr 151
Tab. 20: Pflanzensoziologische Teiltabelle der Fluß- und Gebirgsfußoasen,
Frühjahr 164

Anhang:

Tab. 21: Gesamttabelle Drâa-Oase
Tab. 22: Gesamttabelle Oasen Südtunesien, Herbst 1995
Tab. 23: Gesamttabelle Oasen Südtunesien, Frühjahr 1996

Abkürzungsverzeichnis

PCA	Hauptkomponentenanalyse
CA	Korrespondenzanalyse
CCA	Kanonische Korrespondenzanalyse
I.A.V.	Institut Agronomique et Vétérinaire Hassan II in Rabat (Marokko)
O.R.M.V.A.	Office Régionale de Mise en Valeur Agricole (Marokko)
C.R.D.A.	Commissariat Régional au Développement Agricole (Tunesien)
S.T.I.L.	Société Tunisienne d'Industrie Laitière (Tunesien)
C.F.R.	Centre de la Formation et de Recyclage (Tunesien, Degache)
C.T.	Complexe Terminal
C.I.	Complexe Continental Intercalaire

Fremdwörterverzeichnis

Chott	Salztonebene
Djebel (arab.)	Berg
Ksar, Plur. Ksour (arab.)	befestigtes Dorf
Oued (arab.)	Fluß
Séguia (arab.)	Bewässerungshauptkanal aus Lehm
Targa (berb.)	Bewässerungshauptkanal aus Lehm

Vorwort

Mein Interesse für Oasen wurde auf mehreren Reisen im afrikanisch-asiatischen Trockenraum geweckt trotz anfänglicher Ernüchterung. Entsprach die erste Oasenerfahrung im jordanischen Azraq ganz und gar nicht meiner jugendlichen Idealvorstellung, so entwickelte sich im Laufe der Zeit ein von Realität und Faszination zugleich geprägtes Bild. Die Diplomarbeit führte mich schließlich 1993 in die südmarokkanische Drâa-Oase und ab Mitte 1995 erfolgte die Doktorarbeit als weiterführende Untersuchung zum Bodenversalzungsproblem in Oasen unter Einbeziehung der Chott el Djérid-Region im Süden Tunesiens.

Die vorliegende Arbeit entstand auf Anregung von Prof. Dr. Michael Richter (Institut für Geographie, FAU Erlangen-Nürnberg). Ihm gilt mein besonderer Dank für die fachliche Betreuung, manch schweißtreibende Mithilfe im Gelände, aber ganz besonders für den Einblick in die Sichtweise der Geographie, was mir - dem Diplom-Biologen - neue Anregungen eröffnete.

Weiteren Dank schulde ich meinem ersten akademischen Lehrer Prof. Dr. Werner Nezadal von der Arbeitsgruppe Geobotanik des Instituts für Botanik und Pharmazeutische Biologie der FAU Erlangen-Nürnberg. Von seinem Wissen als kompetentem Experten der Ackerwildkrautvegetation konnte ich über Jahre profitieren.

Den vielen weiteren Helfern sei im folgenden herzlich gedankt:

- Dr. Walter Welß für das Auffinden unerwarteter Raritäten in seinem Literaturfundus, Dr. Roland Lindacher für die Bereitstellung des Programms SAVED sowie Dipl.-Biol. Andreas Gleich für die kritische Durchsicht des Manuskripts und die Lust an konstruktiven Diskussionen,

- Prof. Dr. Ulrich Deil (Institut für Biologie II, Lehrstuhl für Geobotanik, Freiburg) für das Einfädeln der hilfreichen „Marokko-Connections", Dr. Mohammed Hammoumi sowie Dr. Abdelkader Taleb (Institut Agronomique et Vétérinaire Hassan II, Rabat) für die freundliche, unbürokratische Unterstützung und Hilfe bei der Herbararbeit,

- Dr. Amor Mtimet (Ministère de l'Agriculture, Direction des Sols, Tunis) für die Hilfestellung bei ersten bürokratischen Hürden und Herrn Hanns-Dietrich Bettermann von der Deutschen Botschaft in Tunis für die Vermittlungstätigkeit beim Zoll,

- den Mitarbeitern des O.R.M.V.A. in Ouarzazate, dem C.R.D.A. in Kebili und Tozeur für die großen und kleinen Hilfestellungen sowie vor allem

Herrn Mohammed Jedidi vom C.F.R. in Degache für die Erlaubnis, zwei Klimastationen im Versuchsgelände aufstellen zu dürfen sowie für deren „Bewachung",

- der FAU Erlangen-Nürnberg für das Stipendium im Rahmen der Graduiertenförderung sowie dem DAAD für die Gewährung eines Aufstockungsstipendiums,

- Stellvertretend für die herzliche Aufnahme durch die Menschen in Tunesien und Marokko möchte ich mich ganz ganz besonders bei Mohamed Ben Ali (Negga), Hassan Khelifi (Toumbar), Faouzi Bouhali (Tozeur) und El Houcine Boudouar (Zagora) bedanken - für die Quasi-Adoption in die Familie, „thé à la menthe" bis zum Abwinken, die Einweisung in die Kultur der Wasserpfeife, Couscous mit Kamelfleisch und vieles mehr .... - aber vor allem für die aufrichtige Freundschaft,

- last but not least - meinen Eltern Roland und Christa Pfeifer, die meinen Werdegang nicht nur mit Interesse verfolgt, sondern auch stets unterstützt haben.

1 Fragestellung

Um dem Nahrungsmittelbedarf einer kontinuierlich wachsenden Weltbevölkerung gerecht zu werden, hat die landwirtschaftliche Nutzfläche eine beachtliche Ausweitung und Intensivierung erfahren - mit überproportionaler Steigerung im Bewässerungslandbau. Nach WOLFF et al. (1995) umfaßte die Bewässerung um 1800 weltweit rund 8 Mio ha, 100 Jahre später bereits 40 Mio ha. Ein wahrer Quantensprung führte im Zuge der „Grünen Revolution" seit der zweiten Hälfte dieses Jahrhunderts bis 1976 zu einer Weltbewässerungsfläche von 226 Mio ha (SCHAFFER, 1979; ACHTNICH, 1980) und erreichte 1994 die 250 Mio ha-Marke (WOLFF et al., 1995), was einem Zuwachs von 15% auf 17% an der gesamten landwirtschaftlich genutzten Fläche weltweit entspricht. In den Maghrebstaaten Algerien, Marokko und Tunesien kommt der Bewässerungslandwirtschaft mit einer Fläche von 1,36 Mio ha ein hoher Stellenwert zu; auf die saharischen Oasen entfallen davon knapp 15% (PÉRENNÈS, 1993). Obwohl die maghrebinischen Oasen nur einen geringen Teil der gesamten landwirtschaftlichen Kulturfläche bilden, muß berücksichtigt werden, daß Oasen die Ernährungsgrundlage für beachtliche Menschenmengen darstellen (BENCHERIFA, 1990).

Das Vorstellungsbild saharischer Oasen hat sich seit den Berichten der ersten europäischen Forschungsreisenden des 19. Jahrhunderts bis heute mehrfach in der Wissenschaft als auch der Öffentlichkeit geändert, stimmte jedoch nur selten mit der Realität überein. Wurden Oasen von den frühen Forschungsreisenden zu „Inseln der Glückseligen" (CHAVANNE, 1879, S. 408) oder dem „Paradies der Dattelpalmen" (FITZNER, 1897, S. 263), das den Ankommenden nach langer, entbehrungsreicher Reise „in seinen Schatten auf[nimmt]" (ALMASY, 1939, S. 60), geradezu romantisiert, so folgte unter kolonialer Verwaltung eine Phase der Erfassung funktionaler Organisationsprinzipien. Obwohl die Oasenwirtschaft in Kolonialmanier als traditionell eingestuft wurde, erkannte man die technische und soziale Organisationsform als hohe Kulturleistung an. In der französischsprachigen Literatur dieser Zeit wird zwar ein grundlegender Wandel der Oasen aufgrund von Arbeitskräftemangel, ineffizienter Wassernutzung und archaischen Arbeitsverhältnissen (Khammessat) angeführt, doch bleibt die Wahrnehmung gegenüber innovativen Impulsen stets offen (BISSON, 1960; CAPOT-REY & DAMADE, 1962; BÉDOUCHA-ALBERGONI, 1976).

Ein vollkommen anderes Bild zeichnet v. a. die deutsche Geographie im Zeitraum der 50er bis 70er Jahre mit der Auffassung vom saharaweiten Oasensterben (SCHIFFERS, 1971a; MENSCHING, 1971a; DESPOIS, 1973; ACHTNICH, 1975; MECKELEIN, 1979, 1980a, 1980b). SCHIFFERS (1951, S. 56) spricht in diesem Zusammenhang vom „Krankheitssymptom in der Sahara", MECKELEIN (1979, S. 547) sogar von drohenden „Notstandsgebieten". Zweifellos gab und gibt es

Argumente für eine Krise der Oasenwirtschaft, wie dem Arbeitskräftemangel durch Abwanderung, veraltete Bewässerungsmethoden, dem Niedergang des Transsahara-Handels, dem Bedeutungsverlust der Dattel infolge geänderten Konsumverhaltens, der natürlichen Klimaänderung, Grundwasserabsenkungen sowie ökologischen Gefahren durch Sandeinwehungen und insbesondere der Bodenversalzung. Zusätzlich wurde diese verbreitete und verfestigte Ansicht von fehlgeleiteten Projekten im Rahmen der Neulandgewinnung genährt, wie dem „New-Valley-Project" in der westlichen ägyptischen Wüste (BLISS, 1981, 1983, 1984, 1989, 1998) oder dem Kufra-Projekt in Libyen (ALLAN, 1976, 1980, 1987; SCHLIEPHAKE, 1980, 1993; FONTAINE, 1996). Die einseitig pessimistische Sichtweise im deutschsprachigen Raum führen POPP (1990, 1997) und BENCHERIFA (1990) auf den Mangel an Datenerhebungen sowie die von physiognomischen Eindrücken abgeleiteten pauschalisierten Fehleinschätzungen zurück.

Daher fordert POPP (1990, 1997) zurecht eine Revision des Forschungsstandes in der Bundesrepublik und eine objektive Auseinandersetzung sowohl mit den Problemen als auch den innovativen, zukunftsweisenden Prozessen in der Oasenwirtschaft. Neuere Untersuchungen von PLETSCH (1971) in der Drâa-Oase, von WEHMEIER (1977a, 1977b, 1977c, 1980), TAUBERT (1981) und MAY (1984) im Nefzaoua, von BÜCHNER (1986, 1997) in der Todhra-Oase, von POPP (1989, 1990), BENCHERIFA & POPP (1990, 1991) und SAMIMI (1990, 1991) in Figuig sowie von RICHTER & SCHMIEDECKEN (1985) und RICHTER (1995) in Tozeur untermauern diese Forderung neben jüngsten Arbeiten maghrebinischer und französischer Geographen wie OUHAJOU (1986), BENCHERIFA (1990, 1991, 1993), KASSAH (1989, 1990, 1993, 1995a, 1997), HAMZA (1997) und BISSON (1997).

In der Forschungsmeinung werden einhellig der limitierende Faktor Wasser und die Bodenversalzung als die Schlüsselprobleme bei der Umsetzung einer nachhaltigen Entwicklung der Oasen eingestuft. Erhöhte Bodensalinität ist ein weitverbreitetes Phänomen in den Oasen des Maghreb und in beinahe jeder physisch-geographischen Arbeit über Oasen wird darauf eingegangen. Auch die weltweit versalzten Flächen sind immens, wobei die Angaben von 8-18% (WOLFF, 1996) bis zu einem Drittel der Gesamtbewässerungsfläche (YARON et al., 1973; ARMITAGE (1985) in MAINGUET, 1994) schwanken; KOVDA (1983) beziffert den jährlichen Zuwachs überdies mit 1,3 Mio ha. DREGNE (1985) bezeichnet daher die Versalzung der Böden als „Fluch der Bewässerungswirtschaft" seit Anbeginn dieser Kulturtechnik. Sie wird als Hauptgrund für den Niedergang hochentwickelter Kulturen wie z. B. in Mesopotamien angeführt (MASSING & WOLFF, 1987).

Die vorliegende Arbeit soll einen Forschungsbeitrag auf dem Gebiet des Bodenversalzungsproblems liefern und beschäftigt sich mit der zentralen Frage einer möglichen Phytoindikation der Bodensalinität anhand der Oasenvegetation. Ein gesteigertes Engagement in der Bioindikationsforschung von Desertifikationserscheinungen in Entwicklungsländern wurde mehrfach gefordert (LESER, 1980; ARNDT, 1992); MASSING & WOLFF (1987) konkretisieren dies bezüglich der Bodenversalzung. Für einen historischen Beweis für Versalzungserscheinungen innerhalb von Oasen kann immerhin das Auftreten von Halophyten oder salztoleranten Arten in den Florenlisten europäischer Forschungsreisenden des 19. Jahrhunderts herangezogen werden, so für den libyschen Fezzan (ROHLFS, 1875) als auch für die „Kleinen Oasen" Ägyptens und die tunesischen Oasen am Chott el Djérid (ASCHERSON, 1885). Erste Untersuchungen zur Phytoindikation der Bodenversalzung liegen von RICHTER (1995, 1997) vor und eröffnen die Chancen einer schnellen, praktikablen Methode zur Einschätzung des Versalzungszustandes bereits im Gelände. Mit Hilfe multivariater Methoden (Klassifikationen, Ordinationen) sollen in der vorliegenden Untersuchung einzelne Zeigerarten oder besser: Zeigerartengruppen erarbeitet werden, die verschiedene Klassen der Bodenversalzung, aber auch andere Standortparameter anzeigen können.

Gingen die Vertreter vom „Sterben der Oasen" meist von Quell- und Grundwasseroasen aus, die von Grundwasserabsenkung und Bodenversalzung besonders betroffen sind, so sollen in dieser Untersuchung zwei unterschiedliche Oasentypen einander gegenübergestellt werden. Die artesischen Grundwasseroasen am Chott el Djérid und die Quelloasen am Gebirgsfuß des Djebel Negueb (beide Tunesien) bilden wegen ihrer besonderen Versalzungsgefährdung den Schwerpunkt der Arbeit. Als Vergleich dienen die weniger versalzungsanfälligen Flußoasen im Drâa-Tal (Marokko) sowie Tamerza und Foum Kranga (Tunesien), weshalb diese etwas weniger intensiv studiert wurden. Die Fluß- und Gebirgsfußoasen in Tunesien geben darüberhinaus wegen ihrer inselhaften, vom Chott el Djérid deutlich entfernten Lage Aufschluß über floristische Ähnlichkeiten bzw. Isolationseffekte.

Einen weiteren Aspekt dieser Arbeit soll die Bodensalinitätsentwicklung einer genau untersuchten Oase im Zeitraum der vergangenen 20 Jahre liefern. Diese Studie geht auf eine Bestandsaufnahme der Bodenversalzung in der Oase Toumbar/Nefzaoua von WEHMEIER (1977a) zurück, wurde im Jahr 1987 von RICHTER (1987, 1995) aufgegriffen und soll eine Interpretation des Verlauf der Versalzung anhand eigener Datenerhebungen in den Jahren 1995 sowie 1996 mit Hilfe von Bewässerungsdaten ermöglichen.

Die unzähligen Parzellen innerhalb einer einzigen Oase können sehr mannigfaltig ausgebildet sein (BENCHERIFA, 1990). Im Fall der langgestreckten Drâa-Oase interessiert speziell die Auswirkung sich ändernder Bewässerungsverhältnisse entlang des Flußlaufes auf die Zusammensetzung der angebauten Kulturarten, aber auch die damit einhergehende Veränderung in der begleitenden Segetalvegetation. Innerhalb der Oasen am Chott el Djérid spiegeln meist parallelablaufende Degradations- und Erneuerungsprozesse die unterschiedlich ausgebildeten Parzellen wider. Hier sollen Parameter wie das Alter, die Bearbeitungsintensität und Beschattung durch die Baum- und Strauchschicht auf die Folgen für die Oasengartenstruktur sowie hinsichtlich ihrer Auswirkung auf die Ackerwildkrautvegetation überprüft werden.

Die Arbeit verfolgt also die Ziele eines praxisbezogenen pflanzengeographischen Ansatzes: Die Problemstellung orientiert sich an agrargeographisch-geoökologischen Fragen, während im analytischen Teil floristisch-vegetationskundliche Betrachtungen in den Vordergrund rücken. Der Anwendungsbezug umfaßt schließlich eine kritische Überprüfung der Phytoindikation für die leichte Erfassung des Versalzungsgrades von Böden und leitet in kurze Ausführungen über eine nachhaltige Nutzung in Oasen über.

2 Charakterisierung der Untersuchungsgebiete

2.1 Oasen: Eine allgemeine Charakterisierung

Die Festlegung des Begriffes „Oase" wurde stets eng mit den Gegebenheiten des altweltlichen Trockengürtels verbunden. So wurden Oasen in der geographischen Literatur über Merkmale wie zum Beispiel bei SCHIFFERS (1970) definiert: die inselhafte Lage eines auf Bewässerung basierenden Gebietes inmitten eines ungenutzten semi- bis vollariden Steppen- oder Wüstengebietes, die hohe Anbauintensität in bis zu drei Stockwerken mit Dominanz der Dattelpalme und der Verbreitung im islamischen „Orient" von Süd-Marokko bis ins westliche Xinjiang in China. Eine angemessene Lockerung der Oasendefinition nimmt schließlich POPP (1989, 1997) mit der Argumentation vor, daß Oasen weit über diesen Raum hinaus verbreitet sind und die Dattelpalme nicht unbedingt als Leitkulturpflanze fixiert werden kann. Beispiele von Oasen im Bereich der südamerikanischen Trockendiagonale zwischen Nordwest-Peru und Ostpatagonien (RATNUSY, 1994, 1997; RICHTER & BÄHR, 1998), in West-Argentinien (SCHNEIDER, 1998a, 1998b; THOMAS, 1998), Arizona (WEHMEIER, 1975), Utah (STRÄSSER, 1972) und Kalifornien (WINDHORST & KLOHN, 1996) belegen die Existenz der Oasenwirtschaft in der Neuen Welt. Selbst in dem von SCHIFFERS (1970) sehr weit gespannten islamischen „Orient" trifft die frühere Definition oft nicht zu. So gibt es eine Vielzahl an Beispielen traditioneller Oasen, bei denen die Dattelpalme als Nutzpflanze aufgrund zu großer Höhenlage fehlt, wie beispielsweise im oberen Dadès- und Ziz-Tal in Süd-Marokko (HAMZA, 1991, 1997), dem Hoggar-Massiv in Algerien oder den Hochlagen des Tibesti im Tschad (CAPOT-REY, 1973) sowie den Gebirgsoasen des Hunza-Tals im pakistanischen Karakorum (KREUTZMANN, 1988, 1990, 1996; SIDKY, 1996). Auch den zentralasiatischen Oasen am Rande des Tarim-Beckens in der autonomen Provinz Xinjiang in West-China (SCHOMBERG, 1928; SONGQIAO, 1981) oder den Fergana-Oasen im Dreiländereck von Usbekistan, Kirgistan und Tadschikistan fehlt die Dattelpalme als Leitkulturpflanze.

2.1.1 Typisierung der Oasen des Maghreb

Je nach Blickwinkel oder Fragestellung können die maghrebinischen Oasen unterschiedlichen Typen zugeordnet werden, die sich entweder auf das Alter und die damit zusammenhängende Bewirtschaftungsorganisation, die agroklimatische Situation oder die Wasserherkunft bzw. -förderung beziehen.

1) Die Einteilung nach Alter und Entwicklungsstufe, wie sie LASRAM (1990) beschreibt, trennt traditionelle von modernen Oasen. Traditionelle Oasen zeichnen sich durch geringe Parzellengröße, große Vielfalt an Fruchtbäumen und Dattel-

sorten mit hohem Anteil an Communes-Datteln und einer hohen Bestandsdichte von bis zu 400 Dattelpalmen pro Hektar aus. Ebenfalls treten Abwanderungs- und Extensivierungstendenzen sowie geringe Ernteerträge auf. Anders stellt sich die Lage bei modernen Oasen dar. Da diese auf der Basis neuerschlossener Wasserdepots gegründet werden, ist die Bewässerung ausreichend sichergestellt. Mit Hilfe großer Parzellen, moderner Bewässerungstechniken, gut ausgebildeter Fachkräfte und optimaler Bestandsdichte von ca. 150 Dattelpalmen pro Hektar betragen die Erträge ein Vielfaches der traditionellen Oasen[1]. Meistens sind die modernen Oasen exportorientiert und daher als Dattel-Monokulturen[2] angelegt, die in Tunesien von der Edeldattel Deglat Nour[3] dominiert werden.

2) Eine Unterteilung der Oasen auf Grundlage des Agroklimas wird gerne von tunesischen Geographen (LASRAM, 1990; KASSAH, 1995a) vorgenommen, da es in Tunesien den Typus der Küstenoase gibt, der sonst nur noch am Persischen Golf zu finden ist, z. B. an der Al Batinah-Küstenebene im Sultanat Oman (ASCHE, 1981; SCHOLZ, 1982). In der tunesischen Küstenoase Gabès spielt die Dattelpalme eine nur untergeordnete Rolle, da die Edeldattel Deglat Nour wegen der zu hohen Luftfeuchtigkeit in Meeresnähe nicht zur Fruchtreife gelangt (CROSSA-REYNAUD, 1960; ACHENBACH, 1969). Von wirtschaftlicher Bedeutung sind hier Kulturpflanzen wie Henna, Granatapfel, Gemüse und Futterpflanzen. Nach agroklimatischen Gesichtspunkten werden desweiteren die kontinentalen Dattelpalmenoasen am Chott el Djérid mit extrem heißen Sommern und die Berg- bzw. Gebirgsfußoasen mit etwas kühleren Wintern unterschieden (KASSAH, 1995a). Wie bei der Küstenoase Gabès, tritt bei letzteren die Dattelpalme in den Hintergrund (hier jedoch temperaturbedingt); der Ölbaum, Aprikosen und Feigen gewinnen an Bedeutung.

3) Die gängigste Klassifizierung von Oasen wird allerdings nach Herkunft des Bewässerungswassers vorgenommen. Im Folgenden sollen die verschiedenen Oasentypen der Maghrebländer mit der dazugehörenden Verbreitung in Anlehnung an CAPOT-REY (1953), DESPOIS (1964), RICHTER (1995) und BORCHERDT (1996) vorgestellt werden:

---

[1] FRANKENBERG (1981) gibt bei einer Bestandsdichte von ca. 150 Dattelpalmen/ha eine mittlere Ertragssteigerung um das 6-fache gegenüber Beständen mit ca. 400 Dattelpalmen/ha an

[2] Vor einer totalen Umstellung auf Deglat Nour warnt GUILANI (1988), da dies eine Verarmung des Gen-Pools der Art *Phoenix dactylifera* zur Folge hätte (Gefährdung für Züchtung resistenter Sorten), aber auch eine Vereinheitlichung der Reifezeit mit dem Risiko von Totalausfällen der Ernte bei herbstlichen Regenfällen

[3] Deglat Nour bedeutet nach ACHENBACH (1984) „Finger des Lichts"

- am Bergfuß liegende Quelloasen: Hoggar (Algerien), Anti-Atlas (Marokko), Djebel Negueb (Tunesien)

- Flußoasen: Drâa, Ziz, Rheris (Marokko), Saoura, Rhir (Algerien), Tamerza, Midès (Tunesien). Je unregelmäßiger der Wasserfluß, umso mehr kann von gemischten Grundwasseroasen gesprochen werden (Bsp. Tamerza, Midès)

- Oasen mit flachlagerndem Grundwasser: Djanet im Tassili N'Ajjer, Trichteroasen (Ghout, Beurda) des Souf-Gebietes (Algerien), an Glacisflächen gebundene Foggara-Oasen wie El Guettar und im Nefzaoua (Tunesien), Oase Timimoun (Algerien)

- Artesische Grundwasseroasen: natürliche artesische Quellen der Djérid- und Nefzaoua-Oasen

- Moderne Oasen mit Pumpung fossilen Grundwassers: Oasen am Chott el Djérid (Tunesien) und weit verbreitet in Ostalgerien

2.1.2 Merkmale der Oasenwirtschaft

Mögen Oasen dem Betrachter auch als „Fremdkörper" (MAY, 1984, S. 15) in einer unwirtlichen Umwelt erscheinen, so handelt es sich zugleich um ein hochentwickeltes Ökosystem (natural-human-ecosystem), in dem natürliche und menschenbedingte Faktoren interferieren (MECKELEIN, 1980a). Über Jahrhunderte entwickelte sich die Oasenwirtschaft zu einer der intensivsten traditionellen Anbauformen der Welt, deren natürliche Vorzüge in den ganzjährig pflanzenwirksamen Temperaturen und hohen Strahlungswerten im Zusammenspiel mit Bewässerungsmaßnahmen liegen (MECKELEIN, 1983; ALLAN, 1984; ANDREAE, 1985).

Die untersuchten Oasen in Tunesien und Marokko werden von der landschaftsprägenden Leitkulturpflanze, der Dattelpalme (*Phoenix dactylifera* L.) dominiert, welche im allgemeinen die Existenzgrundlage der Oasenwirtschaft bildet. Aufgrund der Standortansprüche ist die Dattelpalme in bestmöglicher Weise an die Gegebenheiten saharischer Oasen angepaßt. SCHÜTT (1972) führt die geringen Bodenqualitätsansprüche, den Bedarf großer durchschnittlicher Jahreswärme und geringer Luftfeuchtigkeit, starke Salztoleranz und die Fähigkeit, das Grundwasser mit den Wurzeln zu erreichen, als charakteristische Eigenschaften der Dattelpalme an. Wegen der optimalen Anpassung an das saharische Klima wird der Verlauf des Verbreitungsgebietes produktiver (fruchtbildender) Dattelpalmen von vielen Geographen sogar zur pflanzengeographischen Grenzziehung der nördlichen Sahara herangezogen (MENSCHING, 1971a; FRANKENBERG, 1978c). Auch wenn GIEßNER (1988, S. 14) die Dattelpalme als wichtigstes agrarökologisches Strukturelement des altweltlichen Trockengürtels bezeichnet, ist ihr von Boden, Wasserqualität, Dattelsorte und Temperatur abhängiger Wasserbedarf mit durchschnittlich 8000 m³/ha/a [= ¹/₃ l/min][4] (MÜLLER-HOHENSTEIN, 1997) nicht gerade gering, was die enge Beziehung des täglichen Wasserverbrauchs mit den Monatsmitteltemperaturen verdeutlicht (ACHTNICH, 1974). Der helophilen Dattelpalme schadet kurz vor der Fruchtreife zu hohe Luftfeuchtigkeit und Regen (MUNIER, 1973), was zu erheblichen Ernteeinbußen führen kann (ACHENBACH, 1971[5]) und in den südtunesischen Oasen zum mittlerweile weitverbreiteten Gebrauch von regenabweisenden Plastikfolien über den Fruchtständen geführt hat (BATTAGLIA et al., 1988; SGHAIER, 1988).

Als kennzeichnendes Merkmal saharischer Oasen wird stets der klassische Anbau in drei Stockwerken angeführt. Ökologisch ist dies deshalb von Vorteil, weil das oberste Stockwerk von einer „Wüstenpflanze" - der Dattelpalme - gebildet wird und sich wie ein schützendes Dach über die darunter wachsenden Kulturen spannt. Der spezifische Wuchs der Dattelpalme, deren Blattwedel kontinuierlich von unten her absterben und somit einen freien Raum im Stammbereich schaffen, dürfte diese spezielle Anbauform überhaupt erst erlaubt haben. Durch Beschattung und Verminderung des Windeinflusses schafft die Dattelpalme ein milderes Bestandsklima in den beiden unteren Anbauetagen, so daß eine Kultivierung von Anbaufrüchten der mittleren Breiten, der Mediterran- und Monsungebiete erst möglich wird (BORN, 1951). Daher spricht ANDREAE (1983, S. 266) auch von der „Wohlfahrtswirkung" der Dattelpalme. Im mittleren Stockwerk gedeihen Fruchtbäume wie Granatapfel, Olive, Apfel, Feige, Quitte, Pfirsich, Aprikose und die Weinrebe oder Banane (Bsp. Tozeur). In höher gelegenen Regionen wie im oberen Bereich der Drâa-Oase treten sogar Mandel- und Maulbeerbäume hinzu. Die unterste Etage wird meist von annuellen Kulturpflanzen eingenommen, v. a. der Futter-Luzerne neben Gemüse, Gewürzkräutern, Getreide oder auch Sonderkulturen wie Henna (Drâa-Oase, Gabès, vereinzelt auch in den Nefzaoua-Oasen), Tabak oder Erdnüssen. In der Nutzung bestehen je nach natürlicher Beschränkung, der räumlichen Lage, der Tradition als auch der Marktanpassung erhebliche Unterschiede. Moderne exportorientierte Oasen werden meist monokulturell mit hochwertigen Dattelsorten ohne Unterkulturen betrieben; je weniger Wasser in traditionellen Oasen zur Bewässerung zur Verfügung steht, desto eintöniger und weniger dicht ist das Inventar an Kulturpflanzen. In Dorfnähe weisen

---

[4] Der Wasserbedarf der Dattelpalme wird in der Literatur sehr unterschiedlich angegeben. So beziffert z. B. EL FEKIH (1969) nicht den durchschnittlichen sondern den Spitzenbedarf der Communes-Sorten mit 12.500 m³/ha/a, der Allig-Datteln mit 18.500 m³/ha/a und Deglat Nour mit 24.000 m³/ha/a

[5] ACHENBACH (1971) berichtet von fast vollständigen Ernteausfällen der spätreifenden Deglat Nour am Oued Rhir (Ostalgerien) nach starken Regenfällen im Herbst 1969 durch Aufplatzen des Exokarps der Dattelfrucht

Oasengärten meist einen vorbildlichen Stockwerkbau mit hohem Gemüseanteil auf (HAMZA, 1997), an den Oasenrändern hingegen dominieren oft ausgedehnte Getreidefelder mit nur vereinzelten Dattelpalmen (GSCHWEND, 1954), was für viele südmarokkanische und südwestalgerische Oasen wie Tazzarine oder Drâa bzw. Touat oder Timimoun ein prägendes Merkmal darstellt.

Betrachtet man die Herkunft der Oasenbauern, so ist festzustellen, daß bei seßhaft gewordenen Nomaden, für die die Viehhaltung noch eine wichtigere Rolle spielt, der Futteranbau in den Unterkulturen dominiert, was für die Nefzaoua-Oasen in Tunesien (BISSON 1983, 1992) und die Todhra-Oasen in Marokko (BÜCHNER, 1986) zutrifft. Der für Oasen typischen „unsichtbaren" Viehhaltung in Form von Stallhaltung kommt mit steigendem Lebensstandard immer größere Bedeutung zu, sie verändert zunehmend die Ausbildung der Unterkulturen zugunsten des Futteranbaus (ABAAB & LAMARY, 1985). Hinzu treten Innovationen in der Kleintierhaltung, die in der Region Kebili sehr vielversprechend getestet werden (FINZI et al., 1988; GALIGANI & TANI, 1988a, 1988b).

Ist der positive klimaökologische Effekt des klassischen Stockwerkanbaus nahezu unumstritten, so wird wohl über seine ökonomische Effizienz weiterin kontrovers diskutiert werden. So nehmen z. B. die Dattelerträge nach MÜLLER-HOHENSTEIN (1997) mit einem zusätzlichen mittleren Stockwerk stark ab. Bei zu dichter Pflanzung der Bäume kommt es ebenfalls zu einer Verminderung der Gesamterträge, was am geringeren Lichteinfall in den unteren Stockwerken, an der erhöhten Luftfeuchtigkeit im Stammbereich mit dem damit zusammenhängenden vermehrtem Parasitenbefall als auch einer Konkurrenz um Wasser und Nährstoffe liegt (BISSON, 1991). Die Administration v.a. in Tunesien präferiert aus Gründen des Exports die oft in der Kritik stehenden Monokulturen der Edeldattel Deglat Nour trotz nachteiligen ökologischen Folgen (hoher Wasserverbrauch, Bodenversalzung). RICHTER (1995) sieht hingegen in Kulturen erhöhter Diversität neben agrarökologischen Vorteilen positive Effekte in krisenfesteren Absatzmöglichkeiten bei vielfältiger Marktorientierung.

Wird der Stockwerkanbau häufig als Idealbild einer gut funktionierenden Oase betrachtet, kann diese Vorstellung schnell zu Fehlschlüssen führen. Wie BENCHERIFA (1990) hervorhebt, gab es am Rand von Oasen zu jeder Zeit extensiv genutzte Palmenwälder ohne Unterkulturen, welche in der Literatur meist unberücksichtigt bleiben. Von diesen sogenannten *Ghaba* ausgehend wird oft zu voreilig von Prozessen einer Nutzungsaufgabe und Degradierung der Oasen (Stichwort „Oasensterben") berichtet, obwohl deren Funktion seit jeher nur ergänzend war.

2.2 Die Drâa-Oase (Marokko)

Erste genauere Darstellungen aus europäischer Sicht lieferte der Bremer Arzt und Forscher GERHARD ROHLFS (1863, 1873), der die Oasen Drâa und Tafilalt im Jahr 1862 für längere Zeit besuchte und das wohl ursprünglichste Bild dieser alten südmarokkanischen Kulturlandschaften für die Nachwelt festhielt. Es folgten Reiseaufzeichnungen von CHAVANNE (1879) und erste agrarplanerische Studien zur hydrologischen Situation während der französischen Kolonialzeit, welche hier in den Jahren 1931-1933 einsetzte. Vor allem aber wurden Berichte französischer Offiziere (SPILLMANN, 1931, 1938) angefertigt, die sich eingehend mit einer angestrebten Pazifizierung der Nomadenstämme in der Drâa-Region auseinandersetzten. Wissenschaftlich fundierte und umfangreiche Untersuchungen, wie sie von PLETSCH (1971) und OUHAJOU (1986) vorliegen, wurden erst im Zuge der planerischen Umwälzung der Flußoase mit dem Bau und der Inbetriebnahme des Staudamms El Mansour Eddahbi bei Ouarzazate im Jahre 1972 durchgeführt.

2.2.1 Geographische Lage und Beschreibung der Drâa-Oase

Die Drâa-Oase befindet sich im südöstlichen, präsaharischen Teil Marokkos zwischen den Atlasketten (Anti-Atlas und Djebel Sarhro) und der Hammada du Drâa am nordwestlichen Saharazand. Mit einer Längenausdehnung von über 200 km gehört sie zu den großen Flußoasen der nördlichen Sahara. In Marokko selbst ist sie flächenmäßig die größte Oase; nur in ihrer Wirtschaftlichkeit wird sie noch von den Oasen Tafilalt und Sous übertroffen (PLETSCH, 1971).

Die Drâa-Oase gehört zu einer Gruppe südmarokkanischer Oasen, die an der Südabdachung des Atlassystems liegen und durch die dort fallenden Niederschläge mit Wasser versorgt werden. Dies geschieht überwiegend durch den Oued Dadès und den Oued Ouarzazate, die beide den Hohen Atlas entwässern und sich bei der Provinzhauptstadt Ouarzazate im See des 1972 in Betrieb genommenen Staudammes El Mansour Eddahbi vereinigen. Ab hier wird der Fluß als Drâa bezeichnet. Anschließend durchschneidet er den Djebel Sarhro in einem Durchbruchstal, um seinen über tausend Kilometer langen Weg bis zum Atlantik, den er nur in den seltensten Fällen erreicht, fortzusetzen. Bereits kurz hinter dem engen Durchbruchstal durchfließt der Drâa beim Ksar[6] Tizgui den ersten ackerbaulich genutzen Bereich des Tales, erreicht nach ca. 20 km den Ort Agdz (925 m ü. M.) und nach weiteren 90 km in südöstlicher Richtung Zagora (725 m ü. M.), den größten Ort der 181.000 Einwohner[7] zählenden Drâa-Oase. Nach dem Durchbruch durch die letzte große orographische Barriere, dem Djebel Bani, fließt der Oued

---

[6] Ksar, plur. Ksour (arab.) = befestigtes Dorf
[7] Nach KHANA & OUTABIHT (1991) ist dies der Stand nach der Volkszählung von 1982. ROHLFS (1863) schätzte die Einwohnerzahl zu seiner Zeit auf ca. 25.000

nach einem Richtungswechsel am sogenannten „Drâa-Knie" in westlicher Richtung weiter und erreicht M'Hamid (547 m ü. M.), die letzte große Siedlung der Oase, wo das Wasser in der Regel im eigenen Flußbett versickert, so daß die Region von M'Hamid den Endpunkt der Oase darstellt. Das westlich von M'Hamid gelegene Gebiet des Iriqui[8] gehört nicht mehr zur eigentlichen Drâa-Oase. In Jahren außergewöhnlicher Hochwasserereignisse, die sich vor dem Staudammbau noch gelegentlich ereigneten, wird hier eine für den präsaharischen Raum typische Form des sporadischen Ackerbaus betrieben: die Maaderkultur. Mit ihr endet nach GUITONNEAU (1953, S. 395) die Zone des „Drâa utile".

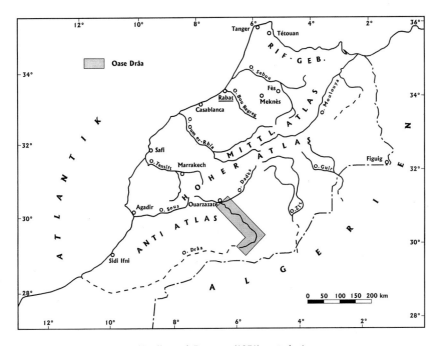

Abb. 1: Lage der Drâa-Oase (Quelle: nach PLETSCH (1971) verändert)

Kulturräumlich läßt sich die nahezu durchgehend verlaufende Flußoase in Anlehnung an GUITONNEAU (1952) in sechs Palmenhaine untergliedern, wie es die Gesamtübersicht des Untersuchungsgebietes in Abb. 2 wiedergibt. Diese Oasenabschnitte sind durch natürliche Verengungen des Tales, sogenannte „Foum", voneinander getrennt (OUTABIHT, 1981). Weisen die Palmenhaine eine durchschnittliche Breite von 3 km und Maxima von bis zu 8 km im Palmenhain Ktaoua auf (HAMMOUDI, 1982), so kennzeichnen die topographischen Gegebenheiten

---

[8] Iriqui (arab.) = See

einen „Foum" entweder als einen deutlich verengten Oasenstreifen oder als eine nichtbewirtschaftete Lücke zwischen zwei Palmenhainen.

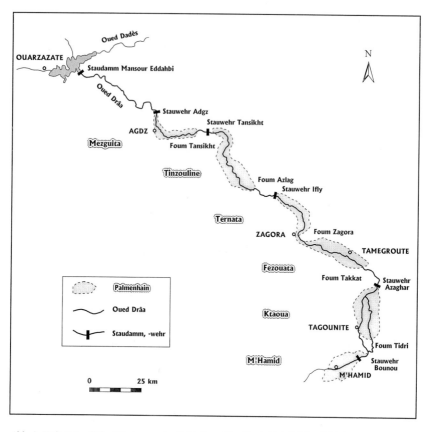

Abb. 2: Kulturräumliche Gliederung der Drâa-Oase (Quelle: A.N.A.F.I.D., 1990a)

In der Drâa-Oase sind nach ZAINABI (1995) 285.000 Parzellen auf über 26.000 ha verteilt und bilden fast ein Drittel der gesamten Oasenfläche Marokkos (PÉRENNÈS, 1993). Die Aufteilung der landwirtschaftlich genutzten Flächen auf die einzelnen Palmenhaine nach A.N.A.F.I.D. (1990b) zeigt von Norden nach Süden Tab. 1.

Tab. 1: Flächenangaben zu den einzelnen Palmenhainen der Drâa-Oase

Palmenhain	Mezguita	Tinzouline	Ternata	Fezouata	Ktaoua	M'Hamid	Total:
Fläche (ha)	2.419	4.015	5.858	3.825	7.770	2.231	26.118

2.2.2 Klima

Das Drâa-Gebiet liegt genauso wie die Oasenregionen Süd-Tunesiens während der Sommermonate im Einflußbereich des flachen saharischen Tiefdruckkomplexes, und das Wetter wird in dieser Zeit von einem fast konstant wehenden NE-Wind beherrscht, weshalb wenig bis kein Niederschlag fällt. Darüber hinaus kommt ihm eine austrocknende Wirkung zu. Außer den im Sommer konstant wehenden NE-Winden treten noch zwei weitere austrocknende, gefürchtete Winde auf: zum einen der Chergui aus östlicher Richtung und der Südwind Schirokko. Beide Winde können zur Notreife des Getreides und in hohem Maße zur Austrocknung des Bodens führen. In den orographisch wenig geschützten Palmenhainen im Süden der Drâa-Oase (v.a. Ktaoua und M'Hamid) wirkt sich dies besonders stark aus. Auch Sandverwehungen sind in diesem Bereich der Oase eine verbreitete Erscheinung. Die niederschlagsreichste Jahreszeit der Drâa-Oase ist das Winterhalbjahr, wenn die zyklonale Westwinddrift weiter südlich verläuft. Aufgrund der Lage im Lee des Hohen Atlas und des Anti-Atlas erhält die Drâa-Oase jedoch auch dann selten Regen. Nur wenn eine Zyklone weit nach Süden um den Hohen Atlas ausgreift, können ergiebigere Niederschlagsereignisse auftreten.

Ebenso wie in Tunesien ähnelt der Niederschlagsgang Südmarokkos dem des Mittelmeerraumes. SAUVAGE (1963) ordnet die Station Zagora auf Grundlage des pluviothermischen Quotienten von EMBERGER (1955), wie die tunesischen Schottoasen, einem saharischen Mittelmeerklima mit gemäßigten Wintern zu, weshalb auch die Drâa-Oase als Übergangsgebiet zur Wüste zu betrachten ist.

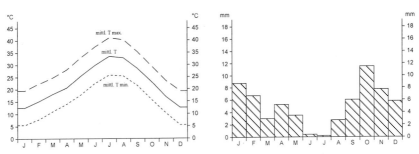

Abb. 3: Jahresgang der Lufttemperatur (links) und des Niederschlags (rechts) in Zagora (Quelle: NEBRI, 1990[9])

Wie Abb. 3 (links) zeigt, zeichnen sich die Temperaturen durch eine große Jahresamplitude aus. Der Januar als kältester Monat hat ein mittleres Temperaturminimum von 5,5 °C, der Juli als wärmster einen mittleren Maximalwert

---

[9] Beobachtungszeitraum 1963-1987

von 41,1 °C. PLETSCH (1971) nennt für den Beobachtungszeitraum von 1931-1967 das absolute Minimum mit -5,6 °C und das absolute Maximum mit 48,9 °C. Für Zagora gibt TOUTAIN (1977) die potentielle Verdunstung nach PENMAN (1963) mit 1645 mm an; HENNING & HENNING (1984) berechneten die potentielle Landschaftsverdunstung des mittleren Drâa auf einen Wert von 1500-1600 mm.

Die jahreszeitliche Verteilung der Niederschläge von Zagora in Abb. 3 (rechts) zeigt drei deutliche Niederschlagsspitzen mit höchsten Werten im Oktober (mit einem Anteil von 19 % der Jahressumme) und zwei sekundären Maxima im Januar und April. Während der Sommermonate fallen nur geringe Niederschläge mit einem Minimum im Juli. Der durchschnittliche Jahresniederschlag Zagoras beträgt nach NEBRI (1990) 61 mm, während PLETSCH (1971) für den Zeitraum von 1931-1967 einen Wert von 74,2 mm angibt. Diese Differenz zeigt mehrheitlich trockenere Jahre in den letzten zwei Dekaden an, worauf auch ZILLBACH (1984) für die Station Ouarzazate hinweist. In Agdz beläuft sich der durchschnittliche Niederschlag auf 107,2 mm (PLETSCH, 1971), M'Hamid liegt dagegen unterhalb der 50 mm-Isohyete (OUTABIHT, 1990). Die Abnahme der Niederschläge sowie die Zunahme der Temperaturamplituden innerhalb der Drâa-Oase von Agdz über Zagora nach M'Hamid ist auf einen hypsometrischen und planetarischen Gradienten sowie die zunehmende Kontinentalität zurückzuführen. Dem Jahresgang der Niederschläge ist jedoch nicht zu entnehmen, mit welcher Intensität die Regenfälle innerhalb eines Jahres auftreten. Starkregenereignisse, die für den präsaharischen Raum nicht untypisch sind (siehe Kap. 2.3.2), tragen nur in geringem Maße zur landwirtschaftlichen Nutzung bei, da ein Großteil des Wassers nicht in den Boden einzudringen vermag, sondern oberflächig abfließt. OUTABIHT (1990) nennt in diesem Zusammenhang für Zagora einen absoluten maximalen Tagesniederschlag von 47,8 mm im Jahr 1978. An diesem Tag fielen 83 % des gesamten Jahresniederschlags von 57,7 mm - der Großteil blieb für die Oase jedoch ohne Nutzen.

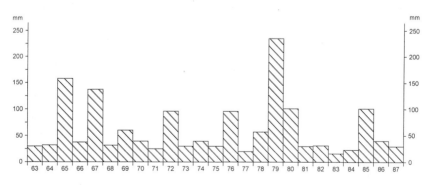

Abb. 4: Jahressummen der Niederschläge in Zagora von 1963-1987 (Quelle: NEBRI, 1990)

Von besonderer Wichtigkeit für die Landwirtschaft der Drâa-Oase ist die interannuelle Variabilität der Niederschläge. Die in Abb. 4 dargestellten Jahressummen der Niederschläge von Zagora zeigen, daß von den 25 aufgeführten Jahresniederschlagswerten lediglich sieben den durchschnittlichen Mittelwert von 61 mm übersteigen. Eine sichere Vorhersage des zusätzlichen Bewässerungspotentials durch Niederschläge scheint daher unmöglich.

Anders als bei den südtunesischen Oasen, die mit Ausnahme der Flußoasen Tamerza, Midès und Foum Kranga mit artesischem Grundwasser versorgt werden, ist die Existenz der Drâa-Oase über die Flußbewässerung direkt von den Niederschlägsverhältnissen im Drâa-Einzugsgebiet abhängig. Dadurch kommt der klimatischen Betrachtung der Quellgebiete im Hohen Atlas eine fundamentale Bedeutung zu. PLETSCH (1971) gibt für Teile des Einzugsgebietes des Oued Dadès im östlichen Hohen Atlas und des Oued Ouarzazate im mittleren Hohen Atlas einen durchschnittlichen Niederschlagswert von 219,7 mm (Station M'Semrir) bzw. 562,5 mm (Station Tizi n'Tichka) an. Beide Stationen befinden sich in einer Höhe von ca. 2100 m ü. M., wobei dem mittleren Hohen Atlas die größere Bedeutsamkeit als Regenfänger der mit der Westwindzone durchlaufenden Zyklonen zukommt. Hinsichtlich interannueller Niederschlagsunterschiede verhalten sich beide Gebirgsstationen in etwa parallel zu den über- und unterdurchschnittlichen Werten von Zagora.

2.2.3 Geologie

Das System des Drâa als dem größten Gewässersammler an der Südflanke des Hohen Atlas und des Anti-Atlas - nach GUITONNEAU (1952) in drei Teile gegliedert: das Nährgebiet, die eigentliche Drâa-Oase, mittlerer und unterer Drâa - ist unterschiedlichen geologischen Formationen zuzuordnen.

Vor allem das Nährgebiet der beiden wichtigsten Quellflüsse Dadès und Ouarzazate weist eine ausgeprägte geologische Uneinheitlichkeit auf. Der im östlichen Hohen Atlas entspringende Dadès befindet sich im von jurassischen Kalken aufgebauten Kalkatlas. Im weiter westlich gelegenen Ursprungsgebiet des Oued Ouarzazate, dem zentralen Hohen Atlas (Atlas von Marrakech), herrschen nach JACOBSHAGEN (1986) präkambrische Gesteine des frühen Proterozoikum vor.

Das Becken von Ouarzazate ist nach HERBIG (1986) und JACOBSHAGEN (1986) als Teil der präafrikanischen Senke dem Jungkänozoikum zuzuordnen und trennt das nördliche Faltengebirge des Hohen Atlas von der südlichen afrikanischen Masse.

Auf dem afrikanischen Kraton in östlicher Richtung kommen im Anti-Atlas vorwiegend frühpaläozoische Gesteine vor, wobei stellenweise Granitintrusionen und spätkambrische Rhyolite auftreten (DESPOIS & RAYNAL, 1967). Durch eine

Hebung des Anti-Atlas im Tertiär gelangten die Schichten in Schräglage, so daß sich eine Schichtstufenlandschaft ausbilden konnte. Östlich des Drâa-Durchbruches findet der Anti-Atlas seine Fortsetzung im Djebel Sarhro, bei dem es sich ebenfalls um ein mit magmatischem Gestein durchsetztes paläozoisches Massiv handelt. Im Süden schließlich bildet der Djebel Bani einen schmalen Schichtkamm aus ordovizischen Quarziten. Von hier nach Süden taucht das paläozoische Massiv des Anti-Atlas unter die Hammada du Drâa ab und erscheint erst wieder südlich des Oued Drâa im Djebel Ouarkziz (MENSCHING, 1957).

In der Drâa-Oase selbst findet sich das erdgeschichtlich jüngste Material. Quartäres Alluvium wurde durch die Schwemmwirkung des Oued akkumuliert und durch Aufwehung überdeckt, was in den südlichen Palmenhainen Fezouata, Ktaoua und vor allem M'Hamid zur Bildung ausgedehnter Dünenfelder führte (PLETSCH, 1971).

2.2.4 Hydrologie

Hydrologisch betrachtet, wird das Drâa-Tal fast ausschließlich von der Wasserversorgung der Hauptquellflüsse im Hohen Atlas bestimmt. Starke Hochwässer von kurzer Dauer treten in Verbindung mit hohen Niederschlägen im Herbst auf, weniger stark aber länger anhaltend sind die an die Schneeschmelze gekoppelten Frühjahrsfluten (CHAMAYOU & RUHARD, 1977). Die beiden Quellflüsse tragen unterschiedlich zur Wassermenge und -güte des Drâa bei. Obwohl im Ursprungsgebiet des Dadès deutlich weniger Niederschläge fallen, ist dessen Wasserführung trotzdem konstanter als die des Oued Ouarzazate. Nach PLETSCH (1971) ist dies auf die „Wasserhöffigkeit" des Kalkgesteins im östlichen Hohen Atlas zurückzuführen. Außerdem weist das kalkhaltige Wasser des Dadès mit einem Salzgehalt von 0,4-0,6 g/l eine hohe Qualität auf, da die Kalkformationen des Ursprungsgebietes das Salz weitgehend ausfiltern. Noch gute Wasserqualität hat der im Westen folgende Dadès-Zufluß Asif M'Goun mit einem Salzgehalt von 0,8-0,9 g/l. Der Oued Ouarzazate hingegen trägt mit einem Salzanteil von durchschnittlich 1,5 g/l wesentlich zur Verschlechterung der Qualität des Drâa-Wassers bei. In der Zeit vor dem Staudammbau war der Salzgehalt des Drâa im Herbst und im Frühjahr, wenn die Wassermenge des Oued Ouarzazate überwog, wesentlich höher als während der Trockenzeit, in welcher der Oued Dadès stärker die Wasserversorgung des Drâa dominierte. Erst seit der Inbetriebnahme des Staudammes El Mansour Eddahbi ist nach JELLOULI & OUTABIHT (1988) eine geringere Fluktuation des Salzgehaltes des Drâa-Wassers im Jahresverlauf festzustellen. Der Drâa weist jedoch zu jeder Jahreszeit entlang seines Laufes durch die Drâa-Oase von Nord nach Süd infolge von Verdunstung, Wasserentnahme und Zufuhr von salzhaltigem Drainagewasser eine zunehmende Salinität des Wassers auf, was Tab. 2 zu entnehmen ist.

Tab.2: Durchschnittswerte des Salzgehaltes für das Oberflächenwasser in g/l für die einzelnen Palmenhaine der Drâa-Oase (Quelle: PLETSCH, 1971)

Palmenhain:	Mezguita	Tinzouline	Ternata	Fezouata	Ktaoua	M'Hamid
Salzgehalt in g/l:	1,5	2,2	2,5	4,0	5,0	5,0

Zusammen mit der Qualität nimmt auch die Wassermenge des Drâa in südlicher Richtung mehr und mehr ab. Aufgrund von Wasserentnahme, Verdunstung und Versickerung steht den südlichen Palmenhainen weit weniger Oberflächenwasser für die Bewässerung zur Verfügung als den nördlichen. Der Drâa als einziger perennierender Fluß Marokkos südlich des Anti-Atlas führt bis Zagora konstant Wasser, den Ort M'Hamid erreicht er dagegen nur episodisch.

Auch die Grundwassermenge weist einen Gradienten von Nord nach Süd auf. Da der Grundwasserstrom des Drâa-Tals lediglich vom Oued selbst aufgefüllt wird, nimmt die Grundwassermenge in gleicher Weise wie das Flußwasser ab. Nach PLETSCH (1971) ist der durchschnittliche Salzgehalt des Grundwassers aufgrund einer entsprechenden Abhängigkeit mit dem des Oberflächenwassers identisch (Werte siehe Tab. 2). CHAMAYOU (1966) weist jedoch darauf hin, daß innerhalb einer Oasenregion auch höhere Salinitätswerte auftreten können. Als Gründe führt er die Grundwassertiefe und schlechte Drainage bei Lagen im Peripheriebereich der Palmenhaine an.

Seit dem Aufstau des Drâa bei Ouarzazate hat sich die Wasserversorgung der Drâa-Oase grundlegend verändert. Waren vor dem Jahr 1972 die enormen Wassermassen von Hochwasserereignissen durch Abfließen in den unteren Drâa zum großen Teil für die Landwirtschaft unwiederbringlich verloren, so können Hochwässer heute im Stausee zurückgehalten werden und in hygrisch ungünstigen Zeiten reguliert an die Oase abgegeben werden. Nebenbei ist die zum Teil verheerende Wirkung des Hochwassers entlang der Drâa-Oase gebannt. Nur der bei Agdz in den Drâa mündende Oued Tamsift sorgt im Palmenhain Mezguita noch gelegentlich für Überschwemmungen.

2.2.5 Bewässerung

Das Wasser gilt in den Oasen des Maghreb bekanntlich als „clé du développement" oder im Gegenzug als „facteur limitant" jeglicher Entwicklung. Aus diesem Grund hat sich in diesen Bewässerungsgebieten eine strikte Verteilung des Wassers entwickelt, die zwar von Oase zu Oase differiert, aber dennoch eine übergeordnete Struktur erkennen läßt. Auf die grundsätzlichen Prinzipien der traditionellen und modernen Wasserverteilung soll nach Angaben von

PLETSCH (1971, 1977), OUHAJOU (1982, 1986, 1991), HAMMOUDI (1982) und MÜLLER-HOHENSTEIN & POPP (1990) eingegangen werden.

Das traditionelle Bewässerungssystem, wie es bis vor zweieinhalb Jahrzehnten allein bestand, soll am Beispiel der Targa[10] Tamnougalte im Palmenhain Mezguita erläutert werden. Die Wasserentnahme vom Fluß erfolgt durch einen Damm (berb. = *Ougoug*), der mit dem aus Lehm erbauten Hauptkanal (arab. = *Seguia*) verbunden ist. Nach Angaben von OUTABIHT (1990) existieren in der Drâa-Oase insgesamt 89 Seguias bzw. Targas. Hauptkanal und Damm werden kollektiv von den Bewohnern mehrerer Dörfer erbaut, instandgehalten und genutzt. In diesem Fall sind der Ksar Tamnougalte und fünf weitere Dörfer zusammen in diese Bewässerungsgemeinschaft integriert. Vom Hauptkanal gelangt das Wasser dem Gefälle folgend in Sekundärkanäle (berb. = *Aghlane*), welche in der Regel einen oder auch mehrere Orte versorgen. Die *Aghlane* verzweigen sich weiter in ein dichtes Netz von Nebenkanälen niedrigerer Ordnung (arab. = *Saru*), welche sich schließlich in Kanäle unterster Ordnung (arab. = *Mesref*) verzweigen. Vom *Mesref* aus werden letztlich die einzelnen Parzellen mit der Submersionstechnik, also der völligen Überflutung, bewässert.

Stellt das bisher erwähnte nur die Infrastruktur des Bewässerungssystems dar, so muß auch die rechtliche Lage der Wasserverteilung geklärt werden. Auf der Ebene des Hauptkanals bestimmt eine exakt festgelegte Zeitperiode den einmaligen Wasserumlauf (*Nouba*), in dem alle beteiligten Dörfer mit Wasser versorgt werden. Im Fall der Targa Tamnougalte beträgt dieser Umlauf 13 Tage. In Tages- und Nachthälften unterteilt, erhält man insgesamt 26 kleinere Zeitintervalle (*Ferdia*), die entsprechend der geleisteten Arbeit bei Erbauung und Wartung des Kanalsystems auf die einzelnen Dörfer des Kollektivs verteilt werden. Während einer *Ferdia* erhält ein bestimmtes Dorf das Wasser des gesamten Hauptkanals. Die Wasserverteilung erweist sich jedoch als sehr ungleich. So kann es aus historischen Gründen vorkommen, daß Dörfern mit geringeren Anbauflächen mehr Wasser zur Verfügung steht als Dörfern mit weitaus größeren.

Auf dem Niveau der Sekundärkanäle (*Aghlane*), also innerhalb einer Dorfgemeinschaft, gibt es unterschiedliche Prinzipien der Wasserverteilung, die an einer Séguia nebeneinander existieren können. Die drei häufigsten sollen kurz erläutert werden:

1) Beim *Allam* (oder *Aghlane s'oughlane*) werden alle Felder flußabwärts sukzessive bewässert. Können innerhalb eines Umlaufes nicht alle Felder versorgt werden, wird der nächste Umlauf dort fortgesetzt, wo zuletzt aufgehört wurde. In den wasserarmen Sommermonaten kann eine Variante

---

[10] Targa (berber.) = Hauptkanal

davon zum Einsatz kommen, bei der die Priorität der Bewässerung vom Wasserbedarf der angebauten Kulturen abhängt.

2) Mit dem Prinzip der <u>Nouba</u> (oder *Tiremt*) wird einer Verwandtschaftsgruppe väterlicherseits entsprechend der Anzahl ihrer Verwandtschaftseinheiten (arab. = *Adam*) eine bestimmte Zahl an *Ferdia* zugewiesen. Die Wasserverteilung eines *Adams* ist individuell zu regeln.

3) Das System des <u>Hbel</u> (oder *Aghanime*) garantiert eine Wassermenge, die in einem proportionalen Verhältnis zur Fläche eines Feldes steht.

<u>Das moderne Bewässerungssystem</u> im Drâa-Tal wurde erst mit dem Bau des 567 Mio m³ (AYAD & LE COZ, 1991) fassenden Staudammes El Mansour Eddahbi entwickelt und ausgebaut. Als Grundelement dieses Systems dienen im Drâa-Tal fünf Stauwehre (siehe Abb. 2), welche das Wasser in betonierte Primärkanäle (*canaux principaux*) ableiten. Diese Primärkanäle verlaufen parallel zum Oued und erreichen eine Gesamtlänge von ungefähr 200 km. In regelmäßigen Abständen zweigen von den Primärkanälen ebenfalls betonierte Sekundärkanäle (*canaux secondaires*) ab, welche die Verbindung zum System der traditionellen Bewässerung, meist auf dem Niveau der *Aghlane*, herstellen. Folglich beinhaltet das moderne Bewässerungssystem der Drâa-Oase neue als auch traditionelle Elemente. Nach Informationen des O.R.M.V.A.[11] in Ouarzazate soll die Wasserverteilung innerhalb dieses traditionellen Bereichs in Zukunft rationeller und gerechter vorgenommen werden, d. h., die Vergabe erfolgt entsprechend der Flächengröße und dem Bedarf der angebauten Kulturpflanzen. Dem technischen Fortschrittsdenken der Administration stehen noch immer traditionelle Denkstrukturen antagonistisch gegenüber. Erfolge sind bereits zu verzeichnen, doch gibt es häufig Widerstände beim Aufbrechen alter Rechte und Traditionen, vor allem von seiten der Privilegierten.

Die Organisation der Wasserverteilung unterliegt seit der Inbetriebnahme des Staudammes einem tiefgreifenden Wandel. Kam früher strikt das Prinzip der „*priorité absolue de l'amont sur l'aval*"[12] zur Anwendung, so ist heute eine bessere Wasserversorgung der flußabwärts gelegenen Palmenhaine verwirklicht, was neben der Stromversorgung schließlich die Intention des Staudammprojektes war[13]. Nach A.N.A.F.I.D. (1990b) wird ein Bewässerungskalender des agronomischen Jahres in Zusammenarbeit lokaler Vertreter und den Beauftragten des O.R.M.V.A. in Ouarzazate erarbeitet. Je nach Entwicklungsstufe des Getreides

---

[11] O.R.M.V.A. = <u>O</u>ffice <u>R</u>égionale de <u>M</u>ise en <u>V</u>aleur <u>A</u>gricole
[12] Das Prinzip bedeutet, daß dem Oued flußaufwärts (amont) soviel Wasser entnommen werden darf wie nur möglich und flußabwärts (aval) nur noch der verbleibende Rest übrig bleibt
[13] BAHANI (1995, S. 123) spricht in diesem Zusammenhang von einem „barrage social"

erfolgt das Ablassen bestimmter Wassermengen vom Stausee. Diese „künstlichen Fluten" richten sich einzig und allein nach den Getreidekulturen und Dattelpalmen. Sonderkulturen wie zum Beispiel Henna werden bei diesem Bewässerungsprogramm nicht berücksichtigt, so daß diese nur mit zusätzlicher Brunnenbewässerung angebaut werden können.

Während einer längeren Trockenperiode wie in den Jahren 1981-1984, in der keine nennenswerte Auffüllung des Stausees stattfindet, müssen besondere Maßnahmen zur Versorgung der Oase beachtet werden. In solchen Fällen genießen die Dattelpalmen primären Schutz, welche im Extremfall als einzige Kulturpflanzen in der Drâa-Oase bewässert werden, da die Existenz der Oase direkt an das Überleben der Dattelpalmen gekoppelt ist.

Neben dem Oberflächenwasser des Oued Drâa spielt das Grundwasser für die Bewässerung der Kulturflächen (nicht nur für den Anbau von Sonderkulturen) eine wichtige Rolle. Im Gegensatz zum Flußwasser handelt es sich bei Grundwasser nicht um Kollektivbesitz, sondern um das Eigentum des Besitzers, auf dessen Parzelle der Brunnen steht. Die bis vor wenigen Jahren noch gebräuchlichen mechanischen Hebebrunnen (*Schaduf* und *Arhrour*) sind mittlerweile im Drâa-Tal durch die leistungsfähigeren Motorpumpen ersetzt worden. Nach OUTABIHT (1990) reduziert sich die Zahl motorisierter Brunnen in der Drâa-Oase von Nord nach Süd sehr stark, was mit dem abnehmenden Grundwasserstrom des Flusses zusammenhängt.

2.3 Die Oasen des Chott el Djérid (Tunesien)

In Tunesiens „großem Süden" lassen sich nach der räumlichen Lage vier Oasenregionen differenzieren: die Litoralzone von Gabès bis zur Insel Djerba, die Djeffara-Küstenebene sowie die Fluß- bzw. Gebirgsfußoasen von Tamerza nahe der algerischen Grenze über Gafsa bis El Guettar. Die größte und bedeutendste Oasenlandschaft liegt jedoch am endorhëischen Becken des Chott el Djérid[14], wo sich das Hauptuntersuchungsgebiet befindet. Allen tunesischen Oasengebieten ist eine lange kulturhistorische Vergangenheit zurück bis in die Römerzeit gemeinsam (TAUBERT, 1981; SCHÜRMANN, 1986). Die meisten heutigen Ortsnamen, wie Tozeur (Thusuros), Nefta (Nepte), Degache (Thiges), Tamerza (Ad Turres), Chebika (Ad Speculum) und Gabès (Tacape, was nach WERNER (1962) der „bewässerte Ort" bedeutet) gehen sogar noch auf die ursprünglichen römischen Bezeichnungen zurück. In Telmine und El Mansoura, dem römischen Turris Tamalleni, zeugen noch heute Ruinenreste von der Zeit der Provincia Africa (BÉDOUCHA-ALBERGONI, 1976).

---

[14] Djérid (arab.) = Palmwedel, Palmzweig, bzw. Zaun aus Palmzweigen

Der arabische Einfluß seit Ende des 7. Jahrhunderts brachte den Bewohnern am Chott el Djérid nicht nur eine neue Religion, den Islam, sondern auch eine fundamentale Umgestaltung der Oasenwirtschaft. An die Stelle von Olivenwaldungen wurden in dieser Periode nach JOHNSTON (1898) und RÜHL (1933) vermehrt Dattelpalmen gesetzt, mit denen man die saharischen Oasen heute stets assoziiert. Auf die Verbreitung der Dattelpalme in den Oasen der Sahara durch den Menschen weisen auch SCHMIDT (1969) und CLOUDSLEY-THOMPSON (1974) hin. Ferner geht in den Djérid-Oasen der Modus der Wasserverteilung auf den arabischen Poeten, Geistlichen und Wissenschaftler Ibn Chabbat aus dem 13. Jahrhundert zurück (TROUSSET, 1987; KASSAH, 1993). Die von SUTER (1964) beschriebene Lehmziegel-Architektur der Häuser in Tozeur, Nefta und El Hamma du Djérid ist auf eingewanderte moslemische Flüchtlinge infolge der christlichen Reconquista in Spanien zurückzuführen. Nach KRESS (1977) ist dieser Baustil eindeutig andalusisch-maurischen Ursprungs (aragonischer Mudéjarstil) und hat in dieser Form für Tunesien Inselcharakter.

Eine völlig neue Epoche der südtunesischen Oasen erfolgte nach dem Niedergang der osmanischen Herrschaft durch Innovationen unter französischer Kolonialverwaltung. Mit ihrer „mission civilisatrice" führte sie nach SCHIFFERS (1971a) nicht nur Entwicklungsarbeiten wie die Sanierung bzw. Modernisierung der Bewässerungssysteme und der städtischen Infrastruktur durch, sondern leitete auch die Transformation der Dattelwirtschaft von einem auf Subsistenz und regionale Marktversorgung ausgerichteten System zur Exportorientierung auf Grundlage der Edelsorte Deglat Nour ein. In diese Zeit fallen nicht nur erste Oasenneugründungen sondern auch beginnende Auflösungserscheinungen des sozioökonomischen (symbiontischen) Wechselverhältnisses zwischen nichtseßhaften, aber zur Sedentarisierung gedrängten Nomaden-Gruppen und der Oasenbevölkerung durch Pazifizierungsbestrebungen der Kolonialmacht (WAGNER, 1983; MENSCHING & WIRTH, 1989; KASSAH, 1989). Auf die Auswirkungen des Seßhaftwerdens der Nomaden, der Marktanpassung sowie weiterer Veränderungen der Oasen nach der Unabhängigkeit Tunesiens im Jahr 1956 bis zum erstmaligen Aufstieg zur Dattelexportnation Nr. 1 im Jahr 1987 (KASSAH, 1990) wird in späteren Kapiteln näher eingegangen.

2.3.1 Geographische Lage und Beschreibung der untersuchten Oasen

In Tunesien wurden zwei Oasenräume für die Untersuchungen ausgewählt, die sich nicht nur in ihrer räumlichen Lage, sondern vor allem in der Herkunft des Wassers, von den klimatischen Voraussetzungen als auch der Grundwassertiefe unterscheiden. Es handelt sich hierbei um die Fluß- bzw. Gebirgsrandoasen des Djebel Negueb, der östlichen Fortsetzung des Sahara-Atlas, und die Oasen am Chott el Djérid.

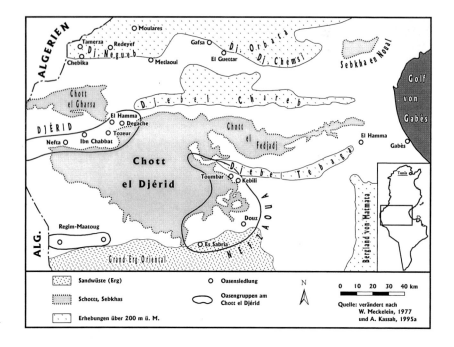

Abb. 5: Lage der tunesischen Oasengebiete

Bei den Schottoasen wird nochmals zwischen der Djérid- und Nefzaoua-Region differenziert. Die Djérid-Oasen befinden sich am Nordwestrand des Chott el Djérid, wo sie sich unmittelbar am Rand dieser Salzsenke an den Randbergen (Drâa el Djérid) und den westlichen Ausläufern des Djebel[15] Chareb gruppieren. Zu dieser Oasenkette gehören die traditionsreichen Orte Nefta, Tozeur, El Hamma du Djérid und die El Oudiane[16]-Oasengruppe (Degache, Zaouiet el Arab, Zorgane, Oulad Majed und Kriz). Nach KASSAH (1993) ist das Verwaltungszentrum Tozeur mit nahezu 30.000 Einwohnern[17], einem Bevölkerungswachstum von 3,5 % im Zeitraum von 1975 bis 1984 und einer Oasenfläche von 1.150 ha die bedeutendste Oasenstadt in der ganzen Schottregion. Neben den traditionellen Oasen gibt es im Djérid auch eine Reihe jüngerer Oasengründungen, von denen einige auf die französische Protektoratszeit zurückgehen, wie zum Beispiel die halbstaatlich geführte Oase El Hamma du Djérid-S.T.I.L.[18]. Beim 1982 vom Staat gegründeten Komplex Ibn Chabbat an der Nordabdachung des Drâa el Djérid handelt es sich

---

[15] Djebel (arab.) = Berg
[16] Oudiane (arab.) = plur. von Oued (Fluß)
[17] FITZNER (1897) gibt seinerzeit für Tozeur 9.000 Einwohner an, PONCET (1962) nennt 11.800 für das Jahr 1958
[18] S.T.I.L. = **S**ociété **T**unisienne d'**I**ndustrie **L**aitière

um eine moderne Großanlage, in welcher fortschrittliche Techniken wie Tröpfchenbewässerung zum Einsatz kommen und der Erwerb einer Parzelle nur Absolventen des Ausbildungszentums C.F.R.[19] in Degache vorbehalten ist (HEIDLER, 1985).

Die Nefzaoua-Oasen, welche von SANTODIROCCO (1986) auf 60 beziffert werden, liegen an der Ostseite des Chott el Djérid zwischen dem flach auslaufenden Djebel Tebaga im Norden und den Ausläufern des Grand Erg Oriental im Süden. Dieses Gebiet erstreckt sich von der Kebili-„Halbinsel" (Presqu'Île de Kebili) über die Oasen Douz und El Faouar bis Es Sabria. Dem Nefzaoua nicht mehr zugehörend ist das 1977 südlich des Schotts gegründete Vorzeigeprojekt Regim-Maatoug, obwohl dieses von Kebili aus organisiert und verwaltet wird. Eine hohe Arbeitslosigkeitrate von bis zu 30 Prozent (SETHOM, 1992), ein jährliches Bevölkerungswachstum von 3,5 Prozent im gesamten Nefzaoua-Raum[20] (BISSON, 1991) und die sukzessive Ansiedlung von Merazigues-Nomaden vornehmlich in Douz und weiter südlich machten es notwendig, die landwirtschaftlichen Flächen auszudehnen (HAYDER, 1995; KASSAH, 1997). Lebten nach TAUBERT (1981) im Jahr 1882 in der Nefzaoua-Region noch 10.000 seßhafte Oasenbauern und 8.000 Nomaden, so standen nach Angaben von SAREL-STERNBERG (1963) im Jahr 1956 bereits 28.000 Seßhafte insgesamt 22.000 Nomaden gegenüber. Ende der Siebziger Jahre lebten nur noch 8 % nomadisch, was den beschleunigten Sedentarisierungsprozeß verdeutlicht (BADUEL, 1979).

Tab. 3: Entwicklung von Oasenfläche und Dattelpalmenbestand im Djérid und Nefzaoua (Quelle: ENQUÊTE OASIS 1976 (1977) und KASSAH, 1995a)

Oasenregion	Anzahl Dattelpalmen 1976	Anzahl Dattelpalmen 1993	Oasenfläche in ha 1993
Djérid-Oasen	973.000	1.270.000	8.000
Nefzaoua-Oasen	770.000	1.391.000	10.300[21]

Der enorme Bevölkerungsdruck erklärt die Schaffung neuer Oasen von staatlicher und halbstaatlicher Seite in der gesamten Region, vor allem aber das um sich greifende Phänomen der privaten Oasenerweiterungen mit illegalen Brunnenbohrungen (JÄGGI, 1994; BISSON, 1997), die von den Behörden aufgrund des Landbedarfs stillschweigend toleriert werden. KASSAH (1995a) gibt für den Zeitraum von 1981-1992 insgesamt 763 illegal entstandene Brunnen („puits illicites") an, so daß nach MORVAN (1993) im Nefzaoua-Gebiet auf zehn illegale Neu-

---

[19] C.F.R. = **C**entre de la **F**ormation et de **R**ecyclage
[20] Beobachtungszeitraum 1975-1985
[21] SGHAIER (1988) beziffert die Oasenfläche der Nefzaoua-Region noch mit 7.433 ha

erschließungen lediglich eine staatliche kommt. Dieser Trend, der in anderen tunesischen Oasengebieten kaum bekannt ist, erklärt auch die Tatsache, daß die Oasen des Nefzaoua sowohl von der Fläche als auch dem Dattelpalmenbestand her betrachtet die Oasen des Djérid mittlerweile überflügelt haben, was Tab. 3 verdeutlicht.

Das Arbeitsgebiet der Fluß- und Gebirgsfußoasen befindet sich nördlich des Chott el Gharsa im Einflußbereich des Djebel en Negueb. Tamerza, als bedeutendste dieser Oasen mit ca. 1300 Einwohnern und einem Dattelpalmenbestand von ungefähr 40.000 (MENSCHING, 1979a), liegt an dem aus den algerischen Steppenhochländern stammenden Oued el Horchane, der auf tunesischer Seite Oued Kranga genannt wird. An seinem Austritt in den Chott el Gharsa befindet sich die Oase Foum Kranga. Östlich daran anschließend erstreckt sich eine Kette der drei kleinen Gebirgsrandoasen La Acheche, Aïn Birda und Chebika[22] mit jeweils einigen Dutzend Einwohnern, die weiter östlich von der neu geschaffenen Oasenanlage Segdoud abgeschlossen wird.

2.3.2 Klima

Aufgrund des Vorherrschens der zyklonalen, regenbringenden Westwinddrift im Winter und der subtropisch-randtropischen trockenen Luftmassen mit Hochdruckkernen im Sommer (GIEßNER, 1985), handelt es sich in Südtunesien um ein jahreszeitlich alternierendes Klima. Der planetarische Wandel von der nordtunesischen Mittelmeerküste bis ins saharische Gebiet südlich des Chott el Djérid ist mit einer Temperaturzu- und Niederschlagsabnahme verbunden.

Wegen der klimatologischen Ausgangssituation ähnelt der Niederschlagsgang dem des Mittelmeerraumes. So weist eine von TOUMI (1995) vorgenommene Zuordnung der pluviothermischen Quotienten von Tozeur und Kebili im Klimagramm nach EMBERGER (1955) beide Stationen als saharische Variante des Mittelmeerklimas mit gemäßigten Wintern aus, weshalb der Chott el Djérid als Übergangszone zur Sahara betrachtet werden kann. Dies unterstreicht die in der Fachliteratur häufig gewählte Bezeichnung „Tunisie présaharienne" (COQUE, 1962; FLORET & PONTANIER, 1982), obwohl letztere Autoren auf die Tendenz der Djérid- und Nefzaoua-Region zum perariden, saharischen Klima hinweisen. Etwas im Gegensatz dazu steht die Grenzziehung der nördlichen Sahara durch die ausschließliche Verwendung von Niederschlagsdaten, wie sie CAPOT-REY (1952, 1953) vornimmt. Er setzt den Grenzsaum bei der 100 mm-Isohyete an, wodurch der Chott el Djérid eindeutig der Sahara zuzuordnen wäre.

---

[22] Über Chebika liegt eine detaillierte Beschreibung von DUVIGNAUD (1994) vor

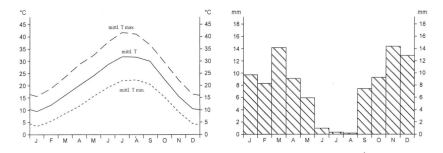

Abb. 6: Jahresgang der Lufttemperatur (links) und des Niederschlags (rechts) in Kebili (Quelle: SARFATTI, 1988[23])

Das Klima am Chott el Djérid zeichnet sich durch eine große jährliche Amplitude der Temperaturen aus. In Tozeur hat der kälteste Monat Januar im fünfzigjährigen Beobachtungszeitraum eine mittlere Minimaltemperatur von 5,3 °C und der wärmste Monat Juli eine mittlere Maximaltemperatur von 40,4 °C. Eine noch größere Amplitude weist Kebili im Nefzaoua (Abb. 6, links) mit mittleren minimalen und maximalen Temperaturen von 3,1 °C bzw. 42,2 °C (ADEL, 1985) auf. Die absoluten Minimal- und Maximaltemperatur liegen hier bei -7 °C bzw. 55,0 °C (MAMOU, 1973). Der Grad der Kontinentalität der Schottoasen wird lediglich noch in Douz übertroffen (GIORDANI & ZANCHI, 1988). In engem Zusammenhang mit der Temperatur bzw. Insolation und Luftfeuchte stehen die hohen Werte der potentiellen Verdunstung nach THORNTHWAITE (1948) von 1171 mm in Tozeur und 1158 mm in Kebili. Abb. 7 (rechts) zeigt den Jahresgang in Kebili im Zusammenhang mit der relativen Luftfeuchtigkeit (U). Im Januar, wenn die potentielle Verdunstung mit 8 mm ihren geringsten Betrag aufweist, erreicht die Luftfeuchtigkeit das jährliche Maximum, umgekehrt stellt sich die Lage im Juli bei einer maximalen monatlichen Verdunstung von 264 mm dar. Für die umgebenden Schottflächen gibt COQUE (1962) sogar eine potentielle Verdunstung von 2500 mm/Jahr bei weniger als 100 mm Niederschlag an. Dieser Wert erscheint nach den Berechnungen von HENNING & HENNING (1984) allerdings entschieden zu hoch, da die beiden Autoren für das Gebiet eine mittlere Jahressumme der potentiellen Landschaftsverdunstung von 1300-1400 mm angeben.

Betrachtet man in Abb. 7 (links) das Klimadiagramm nach Walter von Kebili, so ist zu erkennen, daß bei weniger als 30 Regentagen alle Monate ariden Charakter aufweisen. Im Jahresverlauf mit einem durchschnittlichen Niederschlag

---

[23] Beobachtungszeitraum 1901-1985

von 92,4 mm[24] entsteht in den Sommermonaten Juni bis August eine Niederschlagslücke, die auf den Einfluß des subtropisch-randtropischen Hochdruckgebietes zurückzuführen ist. Niederschlagsreicher sind dagegen die zyklonal geprägten Wintermonate; kleine Maxima treten in beiden Übergangsjahreszeiten im März und November auf. Hierzu tragen vor allem Chergui-Wetterlagen bei, welche Feuchtigkeit aus dem östlichen Syrtenbereich heranbringen und zu extremen Starkregenereignissen besonders im tunesischen Sahel führen können (KASSAB, 1973; MENSCHING, 1979a; ACHENBACH, 1981). Beeindruckende Beispiele starker Niederschläge, die zu Jahresbeginn 1990 Verheerungen anrichteten, beschreiben SCHMIDT (1990) für die Gebirgsfußoase Chebika und BÖHM & VON SEGGERN (1990) für Tozeur. Letztere berichten über Regenmengen von 125 mm in nur 5 Tagen - bei einem durchschnittlichen Jahresniederschlag von 89 mm (RICHTER & SCHMIEDECKEN, 1985). „Hochwasserkatastrophen gehören zum episodischen Erscheinungsbild des durch große Variabilität gekennzeichneten hygrischen Jahresganges des Klimas Nordafrikas" merken MENSCHING et al. (1970, S. 81) in ihrer Arbeit über die Hochwasserkatastrophe im Herbst 1969 an. Diese hohe Variabilität der Niederschläge ist räumlich als auch interannuell zu sehen und trifft nur auf die Winterperiode von September bis Mai zu, nicht aber auf den regenarmen Sommer (HENIA, 1994). FRANKENBERG (1980a) stuft die interannuelle Variabilität der Niederschläge in Südtunesien als die höchsten der gesamten Sahara ein; in Kebili und Tozeur überschreitet diese sogar die 50 %-Marke.

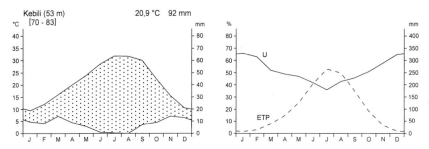

Abb. 7: Klimadiagramm nach WALTER et al. (1975) (links); Jahresgang der potentiellen Verdunstung (ETP) nach THORNTHWAITE (1948) und der relativen Luftfeuchtigkeit (U) der Station Kebili (rechts). (Quelle: SARFATTI, 1988)

Dominieren in der Schottregion im Winter Winde aus westlicher bzw. nordwestlicher Richtung, so werden die trockene Jahreszeit (MECKELEIN, 1977) und

---

[24] Der Fachliteratur sind je nach Beobachtungszeitraum unterschiedliche Angaben zum durchschnittlichen Jahresniederschlag von Kebili zu entnehmen: WEHMEIER (1977a): 87 mm; ADEL (1985): 89 mm; SARFATTI (1988) mit 92,4 mm gilt für den längsten Beobachtungszeitraum von 1901-1984

die Übergangsjahreszeiten (MENSCHING, 1979a) durch NE-Winde geprägt. Aus der Anordnung und der Dimension morphologischer Kleinformen sowie der Lage künstlicher Windverbauungen geht die Hauptwindrichtung aus Nordost zumindest für die Region Nefzaoua eindeutig hervor (MAY, 1984; BESLER, 1989). Nach KADRI & SARTORI (1988) und KADRI & GALLALI (1988) steht das Wetter der Region Kebili ca. 120 Tage unter diesem Einfluß. Aus südlicher Richtung wehen hingegen überdurchschnittlich trocken-heiße, staubbeladene Winde, die auf Schirokko-Wetterlagen zurückgehen und nach ONGARO (1986) ungefähr 35 Tage im Jahr die Region Kebili beeinflussen. Ihre Genese und Entwicklungsabläufe sowie Merkmale in der südtunesischen Region beschreiben ausführlich MÜLLER & RICHTER (1984).

Kam bisher nur das Freilandklima am Chott el Djérid zur Sprache, so muß nun auf die Besonderheiten der Oasen eingegangen werden, da diese in tropisch-subtropischen Trockengebieten ein selbständiges, mesoskaliges Topoklima entwickeln (LAUER et al., 1996). Neben RIOU (1990) stellten vor allem RICHTER & SCHMIEDECKEN (1985) eine detaillierte Untersuchung zum Bestandsklima von Oasengärten in unterschiedlich dichten Dattelpalmbeständen von Tozeur vor und belegen Charakteristika, die hauptsächlich auf eine verminderte Sonneneinstrahlung und den abgeschwächten Windeinfluß zurückzuführen sind. Weist das Freilandklima eine große Amplitude der Tagestemperatur auf, so ist diese im unteren Bereich eines dichten Palmen- und Fruchtbaumbestandes beträchtlich reduziert. Die Bodendurchfeuchtung bewässerter Parzellen trägt durch nächtliche Wärmeabgabe und Abkühlung tagsüber nicht unwesentlich zu diesem Effekt bei. Außerdem wird das Oasenklima durch relativ hohe Luftfeuchtigkeitswerte gekennzeichnet, was an der Bewässerung, aber auch an der geringeren Verdunstung liegt. Die potentielle Verdunstung ist in einem gut bewässerten Palmenhain wegen des höheren Wasserdampfgehaltes der Luft, der eingeschränkten Einstrahlung und Oberflächenerhitzung, als auch der verminderten Windeinwirkung niedriger als im Freiland. Für die Oase Tozeur werden potentielle Verdunstungswerte im unteren Stammraum angegeben, die nur etwa 40 Prozent gegenüber dem Freiland betragen. TOUTAIN (1975) berichtet ebenfalls von einer abmildernden Wirkung des Windes durch die hohen Gartenmauern in den Oasen des Drâa-Tals, dem zweiten großen Untersuchungsgebiet in Marokko, wodurch kalte Strömungen im Winter und warme im Sommer abgehalten werden. Die Unterschiede zwischen Oasen- und Freilandklima treten am deutlichsten hervor, wenn die Parzellen sehr dicht mit Bäumen bewachsen sind und im Zentrum der Kulturflächen liegen. Periphere Oasenbereiche werden wegen des stärkeren Windeinflußes in geringerem Maße durch die Vorteile dieses klimatischen Effektes begünstigt (CONFORTI et al., 1994), zumal hier die Bestände durchweg offener sind und die Einstrahlung entsprechend erhöht ist.

2.3.3 Geologie

Geologisch befindet sich die Schottregion in der tektonischen Kontaktzone zwischen dem mobilen Atlasorogen und der stabilen Saharatafel mit ihrem präkambrischen Sockel. Die Senke des Schotts steht in ursächlichem Zusammenhang mit den Ausläufern der Atlasfaltung des ausgehenden Pliozän bis ins beginnende Pleistozän. Schichtkammlandschaften aus kretazischen Gesteinen sowie jungtertiäre bis quartäre Ablagerungen umgeben den Schott, die im Djebel el Asker wenig über 600 m erreichen, im Djebel Tebaga nur noch 469 m. Aus den nach Süden niedriger werdenden Berghöhen läßt sich das Ausklingen der Atlasorogenese und der Beginn des starren Saharasockels deutlich ablesen (MECKELEIN, 1977). Der Djebel Tebaga, der die Nefzaoua-Region nach Norden hin abschließt, ist daher nach BRIEM (1977) als mächtige Schichtstufenfolge der leicht gekippten und nach Süden einfallenden saharischen Scholle zu werten. Die weiter nördlich in west-östlicher Richtung verlaufenden Antiklinalketten zwischen Meknassy, Gafsa und Négrine in Ostalgerien erreichen in unmittelbarer Nähe des Arbeitsgebietes der Fluß- bzw. Gebirgsfußoasen Tunesiens am Schichtkamm des Djebel Blidji eine Höhe von 807 m. Gemäß dem stratigraphischen Bau einer Antiklinale und der erosiven Wirkung des konsequent angelegten Entwässerungssystems kam es hier zu starker Zerschneidung und Ausräumung morphologisch weicherer Gesteine unterhalb der aufgewölbten, paläogenen Mantelschichten, welche schließlich die ausgewaschenen Kernbereiche als umlaufend streichende Schichtrippen- und Schichtkammsysteme umgeben (SCHMIDT, 1991).

Im Villafranchien und End-Pleistozän hatte der Schott bei instabiler Verbindung mit dem Mittelmeer lagunenhaften Charakter, der sich im Wechsel mehrerer Trocken- und Feuchtphasen zum jetzigen Stadium einer Sebkha unter ariden Bedingungen entwickelte. Nach MENSCHING (1971b) entspricht die Bezeichnung „Schott" im Maghreb völlig derjenigen der Sebkha und nennt die tektonische Anlage als flache Depression, salztonhaltige Sedimentfüllung und die Abflußlosigkeit als typische Merkmale der saharischen Sebkhas. Der Chott el Djérid ist heute ein Endbecken mit bescheidenen endorhëischen Zuflüssen. Er bildet meist eine Salztonebene, in der feuchten Jahrszeit hingegen einen Salzsumpf. Der extrem hohe Salzgehalt des Schotts ist nach MENSCHING (1979a) weitgehend den salzführenden Schichten der unteren Kreide (Wealdenfazies) und den Sedimenten des Mio-Pliozäns der randlichen Bergketten zuzuschreiben und nicht, wie lange angenommen, einem Salzdiapir der Trias. Mit den Abtragungssedimenten gelangten im Verlaufe des Quartär v.a. Chloride und Gipse in das Schott, so daß bei den bereits erwähnten Verdunstungswerten eine immense Menge an Salz akkumuliert werden konnte. Die Randgebiete des Schotts sind durch Sandablagerungen gekennzeichnet, die entweder als vegetationslose Dünen, häufiger jedoch als Nebkha-Formen existieren. Auffällig ist die starke Verkrustung der Sande auf den Glacisflächen am Beckenrand, welche durch eingewehtes Salz oder aus den Gipskrusten entstanden ist (SCHWENK, 1977).

Zur Zeit CHAVANNE's (1879) herrschte noch die irrtümliche Meinung, daß sich alle endorhëischen Becken in der Zone der Schotts unter dem Meeresspiegel befinden. Nach heutigen Messungen trifft dies nur auf die tiefste Depression, den Chott el Merouane (-40 m) und den Chott el Melrhir (-31 m) in Ostalgerien, wie auch den Chott el Gharsa (-20 bis -23 m) in Tunesien zu. Der Chott el Djérid und sein östlicher Ausläufer, der Chott el Fedjadj nehmen zusammen eine Fläche von 5.620 km² ein und bilden die größte Verdunstungspfanne Nordafrikas; sie befinden sich mit einem tiefsten Punkt zwischen 15 und 16 m (COQUE, 1962) über Meeresniveau und sind, wie auch die anderen Schotts, von immer noch andauernder Sedimentauffüllung gekennzeichnet. Detaillierte Angaben zur Geologie des Chott el Djérid finden sich bei COQUE (1962) und MENSCHING (1964).

2.3.4 Hydrologie

Die hydrogeologische Situation der Schottregion ist von herausragender Bedeutung für deren Oasen, da die Bewässerung fast ausschließlich auf fossilem Grundwasser basiert. Dabei kommt der wannenartigen Lage des Schotts am tiefsten Punkt des nördlichen Homrabeckens[25] die entscheidende Rolle als großer Wassersammler zu. In diesem Zusammenhang sind die gegenwärtigen ariden Bedingungen von geringerer Bedeutung als vergangene Perioden unter feuchterem Klimaregime. Das Bewässerungswasser der Schottregion wird nach MAY (1984) drei Aquiferen unterschiedlicher Tiefe entnommen: einem phreatischen Grundwasserkörper, dem Complexe Terminal (C.T.) und dem Complexe Continental Intercalaire (C.I.).

Der phreatische Grundwasserkörper stellt die oberste, in quartären Sedimenten gebildete Grundwasserschicht dar, welche rezent vor allem durch Niederschläge, versickerndes Bewässerungswasser und dem darunter liegenden zweiten Grundwasserstockwerk aufgefüllt wird. Je nach Herkunft ist das Wasser von sehr unterschiedlicher Qualität. Nach Angaben von MAMOU (1976) treten zudem in diesem obersten Grundwasserbereich jahreszeitlich bedingte, vertikale Schwankungen von bis zu einem Meter auf.

Das zweite Grundwasserstockwerk, der Complexe Terminal, stellt die eigentliche Existenzgrundlage der Schottoasen dar und lagert in einer Tiefe von ca. 10-100 m in den Schichten der Oberen Kreide (z.T. auch in den Schichten des Senon, Turon und Zenoman) sowie des Tertiärs (CASTANY & DOMERGUE, 1951) und ist nach oben durch mio- und pliozäne Tone, nach unten durch tonig-mergelig-

---

[25] Nach KLITZSCH (1967) besteht die Sahara aus neun großräumigen geologischen Becken

gipsige Schichten des unteren Senon abgeschirmt. Dieser fossile Grundwasserspeicher ist limitiert durch den Sahara-Atlas im Norden, die Dorsale von M'zab im Westen, dem Plateau Tenrhert im Süden und dem tunesischen Dahar im Osten (RICOLVI, 1975). Der Wasserkörper des C.T. geht auf die Pluvialphasen des Pleistozäns zurück und beträgt nach Radiokarbon-Datierungen von MAMOU (1973) im nördlichen Nefzaoua ein Alter von 16.000 bis 28.000 Jahren. Nur in geringem Maße findet rezent eine Auffüllung aus Wadis und vereinzelten Niederschlägen im Bereich des Erg Oriental statt. Aufgrund der Beckenlage ist dieses fossile Grundwasser artesisch gespannt und trat bis vor wenige Jahre an Verwerfungen natürlich an die Oberfläche. Hierzu zählen auch die von SUTER (1962) für die Nefzaoua-Region beschriebenen typischen natürlichen Grundwasseraustritte, wie Quelltöpfe (ain) und Quellhügel (djezira), deren Genese WEHMEIER (1977a) ausführlich beschreibt. MAY (1984) ordnet diesem mittleren Grundwasserkörper auch die Foggaras[26] des Nefzaoua-Gebietes zu, die an die Fußflächen des Djebel Tebaga gebunden sind. Diese weltweit bekannte Wasserfördertechnik (vgl. Qanate bei TROLL, 1963), bei der die grundwasserführende Schicht mittels eines unterirdischen Stollens angezapft wird, ist in Tunesien außer im Nefzaoua nur noch in der Oase El Guettar bei Gafsa am Südfuß des Djebel Orbata zu finden. In beiden Fällen sind die Foggaras aufgrund des Absinkens des Grundwasserspiegels und der immensen Instandhaltungsarbeiten aufgegeben worden, was beispielsweise die Wüstung Aïn Brimba bei Kebili zeigt (ACHENBACH, 1983; MAY, 1984). Auch die natürlichen Grundwasseraustritte der Djéridoasen sowie die Quellhügel und -töpfe im Nefzaoua sind mittlerweile versiegt (ABIDI, 1995; RICHTER, 1995), da die Überbeanspruchung des Grundwasserreservoirs mit Brunnenbohrungen im Zuge der staatlichen und privaten Oasenerweiterungen zu einem starken Absinken des phreatischen Niveaus geführt hat, was sich von Anfang an durch eine Abnahme der Schüttungsmenge infolge des abnehmenden artesischen Drucks ankündigte (MAMOU, 1984, 1995a, 1995b).

Nach KASSAH (1995a) erreicht die Erneuerung des C.T. nicht einmal 15% der entnommenen Wassermenge, was bei gleichbleibender Ausbeutung in den heutigen Dimensionen zum restlosen Aufbrauch dieser einmalig nutzbaren Wasserresserven führen wird. HEIDLER (1985) beziffert die Fläche des C.T. mit ca. 350.000 km² und RICOLVI (1975) schätzt dessen Gesamtvolumen auf 10.000 Milliarden m³ - Zahlen, die zwar enorm groß erscheinen, bei Mißachtung der geringen Sickergeschwindigkeit und der starken Porenwasserbindung jedoch zu überschätzter Nutzbarkeit verleiten!

In einer Tiefe von 300-2700 Metern, mit einer räumlichen Ausdehnung von 600.000 km² (JUNGFER, 1990) und der geschätzten Grundwasserreserve von 33.000 bis 50.000 km³ (CONRAD & FONTES, 1970) befindet sich das unterste

---

[26] Lokalnamen khraig, plur. khariga

Grundwasserstockwerk, der Complexe Continental Intercalaire. Dieser vom französischen Hydrogeologen SAVORNIN (1947) entdeckte und als „plus grand appareil hydraulique" bezeichnete mächtige Grundwasserleiter ist nach oben durch tonige Schichten der Oberen Kreide gegenüber dem Complexe Terminal abgeschlossen und reicht im Bereich des Chott el Fedjadj direkt bis an die Oberfläche. Bezeichnungen wie „Savornins Meer" suggerierten lange Zeit, es handle sich unter der Sahara um einen unterirdischen See (SCHIFFERS, 1971b); das fossile Grundwasser kommt jedoch stets als Poren- oder Kluftwasser vor (KLITZSCH, 1967, 1971). Die rezente Auffüllung des C.I. weist nach geschätzten Werten von 8,5 m^3/s (UNESCO, 1972) noch weniger Umfang auf als der mit 18 m^3/s angegebene Zufluß beim C.T. (MAY, 1984).

Im Gegensatz zu Algerien wird der Complexe Continental Intercalaire am Chott el Djérid bisher nur sehr vereinzelt zur Wasserförderung herangezogen, was mehrere Gründe hat. Die erforderliche Bohrtiefe von ca. 1000 m bringt hohe Kosten mit sich und das zutage geförderte Wasser weist einen erhöhten Salzgehalt von bis zu 6 mg/l und hohe Temperaturen von über 70 °C auf. Zur Bewässerung der Oasenkulturen wird daher das qualitativ bessere und kostengünstigere Wasser des Complexe Terminal bevorzugt.

Die Oasen Tamerza und Foum Kranga verdanken ihre Wasserversorgung dem Grundwasserstau des Oued el Kranga. Nach seinem Durchbruch durch den südlichen Brikissausläufer bei Tamerza münden nach Niederschlägen Wässer des Oued Abiod, Oued Blidji und Oued Negueb von der Nordflanke des Djebel Blidji ein. Vor dem canyonartigen Durchbruch westlich von Tamerza vereinigt er sich mit dem Oued Aouedj, welcher episodisch Wasser aus den algerischen Steppenhochländern bringt (SCHMIDT, 1991). Der Fluß staut in seinem Sandbett einen Grundwasserkörper, der durch einfache Grabungen angezapft werden kann (MENSCHING, 1979a). Von Quellaustritten am südlichen Bergfuß der Antiklinalkette des Djebel Negueb werden die Oasen Chebika, Aïn Birda und La Acheche mit Wasser versorgt.

2.3.5 Bewässerung

Abgesehen von der unterschiedlichen Herkunft des Bewässerungswassers, weisen die traditionellen tunesischen Oasen am Chott el Djérid ein ähnliches Prinzip der Wasserverteilung wie die Drâa-Oase auf. So mündet auch hier das Wasser direkt von Brunnen und Quellen oder wie in Tozeur von einem Quellfluß, der früher das Wasser der natürlichen Quellen und heute der Bohrungen zusammenführt, in eine Seguia und endet über mehrere Verzweigungen an den Parzellen, die submers bewässert werden[27]. Geht die Wasserverteilung in Tozeur auf Ibn Chabbat (13. Jhdt.) zurück, wobei jahreszeitliche Schwankungen des Wasserbedarfs ebenso wie die Anzahl und Varietäten der Dattelpalmen als auch Bodencharakteristika berücksichtigt werden (HEIDLER, 1985), so weist die Mehrzahl aller Oasen gewisse historische Unterschiede in der Wasservergabe auf, die in den Arbeiten u. a. von GAILLARD (1957), BÉDOUCHA-ALBERGONI (1976) und BÉDOUCHA (1987) für die Nefzaoua-Region sowie von ATTIA (1957) für die Djérid-Oasen Tozeur und Nefta aufgeführt sind. Als Beispiele verschiedener Wasserumläufe (*Noubas*) geben MECHERGUI & SNANE (1995) für einen jungen Palmenhain am Drâa Sud (Tozeur) mit fünf Tagen (2,5h/ha), für Dergine (Kebili) mit 15 Tagen (12h/ha) und der Oase Douz im südlichen Nefzaoua mit 24-30 Tagen (16h/ha) an, was das unterschiedliche Wasserangebot pro Zeiteinheit verdeutlicht.

Ebenso wie im Drâa-Tal ist auch in den südtunesischen Oasen eine Modernisierung des Bewässerungssystems zu verzeichnen. Um der ständig nachlassenden Schüttung aufgrund der Absenkung des Grundwasserspiegels und Korrosion vorzubeugen, müssen die Brunnenbohrungen ständig nachgetieft und mittels Motoren leistungsstärker gemacht werden. Auch das Wasserleitungssystem unterlag in den vergangenen zwei bis drei Dekaden einer durchgreifenden Veränderung. Um Infiltrationsverluste zu verhindern, werden die Quellflüsse in Tozeur nach und nach ausbetoniert, und im gesamten Schottgebiet wird das Verteilungsnetz nach der vorübergehenden Einführung von oberirdischen Betonhalbschalen nun auf unterirdische Rohre umgestellt, um die zusätzliche Verdunstung auszuschalten[28]. Auch wenn in vielen der traditionellen Oasen noch alte Wasserrechte gelten, so wird der Oasengemeinschaft immer mehr die Autorität über die Ressource Wasser vom Staat entzogen, da einzig dieser nach dem Versiegen der natürlichen Quellen die Wasserversorgung garantieren kann, was BELHEDI (1995) am Beispiel Souk Lahad/Nefzaoua beschreibt. Die Wasserverteilung in modernen Oasen wie Ibn Chabbat erfolgt ausschließlich nach rationalen Kriterien, d. h. die Wasserzuteilung wird durch Anbaukultur und Flächengröße bestimmt. Außerdem kommen vermehrt ökonomisch und ökologisch sinnvolle Bewässerungstechniken wie die Tröpfchenbewässerung zur Anwendung.

---

[27] FLOHN & KETATA (1971) schätzen die Bewässerungswerte in den Oasen Südtunesiens auf ein mittleres Niveau von 2000 mm, SARFATTI (1988) je nach Bewässerungsintensität auf 1000-3500 mm Niederschlag. RICHTER & SCHMIEDECKEN (1985) berechneten die Bewässerungswerte am Beispiel Tozeur für einen jungen Oasengarten mit 1224 mm, für einen alten Oasengarten mit 2616 mm

[28] WERNER (1962) gibt für die Oase Gabès Verluste des aus dem Oued Gabès zur Verfügung stehenden Wassers durch Versickern bzw. Verdunsten in Höhe von 40-60 % an, BAHANI (1995) beziffert die Verluste für die Drâa-Oase vom ableitenden Damm bis zur Parzelle mit 50 %

Erwähnt werden muß auch das Phänomen der illegalen Brunnenbohrungen von privater Seite in den Nefzaoua-Oasen, deren Gründe in der unzureichenden Versorgung der traditionellen Oasen im Rahmen des Bevölkerungswachstums, abnehmender Wasserschüttung und schließlich Versiegen der natürlichen Brunnen und dem Wasserreichtum durch fossile Grundwasserspeicher zu suchen sind. Bei dieser von MORVAN (1993) als „Wasserpiraterie" bezeichneten Form der Ressourcenerschließung eignen sich ein oder mehrere Besitzer den vom Staat für sich reklamierten Besitz des fossilen Grundwassers an und entziehen die Nutzung der staatlichen Kontrolle. Versorgt ein illegaler Brunnen nur einen Oasengarten, so können die Wassergaben voll auf die angebauten Kulturen abgestimmt werden, was deren gute Erträge bestätigen. Teilt sich ein kleines Bewässerungskollektiv eine solche Bohrung, so wird eine Wasserumlaufregelung gemäß dem Prinzip der *Noubas* angewandt.

2.4 Probleme der Oasenwirtschaft

Oasen sind labile künstliche Ökosysteme, die von vielen Faktoren beeinflußt und auch gefährdet werden. Die extremen klimatischen Rahmenbedingungen sind für sich allein gesehen unbedenklich; erst im Zusammenspiel mit der knappen Ressource Wasser sowie bio- und anthropogenen Einflüssen kann es zu folgenschweren Auswirkungen führen, die sich in zunehmender Unproduktivität oder schleichender Degradation äußern.

2.4.1 Die knappe Ressource Wasser

Die Wasserknappheit äußert sich in den beiden Arbeitsgebieten in unterschiedlicher Weise. Im Drâa-Tal wird das Wasser entlang des Flußlaufes aufgrund des oben erwähnten Entnahmeprinzips zum immer stärkeren Mangelfaktor. Außerdem weist die Oase während der Sommermonate Wasserverknappung auf und in Jahren geringerer Niederschläge kann es trotz Rückhaltevermögen des Staudammes immer noch zu Dürreperioden kommen.

Abgesehen von den Flußoasen Südtunesiens, die in ähnlicher Weise wie das Drâa-Tal von den im Winterhalbjahr fallenden Niederschlägen abhängen, sind die artesischen Oasen am Chott el Djérid in heutiger Zeit einzig von den technischen Möglichkeiten der Wasserförderung abhängig - mit ihren positiven und negativen Auswirkungen. Vernachlässigt man die regionalen Unterschiede des fossilen Grundwasserspeichers in Bezug auf Tiefe und Ergiebigkeit, so ist die Wasserversorgung durch die moderne Fördertechnik das ganze Jahr gleichmäßig sichergestellt. Trotzdem leiden viele Oasen unter Wassermangel, wenn die gepumpte Wassermenge hinter dem Bedarf der zu bewässernden Kulturflächen zurückbleibt. Dieser Zustand verschärft sich im Laufe der Jahre durch leistungsvermindernde

Korrosion an den Bohrrohren und stetiges Absinken des Grundwasserspiegels wegen Überbeanspruchung des Aquifers (WEHMEIER, 1977a, 1980), so daß dem nicht regenerierbaren Wasser ständig hinterhergebohrt werden muß. Daher darf bei allen kurzfristigen Erfolgen einer vermehrten Bewässerungserschließung nicht übersehen werden, „...daß die Motorpumpe nicht nur ein Segen, sondern auch ein Fluch ist" (POPP, 1993b, S. 194). In Anbetracht des auflebenden Tourismus stellt sich zusätzlich ein Nutzungskonflikt um die Ressourcen Wasser (JÄGGI & STAUFFER, 1992; JÄGGI, 1994; KASSAH, 1995a, 1995b) und Boden (JEDIDI, 1990) ein. Auch die wachsende Industrialisierung (Bsp. Gabès) und Verstädterung konkurrieren mit der Oasenwirtschaft um das Wasser (HAYDER, 1991; PÉRENNÈS, 1991; KASSAH, 1997) und tragen überdies zu einer fortlaufenden Verteuerung des Wassers bei.

2.4.2 Phytoparasiten

Die größte biogene Gefährdung der maghrebinischen Oasen geht von der Pilzkrankheit Bayoud aus. Dieser Pilzbefall der Dattelpalme wurde erstmals 1890 in der Drâa-Oase entdeckt (MUNIER, 1973) und breitete sich bis heute stetig in östlicher Richtung bis Ostalgerien aus, erreichte die tunesischen Oasen aber bislang noch nicht. LARBI (1990) führt den Rückgang von 12 Mio Dattelpalmen in Marokko zu Beginn dieses Jahrhunderts auf heute gerade noch 5 Mio auf die zerstörende Wirkung von Bayoud zurück. Der bodenbewohnende Pilz *Fusarium oxysporum* f. spp. *albidinis* (KILL. et MAIRE) GORD. dringt über verletzte Wurzeln bis zum Gefäßsystem vor und führt zu einer Tracheomykose. Diese Gefäßerkrankung beeinträchtigt den Wassertransport und verursacht schließlich das Welken bzw. Absterben der Blätter (FRANKE G., 1976). Am besten entwickelt sich Bayoud bei hoher UV-Strahlung, einer Bodentemperatur von 21-27°C und stagnierendem Wasser im Wurzelbereich (REDMER, 1980). Auf stark versalzten Böden wird *Phoenix dactylifera* nach JACQUES-MEUNIÉ (1973) seltener befallen. Durch die intensivere Bewässerung seit Inbetriebnahme des Staudamms El Mansour Eddahbi hat die Ausbreitung von Bayoud im Drâa-Tal stark zugenommen (JELLOULI & OUTABIHT, 1988). Die damit verbundene Ausdünnung der Palmenbestände führt neben Gewinneinbußen für die Oasenbevölkerung zu weiteren ökologischen Veränderungen: Verschlechterung des Bestandsklimas und verstärkter Sandeintrag durch den fehlenden Windschutz. Nach TOUTAIN (1984) ist deshalb eine ausgewogene Bewässerung und die Zucht resistenter Varietäten notwendig, um einer weiteren Degradation der Oase zu begegnen.

Den Dattelpalmen setzen außerdem Schädlinge wie der Käfer *Parlatoria blanchardi* zu, der mangels phytosanitärer Pflege und überhöhter Palmendichte im Drâa-Tal in den Jahren 1953-1962 weit verbreitet war (MADKOURI, 1975), oder der blattzerstörende Käfer *Apate monachus* in der Nefzaoua-Region (BEL KHADI

& GERINI, 1988b). Für die Djérid- und Nefzaoua-Oasen geben BEL KHADI & GERINI (1988a) eine Vielzahl phytoparasitärer Nematoden an, welche auf den meisten Kulturpflanzen verbreitet sind. In den Maghreb-Ländern wird aufgrund der existentiellen Bedrohung des Ökosystems Oase und den nicht zu unterschätzenden Ernteeinbußen ausgiebig im Bereich der Schädlingsbekämpfung und Züchtung resistenter Kulturpflanzen geforscht (z. B. das Palmforschungszentrum in Degache, Tunesien).

2.4.3 Desertifikationserscheinungen

Das Klima der Sahara ist im Gesamttrend seit dem letzten Klimaoptimum vor ca. 7.000-4.000 B. P. immer trockener geworden, weswegen LAUER & FRANKENBERG (1979) von einer „klimatischen Desertifikation" sprechen. Eher sollte man in diesem Zusammenhang von Desertation sprechen, da der Terminus Desertifikation[29] generell als ein anthropogen verursachter Vorgang des „Wüstmachens" in Interaktion mit physischen Faktoren in ariden Gebieten und ihren Randzonen definiert wird (MENSCHING, 1979b, 1980, 1990).

MENSCHING (1990) ordnet auch die Bodenversalzung den Desertifikationserscheinungen zu. Bei stark verdichteten Soda-Solontschaks, die kaum noch nutzbar sind, mag diese Zuordnung stimmen; doch bei Neutralsalzböden kann die Bodenversalzung in einem reversiblen Prozeß durch sachgemäße Be- und Entwässerung meist in einen kultivierbaren Zustand rückverwandelt werden. Da Salzböden nicht zwangsläufig für die Landwirtschaft verloren sind, sollte man die Bodenversalzung nicht pauschal als Desertifikationsmerkmal einstufen.

Als einen entscheidenden Indikator für folgenschwere Desertifikation wertet MENSCHING (1990) die temporäre und permanente Absenkung der Tiefenaquifere durch übermäßige Wasserentnahme, wie sie in der Oasenregion am Chott el Djérid vorkommt. Diese „technische Degradation" durch Einsatz moderner Brunnen ist die Ursache für das Versiegen von Foggaras, Quellhügeln und Quellteichen im Nefzaoua und den natürlichen Quellen der Djérid-Oasen, was bereits zur Aufgabe von mehreren Oasen führte (Bsp.: Aïn Brimba im Nefzaoua).

Spielen in den Djérid-Oasen Sandeinwehungen nur eine untergeordnete Rolle, so stellt die Versandung von Kulturflächen sowie Ortschaften im Nefzaoua südlich von Douz eine größere Beeinträchtigung dar (FRANKENBERG, 1981). Im Drâa-Tal sind die südlichsten Palmenhaine Ktaoua und M'Hamid am stärksten betroffen, wo ausgedehnte Sanddünenfelder die Äcker vom Oasenrand her bedrohen. Nördlich des Djebel Bani, der in diesem Fall als Windfang für die sandhaltigen Winde aus dem Süden fungiert, sind lediglich im südlichen Fezouata größere

---

[29] MÜLLER-HOHENSTEIN (1993) hält den Begriff Desertifikation für entbehrlich und empfiehlt von „Degradierung von Trockengebietsökosystemen" zu sprechen

Sandakkumulationen anzutreffen. Dies ist hauptsächlich auf die Lee-Lage im Windschatten des Djebel Bani und die Nähe zum Durchbruchstal des Drâa (Windschneise) zurückzuführen. Die Region um Zagora weist nur noch punktuell Sanddünen auf; vor allem vom Oued aus greifen diese in die Kulturflächen ein. In den beiden nördlichsten Palmenhainen Tinzouline und Mezguita spielt die Gefährdung durch angewehten Sand nur noch eine untergeordnete Rolle. Als Schutzmaßnahmen dienen neben Dünenbefestigungen mittels Pflanzenbewuchs auch „lebende" Windschutzvorrichtungen am Rande der Kulturflächen, die meist aus Tamarisken bestehen. Vom erfolgreichen Einsatz der Pionierpflanze *Tamarix aphylla* (L.) Kart. zum Schutz vor Sandeinwehungen in der Oase Al Hassa in Saudi-Arabien berichten ACHTNICH & HOMEYER (1980).

Eine weitere Degradationserscheinung stellt die Abnahme der Pflanzendecke in der Oasenperipherie durch die an Bevölkerungsreichtum gekoppelte Überweidung dar. ADEL (1985) und JÄGGI & STAUFFER (1992) weisen darauf für das südliche Nefzaoua-Gebiet hin.

2.4.4 Strukturelle Schwierigkeiten der Oasen

Neben rein physischen Faktoren ergeben sich auch aus strukturellen Gegebenheiten Probleme für die Oasen. Bei der immer noch verbreiteten Trennung des Wasserrechts vom Bodenbesitz ohne Orientierung am Flächenbedarf, wie sie nicht nur in saharischen Oasen sondern auch anderen Regionen wie Iran (EHLERS, 1980) verbreitet sind, handelt es sich um ein solches Strukturhindernis. Nach LE HOUÉROU (1975) schwächen auch der Mangel an technischer Ausbildung der Fellachen, Schwierigkeiten bei der Kommerzialisierung agrarischer Produkte, fehlende Absatzmärkte, hohe Bestandsdichten von bis zu 400 Bäumen/ha mit oft überhöhtem Anteil männlicher Dattelpalmen[30], Überalterung der Baumbestände sowie die große Zahl kleiner Anbauflächen die Produktion in Oasen. Eine Zersplitterung des Landbesitzes wird durch die Praxis der Erbschaftsteilung forciert und für das Djérid (GLAUERT, 1963; EICHLER, 1972; KASSAH, 1995a, 1997), das Nefzaoua (SANTODIROCCO, 1986; JÄGGI, 1994) und auch andere Sahararegionen wie die westägyptischen Oasen Dakhla und Siwa (BLISS, 1984) beschrieben. Diese Entwicklung führt vor allem in den ältesten Oasenteilen wegen zunehmender Unrentabilität zur Nutzungsaufgabe.

Durch Abwanderung vor allem der Jugend kann es in Oasen zum Arbeitskräftemangel mit der Konsequenz von Sozialbracheerscheinungen kommen (HAGEDORN, 1967; POPP, 1990; BENCHERIFA & POPP, 1990). Die landwirtschaftliche Arbeit hat partiell sowohl im Drâa-Tal (TOUTAIN, 1977) als auch in den

---

[30] KOOL (1963) nannte für das Gouvernorat Tozeur einen Anteil von 40% männlicher Dattelpalmen bei einem Gesamtbestand von 2½ Mio Dattelpalmen

tunesischen Schottoasen (BADUEL, 1980, PÉRENNÈS, 1993) durch die temporäre Arbeitsmigration (Tourismus und Industrie) an existentieller Bedeutung für die Oasenbewohner verloren. Schrieb man früher dem Khammessat die große Schuld an der Rückständigkeit der Oasenwirtschaft zu, so kann heute vom parasitären Charakter dieses Pachtsystems, wie früher in der Literatur beschrieben, nicht mehr die Rede sein (POPP, 1990). RÜHL (1933), SAREL-STERNBERG (1961), GLAUERT (1963) und EICHLER (1972) beschreiben für die Schottoasen noch die typischen Charakteristika dieses Pachtsystems. Heute ist der Khammes sozusagen eine „aussterbende Rasse" (BELHEDI, 1995) und im Nefzaoua als auch Djérid faktisch nicht mehr existent, da die Vergütung auf reiner Naturalbasis durch zusätzliche Lohnzahlungen ergänzt wurde (BADUEL, 1980; CONFORTI et al., 1994). Auch in den südmarokkanischen Oasen nimmt die Lohnarbeit stetig zu; der traditionelle Khammes ist auch dort kaum mehr zu finden (POPP, 1990; HAMZA, 1997).

Neben oaseninternen Faktoren können sich auch staatliche Weichenstellungen förderlich oder hemmend auf die Produktivität der Oasen auswirken. SCHLIEPHAKE & WALTHER (1988) berichten von sozialen Problemen und einem anfänglichen Rückgang der Nahrungsmittelproduktion im Rahmen der „Politik der 1 Million Hektar Bewässerungsland" bis zum Jahr 2000 im Königreich Marokko, dessen Planziel nur knapp verfehlt wird (PÉRENNÈS, 1992; POPP, 1993a). Diese Politik der Staudämme ist durch hohe Kosten bei der Erschließung und Instandhaltung gekennzeichnet. Kleine Bewässerungsprojekte, wie sie für Tunesien und z. T. auch Algerien typisch sind, waren bereits zu Beginn von Produktionssteigerungen und Rentabilität geprägt, deren Ursachen unter anderem in der größeren Eigeninitiative und Selbsthilfe der Oasenbauern zu suchen sind. Auf eine Vernachlässigung von Oasengebieten wegen der bevorzugten Förderung von Tourismus- und Industrieprojekten sowie landwirtschaftlichen Prestige-objekten wie Regim-Maatoug weisen JÄGGI & STAUFFER (1990) für Südtunesien hin.

2.4.5 Bodenversalzung

Neben den lokal begrenzten Versalzungserscheinungen von Böden humider Klimate (v. a. im Einflußbereich des Meeres oder im Binnenland über salz-haltigem, oberflächennahem Grundwasser) handelt es sich bei der Bodenver-salzung hauptsächlich um ein Phänomen arider Gebiete. Findet unter humiden Bedingungen eine rasche Auswaschung leichtlöslicher Salze durch einen abwärts gerichteten Bodenwasserstrom zum Grundwasser hin statt, so kehrt sich dieser in ariden Regionen aufgrund der negativen klimatischen Wasserbilanz um und führt nach Verdunstung des Wassers zur Salzakkumulation in den oberen Boden-schichten (VOLKMANN, 1990). Auf natürlichem Wege geschieht dies durch den Eintrag atmogener Salze mit Niederschlägen, kapillarem Wasseraufstieg vom

Grundwasser und der Verdunstung von Wassermassen in den endorhëischen Becken.

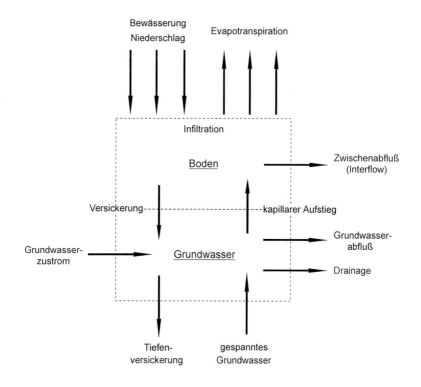

Abb. 8: Prinzip der Wasser- und Salzbilanzierung im Bewässerungsfeldbau (Quelle: SCHAFFER, 1979)

In Oasen hingegen kommt es in Verbindung mit Bewässerung zur künstlichen Bodenversalzung, dessen Prinzip Abb. 8 veranschaulicht. Wird dem Boden nur eine unzureichende Wassermenge zugeführt, so erfolgt nach kurzzeitiger Versickerung ein kapillarer Aufstieg des Bodenwassers durch Evaporation und führt dadurch zur Salzanreicherung im Oberboden. Deshalb ist es notwendig die Bewässerungsraten so zu bemessen, daß die Eingaben neben dem Pflanzenbedarf und der potentiellen Verdunstung auch einem ausreichend hohen Sickerwasseranteil zur Salzauswaschung („Leaching") gerecht werden (RICHTER & SCHMIEDECKEN, 1985). Zu starker Wasserüberschuß durch Versickern im Kanalsystem und bei der Bewässerung sowie überhöhte Wassergaben zur Auswaschung des Bodens führen nach DIELEMAN (1973) zu Vernässung und zum Anstieg des Grundwasserspiegels, so daß ein verstärkter kapillarer Aufstieg des Grundwassers in Zeiten geringerer Bewässerung in die ungesättigte Bodenzone stattfinden kann und damit ebenfalls zur Versalzung des Bodens beiträgt. Da tonige Böden eine höhere Kapillarität aufweisen, führt dies zu höher gelegenen Ausfällungshorizonten bzw. Krusten als bei sandigen Böden (YARON et al., 1973). Ein wirksames Entwässerungssystem als wesentliche Ergänzung des Bewässerungssystems ist daher für eine dauerhafte Melioration der Böden unerläßlich, um der Anhebung des Grundwasserspiegels entgegenzuwirken und den Abtransport der ausgewaschenen Salze auf direktem Wege zu gewährleisten (ACHTNICH, 1980). Nach SHAWKI (1986) und TUNDANONGA-DIKUNDA (1990) sind die nötigen Drainungstiefen und -abstände abhängig vom Boden, dem Klima und den angebauten Kulturpflanzen. Das Anlegen des früher arbeitsaufwendigen Entwässerungssystems wird heute überwiegend mit Einsatz moderner Maschinen bewerkstelligt (WOLFF, 1987). Außer der Auswaschung von Salzen gilt nach SCHAFFER (1974) auch die Zugabe von Meliorationsstoffen wie Gips als Verbesserungsmaßnahme (erleichtert die Auswaschung und drosselt den kapillaren Aufstieg der Bodenlösung); eine Bodenentsalzung mit Hilfe von Pflanzen wird von BOUMANS (1975) hingegen als unökonomisch eingestuft.

Neben der Quantität spielt auch die Qualität[31] des Bewässerungswassers eine entscheidende Rolle beim Prozeß der Bodenversalzung. Wasser als Salzträger („salt carrier") in geringer Menge und mit hohem Salzgehalt verschärft die Gefahr der Versalzung vor allem bei Böden mit ausgeprägtem Tongehalt. KOVDA (1983) weist auf eine mögliche Bewässerung mit salzhaltigem Wasser auf permeablen Böden hin, was SAMIMI (1990, 1991) am Beispiel der marokkanischen Oase Figuig belegen konnte, wo es selbst mit hochmineralisiertem Bewässerungswasser zu keiner nennenswerten Salzanreicherung kommt, wenn ausreichende Mengen an Irrigationswasser bei hohem Sandanteil im Boden die Drainage sicherstellen bzw. erleichtern. Ein weiterer Faktor, von der die Bodenversalzung abhängt, stellt die Bewässerungstechnik dar. Nach WOLKEWITZ (1974) weist die Tröpfchenbewässerung („trickle irrigation") geringste Versalzungstendenzen auf, gefolgt von der Überflutungstechnik; höchste Salzanreicherung zeigt sich bei Beregnungsverfahren, die im Gegensatz zu einigen modernen Oasen in Algerien und Libyen (Bsp. Kufra) in Südmarokko und Südtunesien keine Rolle spielen.

Viele leichtlösliche Salze dienen den Pflanzen als wichtige Nährstoffe. Erreichen die Salze im Boden jedoch höhere Konzentrationen, so entfalten sie ihre pflanzenschädigende Wirkung und verwandeln sich sozusagen vom Nährstoff zum Gift! In Oasen kann die Bodenversalzung sogar den normalen Stockwerkbau verhindern, da diese den Dattelpalmen zwar weniger schadet, jedoch die beiden untersten Anbauetagen beeinträchtigt bzw. unmöglich macht (MECKELEIN, 1983).

---

[31] SCHEFFER & SCHACHTSCHABEL (1992) geben für eine Bewässerungsmenge von 600 mm/Jahr bei 3 g löslicher Salze pro Liter einen entsprechenden Salzeintrag von 1,8 t Salz/ha im Boden an

Die pflanzenschädigenden Wirkungen löslicher Salze lassen sich nach KREEB (1964), FINCK (1975) und WALTER & BRECKLE (1991) folgendermaßen unterteilen:

- Osmotischer Effekt: Das Wasseraufnahmevermögen einer Pflanze basiert auf einem osmotischen Potentialgefälle zwischen der Bodenlösung und den Rhizodermiszellen der Wurzel. Hierbei muß das osmotische Potential des Zellsaftes in der Vakuole der Rhizodermiszellen niedriger sein als das osmotische Potential der Bodenlösung. Wird nun das osmotische Potential der Bodenlösung durch Erhöhung der Salzkonzentration soweit erniedrigt, daß sich das osmotische Potentialgefälle umkehrt, so können sich bei Pflanzen auch bei Anwesenheit von Wasser im Wurzelraum trotz gedrosselter Transpirationsrate durch Bodensalze (VAN EIJK, 1939; REPP, 1951) Dürresymptome einstellen („physiologische Trockenheit"). Eine passive Salzaufnahme durch die Pflanze kann jedoch zur Aufrechterhaltung des osmotischen Potentialgefälles regulierend beitragen.

- Spezifische Wirkung einzelner Ionen: Der spezifische Effekt gelöster Salze beruht auf der toxischen Wirkung einzelner Ionen auf die physiologischen Prozesse der Pflanze. Sehr deutlich tritt der schädigende Einfluß der Ionen Cl^- und B^{3+} (nach ACHTNICH & LÜKEN (1986) besonders bei Fruchtbäumen) bei bereits geringen Konzentrationen in Erscheinung, doch gibt es für fast jedes Ion eine schädliche Konzentration (MEIRI & SHALHEVET, 1973; FINCK, 1982).

Außer der phytotoxischen Wirkung einzelner Ionen führt eine erhöhte Salzkonzentration im Boden gelegentlich zur Ionenkonkurrenz bei der Nährstoffaufnahme. Die durch hohen Soda-Anteil hervorgerufene Bodenquellung bewirkt eine schlechte Durchlüftung als auch Wasserinfiltration und behindert die Wurzelausbreitung (BRESLER et al., 1982). Außerdem weisen (v.a. mit Soda) versalzte Böden einen Anstieg des pH-Wertes auf, wodurch die Löslichkeit und damit Verfügbarkeit an Mikronährstoffen stark reduziert wird (MASSING & WOLFF, 1987).

Nach BRESLER et al. (1982) läßt sich die artspezifische Salzverträglichkeit von Pflanzen definieren als die Fähigkeit, unter Bedingungen der Bodenversalzung zu überleben und sich fortzupflanzen. Salzertragende Pflanzen lassen sich in fakultative, obligate, stenohaline und euryhaline Halophyten unterteilen (KREEB, 1965). In Hinblick auf ihre Bedeutung als Phytoindikatoren der Bodenversalzung muß jedoch erwähnt werden, daß das Keimungsoptimum vieler Halophyten im Süßwassermilieu liegt, worauf BERGER-LANDEFELDT (1957), KREEB (1960, 1965, 1971) und UNGAR (1998) hinweisen. Die Salzresistenz von graminoiden Kulturpflanzen wie z. B. Weizen kann nach SCHLEIFF (1975) durch K^+-Düngung erhöht werden, da die Fähigkeit, Kalium selektiv aufzunehmen, das osmotische Gefälle zwischen Bodenlösung und Zellsaft erhöht und dadurch eine erleichterte Wasseraufnahme möglich macht; außerdem reduziert Kalium antagonistisch die Na^+-Aufnahme (HEIMANN, 1966). Mit Hilfe von Phosphatdüngung kann nach

RAVIKOVITSCH & PORATH (1967) und RÖBER (1969) eine übermäßige Cl⁻-Aufnahme gesenkt werden. Bei diesen Düngungsverfahren zur Resistenzbildung ist jedoch Behutsamkeit notwendig, da die mitgeführten Anionen und Kationen eine zusätzliche Salzbelastung des Bodens bewirken. Die Toleranz der Kulturpflanzen gegenüber der Salinität des Bewässerungswassers hängt nach MTIMET & PONTANIER (1995) direkt von der Textur des Bodens ab und steigt von Ton- bis Sandböden fast um das 7-fache an.

Faßt man die bisherigen Betrachtungen zusammen, so ergeben sich aus agrarökologischer Sicht folgende Problempunkte:

- Unterbewässerung infolge von Wassermangel   ⇒ Versalzung
- offene, moderne Monokulturen mit erhöhten Verdunstungsraten ⇒ Versalzung
- Über- bzw. Unterbewässerung als Folge von Wasser"unrechten" ⇒ Versalzung
- schlechte Drainage mangels Kapital oder Arbeitskräfte   ⇒ Versalzung

Versalzung hat also eine Vielzahl von Ursachen, die von der Quantität aber auch der Qualität des Bewässerungswassers, der Bewässerungstechnik, der Kapillarität des Bodens, der Lage des Grundwasserspiegels und den bestandsklimatischen Bedingungen abhängen. Daraus ergibt sich die Notwendigkeit zur schellen Bewertung der Bodenversalzung im Gelände, wobei die Phytoindikation von Ackerwildkräutern ein geeignetes Ermittlungsverfahren bieten kann.

3 Methodik der Datenerhebung

3.1 Pflanzensoziologische Aufnahmen

Die Erfassung der Ackerwildkrautvegetation der tunesischen und marokkanischen Oasengebiete erfolgte durch insgesamt 399 pflanzensoziologische Aufnahmen mit der von BRAUN-BLANQUET (1964) beschriebenen und auf Anregung von BARKMAN et al. (1964) erweiterten Artmächtigkeits-Skala. Bei den tunesischen Oasen verteilen sich 149 Aufnahmen auf den Herbst 1995 und 147 Aufnahmen auf das Frühjahr 1996. In der marokkanischen Drâa-Oase wurden 73 Standorte im Frühjahr 1993 aufgenommen; um eine gleiche Gewichtung gegenüber den Daten aus Tunesien zu gewährleisten, erfolgte im Frühjahr 1996 die Erhebung weiterer 30 Aufnahmen. Diese zusätzlichen Aufnahmen waren jedoch nicht in den Datensatz des normalen, trockenen Jahres 1993 integrierbar, da die 1996 herrschende sehr feuchte Witterung zu geänderten Deckungs- und Dominanzverhältnissen wichtiger Arten und einer ausgeglicheneren Vegetationsausbildung zwischen den Oasen führte. Bei der Klassifikation des Datensatzes wäre es somit zu Inhomogenitäten bei der Gruppenbildung gekommen, die nicht agrarökologisch, sondern phänologisch zu erklären sind. Dieser Punkt einer statistisch sicheren Vergleichbarkeit von Daten nur einer Aufnahmeperiode dürfte generell für Wildkrautfluren von größerer Bedeutung sein als bislang angenommen. Die pflanzensoziologischen Erhebungen sind in den Tabellen 21, 22 und 23 im Anhang zusammengestellt.

Um in der Drâa-Oase von Nord nach Süd auftretende Gradienten infolge der zunehmend negativen Wasserbilanz aufgrund abnehmender Bewässerung, höherer Temperaturen, stärkerer Windeinflüsse und der eventuell steigenden Bodenversalzung in einer unterschiedlich ausgeprägten Ackerwildkrautvegetation zu erfassen, wurden die pflanzensoziologischen Aufnahmen in drei räumlich voneinander getrennten Teilarbeitsgebieten vorgenommen:

1) in der Region bei Agdz im bewässerungsbegünstigten nördlichsten Palmenhain Mezguita

2) in der Mitte der Drâa-Oase im Gebiet um Zagora

3) am südlichen Ende des mittleren Drâa in der Nähe des Ortes M'Hamid.

Die Untersuchung der Oasenvegetation mit Hilfe pflanzensoziologischer Erhebungen im tunesischen Studiengebiet wurde in den Oasen am Chott el Djérid (Nefzaoua, Djérid) sowie den Fluß- und Gebirgsfußoasen (Tamerza, Foum Kranga bzw. Chebika, La Acheche, Aïn Birda) durchgeführt. In diesen beiden Teilarbeitsgebieten sollten neben den umweltbedingten, physischen auch zeitliche Vegetationsunterschiede zwischen der Winter/Frühjahrs- und Sommer/Herbst-Ökophase erarbeitet werden.

Alle pflanzensoziologischen Erhebungen wurden präferentiell unter Wahrung floristischer und standörtlicher Homogenitätskriterien ausgewählt. Um typische Ackerwildkrautbestände auf ungleich stark versalzten Böden zu erfassen, wurden Standorte mit unterschiedlichem Pflanzenbewuchs, äußerlich sichtbaren Bodenversalzungserscheinungen (evtl. Salzkrusten) und unterschiedlicher Nutzung bzw. Verbrachung ausgewählt. In der Drâa-Oase konnten die Aufnahmeflächen gezielt nach Angaben der Bodenversalzungskarten von 1981 des O.R.M.V.A. in Ouarzazate aufgesucht werden.

MÜLLER-DOMBOIS & ELLENBERG (1974) geben für die Größe von Aufnahmeflächen bei Unkrautgesellschaften einen Erfahrungswert von 25 bis 100 m² an. Bei den Aufnahmen in beiden Studiengebieten wurde eine Fläche von 100 m² angestrebt. Gelegentliche Abweichungen wegen zu kleiner homogener Bestände unterschritten eine Flächengröße von 80 m² jedoch nicht. Die Form der Aufnahmeflächen orientiert sich stets an den Vorgaben der rechteckigen Bewässerungsparzellen der Anbaukulturen. In der Regel mußten mehrere Parzellen in eine Aufnahme einbezogen werden, um die angestrebte Flächengröße zu erreichen. Um Randeffekte zu vermeiden, wurde grundsätzlich ein Mindestabstand von einem halben Meter zu den Parzellenwällen eingehalten. Die Parzellenwälle weisen vor allem wegen erhöhten Bodensalzgehalten, häufiger Trittbelastung und stärkerer Einstrahlung andere Standortbedingungen als das Parzelleninnere auf (siehe hierzu auch Kap. 6.3.2.3).

3.2 Floristische Daten

Die Arbeit eines Geobotanikers wird in Marokko durch das Fehlen einer marokkanischen Gesamtflora erschwert. Es erfordert daher das Zurückgreifen auf mehrere Floren benachbarter Gebiete. Im Untersuchungsgebiet erfolgte die Artenbestimmung hauptsächlich mit der „Nouvelle flore de l'Algérie" (QUEZEL & SANTA, 1962-1963), einem unveröffentlichten Bestimmungsschlüssel marokkanischer Ackerunkräuter von SAUVAGE & VEILEX (1973) sowie der „Flore du Sahara" (OZENDA, 1977). Ein Teil der herbarisierten Arten konnte im Herbar des I.A.V.[32] in Rabat unter Verwendung der Flora des ariden Marokkos von NÈGRE (1961-1962) und des „Catalogue des plantes du Maroc" (JAHANDIEZ & MAIRE, 1931-1934) nachbestimmt werden. Für die Oasenvegetation Südtunesiens stand neben der oben erwähnten „Nouvelle flore de l'Algérie" das Gesamtflorenwerk Tunesiens (CUÉNOD, 1954; POTTIER-ALAPETITE, 1979, 1981) zur Verfügung. Die

---

[32] Institut Agronomique et Vétérinaire HASSAN II in Rabat

vor Ort nicht identifizierbaren Arten konnten am Institut für Botanik und Pharmazeutische Biologie der FAU-Erlangen-Nürnberg mit Hilfe der „Flora Europaea" (TUTIN et al., 1964-1980), der „Flore de l'Afrique du Nord" (MAIRE, 1952-1977) und der „Flora of Libya" (ALI et al., 1976-1990) nachbestimmt werden.

Die Benennung der Arten erfolgt soweit möglich nach der Nomenklatur der „Flora Europaea" (TUTIN et al., 1964-1980), ansonsten nach den entsprechenden regionalen Bestimmungswerken. Arten, welche nicht in der „Flora Europaea" erfaßt sind, werden in der Artenliste im Anhang als solche unter Angabe des entsprechenden Florenwerks und des Autorennamens gekennzeichnet.

Zu den geschätzten Artmächtigkeiten kommen in den pflanzensoziologischen Tabellen noch weitere Merkmale der Aufnahmeflächen: die mittlere Höhe und die Deckung der Baum- und Strauchschicht sowie der angebauten Feldfrüchte, die gesamte Beschattung des Standortes mit den zusammengefaßten Deckungen der beiden obersten Anbaustockwerke, die Deckungswerte der gesamten Ackerwildkrautvegetation sowie des offenen Bodens und die direkt angrenzende Kontaktvegetation. Jede Aufnahme wird zudem in den Gesamttabellen mit einem Kürzel des Aufnahmeortes versehen (siehe entsprechende Legende).

3.3 Standortdaten

Zur Klärung der Fragestellung wurden neben den vegetationsabhängigen Daten die Meereshöhe, die Wasserherkunft und soweit möglich die Bewässerungshäufigkeit erfaßt. Von besonderem interpretatorischem Interesse ist die Bestimmung der Bodenfaktoren pH-Wert, der elektrischen Leitfähigkeit und der Bodenart. Die Entnahmetiefe der Bodenproben lag durchgehend bei 10 cm, da in den oberen Bodenschichten der stärkste Einfluß auf die weniger tief wurzelnden Ackerwildkräuter zu erwarten ist.

Der Gesamtsalzgehalt des Bodens wurde im Sättigungsextrakt (Verhältnis Boden : Wasser = 1:5) mit dem LF 91-Meßgerät von WTW ermittelt. Als Maß für den Gesamtgehalt wasserlöslicher Salze gilt die elektrische Leitfähigkeit (electric conductivity) in µS/cm bzw. mS/cm bezogen auf 25 °C. Nach MANN (1982) entspricht 1 mS/cm = 0.32% Salz oder äquivalent 0.064g Salz/100ml H_2O. Nach der gleichen Methode erfolgte die Messung der Proben von Be- und Entwässerungswässern. Nähere Angaben zur Meßmethode und Theorie der elektrischen Leitfähigkeit gibt KRETZSCHMAR (1991).

Der pH-Wert des Bodens wurde in einer Boden-Wasser-Suspension (im Verhältnis 1:2,5) mit einem pH 91-Meßgerät von WTW ermittelt. Nach SCHEFFER & SCHACHTSCHABEL (1992) liegt der $pH(H_2O)$-Wert um etwa 0,6 pH-Einheiten höher als der $pH(CaCl_2)$-Wert. Die Bestimmung der Bodenart erfolgte im Gelände mit der Fingerprobe nach den Kriterien der ARBEITSGRUPPE BODENKUNDE (1994).

Über diese mit den pflanzensoziologischen Aufnahmen erhobenen Daten hinaus wurden drei Bodenprofile in der Drâa-Oase und vier am Chott el Djérid gegraben, um eine nähere Charakterisierung der Böden vornehmen zu können. Die Messung des pH-Wertes und der elektrischen Leitfähigkeit erfolgte mit den oben beschriebenen Methoden, der Glühverlust mittels Veraschung bei 550 °C, die Ansprache der Bodenfarbe mit den Soil Color Charts nach MUNSELL (1975) und die Bestimmung der Korngrößenverteilung mit dem kombinierten Sieb- und Sedimentationsverfahren nach KÖHN (in SCHLICHTING et al., 1995) mit anschließender Korrektur der Ergebnisse um den Salzgehalt. Der Karbonatgehalt wurde mit der Apparatur nach SCHEIBLER gemessen, der Gesamtstickstoffgehalt nach KJELDAHL, der Sulfatgehalt unter Ausfällung von $BaSO_4$ mit 5%-iger Bariumchloridlösung, der Phosphatanteil durch kolorimetrische Bestimmung als Molybdän-Phosphatkomplex. Der S-Wert wurde durch Austausch mit Salzsäure im Gleichgewichtsverfahren und titrimetrischer Bestimmung des nicht verbrauchten H^+ nach KAPPEN (1929) ermittelt, der H-Wert im Austausch mit Ca-Acetat im Gleichgewichtsverfahren und der Bestimmung über Titration mit Phenolphtaleïn (in SCHLICHTING et al., 1995).

4 Auswertungsmethodik

Das Ziel der Arbeit, verschiedene Gruppen der Oasenvegetation ausfindig zu machen, welche verschiedene Bodenversalzungsklassen charakterisieren, aber auch um andere ökologische Faktoren zu interpretieren, wurde mit verschiedenen analytischen Methoden verfolgt. Für die Zusammenfassung floristisch ähnlicher Pflanzenbestände zu Gruppen wurden numerische Klassifikationsverfahren mit dem Programmpaket MULVA durchgeführt. Ergänzend fanden auch die Ergebnisse der Ordination Eingang in die Resultate der Klassifikation, so daß die resultierende Gesamttabelle eine Synthese beider Analysen darstellt.

Bei der Ordination, die ökologische Zusammenhänge im Datensatz aufzeigen soll, kamen verschiedene Optionen des Programms CANOCO zur Anwendung. Die Ergebnisse dieser multivariaten Methoden wurden mit dem Programm CANODRAW graphisch dargestellt.

Vor der Auswertung steht natürlich die Dateneingabe. Diese erfolgte für die Vegetationsdaten mit dem Programm SAVED. Mit den Programmen TRAFO X und TRAFO A wurden am Datensatz unterschiedliche Transformationen durchgeführt, die den eigentlichen Analyseschritten vorangestellt sein sollten. Zudem besitzen die beiden Transformationsprogramme eine Schnittstelle hin zum *CANOCO-condensed*-Format. Die Ergebnisse in Form von Tabellen wurden mit dem Programm PRIMULA erstellt. Eine ausführliche Beschreibung der verwendeten Programme geben u. a. FISCHER (1989), TER BRAAK (1988a, 1990), WILDI & ORLÓCI (1990), SMILAUER (1992) und LINDACHER (1996).

4.1 Transformationen

Transformation bedeutet Umgestaltung, Veränderung. Ihr Einsatz ermöglicht den Vergleich von Daten unterschiedlicher Skaleneinteilung (z. B. pH-Wert und elektrische Leitfähigkeit), eine dem Datensatz angepaßte Betrachtung sowie das Fokussieren auf Aspekte der jeweiligen Fragestellung. Den drei Transformationstypen der Maskierung, Skalar- und Vektortransformation ist ein Code-Replacement vorangestellt, das die Artmächtigkeits-Schätzklassen der Braun-Blanquet-Skala in verrechenbare Werte, wie jene nach VAN DER MAAREL (1979), umwandelt.

4.1.1 Maskierung

Maskierungen dienen der Auswahl von Variablen, zum Beispiel Arten oder Aufnahmen, die in eine Analyse miteinbezogen werden sollen. Arten können unerwünscht sein, wenn diese sehr selten, also eher zufällig im Datensatz vorkommen, und deshalb keine Ähnlichkeit zwischen einer Gruppe von Aufnahmen herzustellen vermögen. Solche Arten können selektiv durch Maskierung nach Stetigkeit eliminiert werden. Auch hochstete Generalisten mit geringer Varianz tragen wenig zur Erklärung der Datensatzstruktur bei. Diese entfernt man mit Hilfe von Varianzkriterien.

Arten ohne ökologischen Aussagewert, die der Maskierung nach Varianz oder Stetigkeit entgehen, können rein qualitativ entfernt werden, um das die prägnanten Muster verschleiernde Hintergrundrauschen der Daten weiter zu vermindern. Hierzu zählen bei der Ackerwildkrautvegetation z. B. Kulturpflanzen, die vereinzelt aus dem Samenpotential der Vorjahre aufkeimen, den Standort selbst aber nicht zu charakterisieren vermögen.

4.1.2 Skalartransformation

Pflanzensoziologische Tabellen weisen meist eine linksschiefe Verteilung der einzelnen Deckungsklassen auf. Da hohe Deckungswerte weit von den durchschnittlichen Deckungswerten entfernt liegen, erhalten diese eine sehr starke Gewichtung bei Analysen mit euklidischer Metrik (BEMMERLEIN-LUX & FISCHER, 1990). Skalartransformationen ändern die Gewichtung und ordnen den Schätzklassen neue Werte zu:

- Bei Anwendung einer Wurzeltransformation werden hohe Deckungswerte stärker reduziert als kleine, so daß letztere eine quantitative Aufwertung erfahren. Eine Potenzierung mit einem Faktor größer als 1 verstärkt dagegen den Einfluß hoher Werte noch zusätzlich.

- Die Binär-Transformation hingegen verwendet nur An- bzw. Abwesenheit (presence-absence) einer Art als Bewertungskriterium. In heterogenen Datensätzen benutzt, entspricht sie beim Umstellen von Tabellen am ehesten den Kriterien der traditionellen Pflanzensoziologie.

- Für die Auswertung der vorliegenden Datensätze stellt sich meist die Histogramm-Transformation als die beste Variante heraus. Die transformierten Werte berechnen sich aus den kumulativen Häufigkeiten der einzelnen Artmächtigkeitsklassen abzüglich deren halbe Häufigkeit. Diese Transformation erreicht eine optimale Kontrastverstärkung, und „... differenziert besonders stark zwischen den Artmächtigkeitswerten, die in dem jeweiligen Datensatz besonders häufig vorkommen und paßt sich damit der Gesamtstruktur des jeweiligen Datensatzes an" (BEMMERLEIN-LUX & FISCHER, 1990, S. 40).

4.1.3 Vektortransformation

Mathematisch können Arten und Aufnahmen als Vektoren im mehrdimensionalen Raum betrachtet werden und sind damit durch ihre Länge und Richtung definiert. Vektortransformationen verändern diese Parameter. Bei den folgenden Transformationen sind diese Veränderungen abhängig von allen Werten der jeweiligen Variablen. Daraus erklärt sich auch deren Unumkehrbarkeit, d. h. von den transformierten Werten kann nicht wieder auf die Ausgangswerte geschlossen werden. Bei den Optionen CA und CCA des Programms CANOCO werden Arten zentriert und Aufnahmen standardisiert, bei der CCA noch zusätzlich die Umweltfaktoren standardisiert.

4.1.3.1 Zentrieren

Diese Transformation ändert jeden Vektor in Abhängigkeit vom Mittelwert aller Vektoren der jeweiligen Variablen. Geometrisch ist diese Transformation als eine Verschiebung des Koordinatensystems in den Schwerpunkt der Punktwolke zu verstehen, ohne jedoch die relativen Abstände der Punkte untereinander zu verändern.

4.1.3.2 Standardisieren

Bei den erhobenen Umweltfaktoren handelt es sich um Werte mit unterschiedlichen Skalen. Untransformiert können diese bei den verwendeten Methoden nicht miteinander verglichen werden. Deshalb werden sie durch die Abweichung vom Mittelwert ausgedrückt. Nach dieser Berechnung ist der Mittelwert 0 und die Varianz 1. Der Rechenvorgang ergibt, daß Umweltfaktoren als ein Vielfaches ihrer Standardabweichung ausgedrückt und dadurch untereinander vergleichbar werden.

4.2 Klassifikation

Sinn der Klassifikation ist das Erfassen von Art- und Aufnahmegruppen (Cluster), die sich durch eine maximale Ähnlichkeit der ihnen angehörenden Objekte auszeichnen. Ändern sich vegetationsprägende ökologische Gradienten über eine größere Entfernung nur geringfügig, so daß die Diskontinuitäten der Vegetation nur unklar ausgebildet sind, ergeben sich Schwierigkeiten beim Festlegen der Grenzen (DIERßEN, 1990). Es handelt sich somit in der Regel um „... Grenzen in Kontinua" (FRANKENBERG, 1982, S.16). Die Grenzen innerhalb eines Überganges der Vegetation sind vom Menschen gezogen und daher mehr oder weniger willkürlich (WHITTAKER, 1978), doch ist die Typisierung für eine besser begreifbare Darstellung dieses Kontinuums unerläßlich.

Vom Programm MULVA werden verschiedene hierarchisch-agglomerative Klassifikationsverfahren angeboten. Gemeinsam ist allen, daß am Anfang die ähnlichsten Objekte zu einer ersten Gruppe vereint und dann nacheinander weitere Objekte und Gruppen zusammengefaßt werden, deren Abstände minimal sind. Nur die Kriterien, nach denen der Abstand zwischen zwei Gruppen oder einem Objekt und einer Gruppe berechnet wird, unterscheiden die verschiedenen Verfahren. Die gewählte *Minimum Variance*-Methode verschmelzt die vorherigen Gruppen zur neuen Gruppe, wenn deren Varianzzunahme von allen durchrechneten Varianzzunahmen den kleinsten Wert besitzt.

Als Grundlage der Klassifikation dient eine Ähnlichkeitsmatrix. Zu deren Berechnung können außer den unterschiedlichen Verschmelzungsverfahren auch verschiedene Distanz- bzw. Ähnlichkeitsmaße verwendet werden. Als Abstandsmaß für die *Minimum Variance*-Methode nennen BEMMERLEIN-LUX & FISCHER (1990) nur die euklidische Distanz als mathematisch sinnvoll. Die euklidische Distanz D berechnet sich für die Aufnahmen (j) und (k) mit der Artzahl (s) aus der Wurzel der Summe aller quadrierten Differenzen der Artdeckungswerte:

$$D_{jk} = \sqrt{\sum_{i=1}^{s}(x_{ij} - x_{ik})^2}$$

Die Formel läßt erkennen, daß nur Arten mit unterschiedlichen Deckungswerten das Ähnlichkeitsmaß verändern, da die Differenz bei identischer Deckung gleich null ist.

Der Vorzug des *Minimum Variance*-Verfahrens gegenüber den übrigen vom Programm MULVA angebotenen Methoden *Single Linkage* und *Complete Linkage* liegt darin, daß alle Aufnahmen in Form der Varianz in die Verschmelzungskriterien eingehen und nicht nur der Abstand zweier Aufnahmen.

4.3 Ordination

Aufgrund der Bedeutung der Ordination bei der Analyse sollen im folgenden Abschnitt die Grundlagen, aber auch die verwendeten Verfahren und deren Interpretation vorgestellt werden. Nähere Angaben bieten BEMMERLEIN-LUX & FISCHER (1990) und GLAVAC (1996).

4.3.1 Grundlagen

Nach DIERßEN (1990) erfolgen Ordinationen in der Absicht, die Gradientenstruktur eines Aufnahmekollektivs und/oder der sie bedingenden ökologischen Faktoren(komplexe) zu beleuchten. Diese Verfahren verwenden die vieldimensionale Vektoralgebra von Ähnlichkeitsstrukturen. Der mehrdimensionale

Raum kann durch senkrecht aufeinander stehende Achsen für die einzelnen Arten aufgespannt sein. Die in diesem Koordinatensystem befindlichen Punkte stellen die Aufnahmen dar und bilden in ihrer Gesamtheit eine sogenannte Hyperpunktwolke. Im anderen Fall bilden die Aufnahmen die Achsen des Koordinatensystems und die Arten sind als Punkte darin zu betrachten. Die Anzahl aller Dimensionen entspricht der Anzahl der achsenbildenden Arten bzw. Aufnahmen. Ein Maß für die Ähnlichkeit zwischen Art- oder Aufnahmepunkten ist deren räumliche Nähe.

Dieser an Informationen reiche, aber graphisch nicht darzustellende n-dimensionale Raum sprengt das menschliche Vorstellungsvermögen. Deshalb wird das Ergebnis der Ordination auf wenige Dimensionen mit möglichst großer Aussagekraft und geringem Informationsverlust reduziert. Erreicht wird dies durch die Berechnung einer theoretischen Achse, die entlang der größten Varianz des Datensatzes verläuft. Nach der Berechnung dieser ersten Hauptachse werden weitere Achsen berechnet, um die jeweils größte Restvariabilität zu erfassen. Als Bedingung für die Bildung weiterer Achsen gilt, daß sie untereinander maximal unkorreliert sein müssen. Eine Beschreibung der hierzu verwendeten Algorithmen geben BEMMERLEIN-LUX & FISCHER (1990), TER BRAAK (1987) und JONGMAN et al. (1995).

4.3.2 Direkte und indirekte Gradientenanalyse

Grundsätzlich sind zwei Formen der Ordination zu unterscheiden: die indirekte und die direkte Gradientenanalyse. Indirekte Gradientenanalysen untersuchen den floristischen Raum ohne Einbeziehung erklärender Umweltvariablen in den Rechenvorgang. Erst in einem Interpretationsschritt kann von der floristischen Struktur des Ordinationsdiagramms auf einen dieser Struktur zugrundeliegenden ökologischen Faktor oder Faktorenkomplex geschlossen werden, zu dessen Klärung ein umfangreiches Wissen über Syn- und Autökologie der Arten von Nutzen ist. Zu diesem Ordinationstyp gehören die Hauptkomponentenanalyse (**P**rincipal **C**omponent **A**nalysis = PCA) und die Korrespondenzanalyse (**C**orrespondence **A**nalysis = CA).

Sind die Ordinationsachsen bei der indirekten Gradientenanalyse nur auf die größte Ausdehnung im Raum bezogen, werden diese bei der direkten Gradientenanalyse gleichzeitig durch die sie erklärenden Umweltvariablen eingeschränkt, mit denen sie korreliert sein müssen. Die in einem zusätzlichen Rechenschritt einbezogenen erklärenden Variablen sind jedoch keine Gewähr dafür, daß die floristischen Gradienten vollständig durch sie erklärt werden. Gründe hierfür liegen zum einen in der Subjektivität bei der Auswahl der Umweltvariablen, aber auch in der Komplexität mancher erklärender Standortfaktoren, die nur sehr schlecht faß- und meßbar sind. Zum anderen kann sich auch die Meßgenauigkeit in nicht unwesentlichem Maße auf das Ordinationsergebnis auswirken. Zur direkten Gradientenanalyse zählt die kanonische Korrespondenzanalyse (**C**anonical **C**orrespondence **A**nalysis = CCA).

4.3.3 Lineares und unimodales Antwortmodell

Für die direkte als auch die indirekte Ordination können für das Verhalten einer Art entlang eines Umweltgradienten zwei unterschiedliche Art-Umwelt-Antwortmodelle verwendet werden.

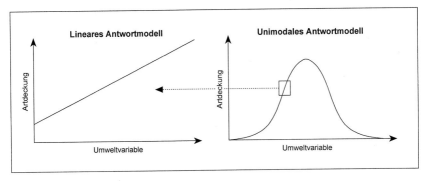

Abb. 9: Lineares und unimodales Antwortmodell (verändert nach TER BRAAK, 1988a)

Dem linearen Antwortmodell liegt ein linearer Zusammenhang zwischen den Artwerten (z. B. Deckung) und der jeweiligen Umweltvariablen zugrunde (siehe Abb. 9, links), d. h. daß bei zunehmendem Wert der Umweltvariablen die Artwerte entweder zu- oder abnehmen. Dieses Antwortmodell wird bei einer PCA benutzt und hat eine Darstellung der Artwerte als Pfeile zur Folge. Diese Pfeile verlaufen vom Koordinatenursprung zu den Koordinaten der Arten (= species scores, Artrangwerte) und sind somit als Richtung zunehmender Artwerte zu interpretieren.

Im Gegensatz dazu steht das von einem nicht-linearen Verhalten ausgehende unimodale Antwortmodell. Dieses beschreibt ein Ansteigen der Artwerte entlang eines Umweltgradienten bis zu einem Optimum und den anschließenden Rückgang bei weiterer Zunahme des Umweltgradienten. Mathematisch entspricht diese Darstellung (Abb. 9, rechts) einer Gauß'schen Normalverteilung. Im Ordinationsdiagramm erscheint deswegen die Koordinate einer Art als Punkt, wobei die Wahrscheinlichkeit des Vorkommens einer Art von ihrem Punkt in alle Richtungen kontinuierlich abnimmt. Wird nur ein relativ enger Bereich der Umweltvariablen bei zu- oder abnehmenden Artwerten erfaßt, gleicht das Artverhalten wiederum dem linearen Antwortmodell (siehe Querpfeil in Abb. 9). Das unimodale Antwortmodell findet Verwendung bei der CA und CCA.

Neben der ungleichen Darstellungsweise im Ordinationsdiagramm sind beiden Antwortmodellen unterschiedliche Größen für die Berechnung der Ordinationsachsen zugeordnet. Ist beim linearen Antwortmodell die maximale Varianz das entscheidende Kriterium zur Festlegung der ersten Ordinationsachse, so geschieht dies beim unimodalen Antwortmodell mit der größtmöglichen Dispersion der Hyperpunktwolke.

4.3.4 Korrespondenzanalyse (CA)

Im Unterschied zur PCA basiert die Korrespondenzanalyse auf dem unimodalen Antwortmodell. Bei der CA werden Ordinationsachsen berechnet, welche die Dispersion der Arten bzw. Aufnahmen am besten erklären. Die größte Ausdehnung der Hyperpunktwolke wird durch die erste Ordinationsachse beschrieben. Die zweite Achse verläuft durch die zweitgrößte Ausdehnung und steht senkrecht und unkorreliert zur ersten. Gleiches gilt für die dritte und vierte Achse.

Berechnet werden die Ordinationsachsen durch Iterationen. In einem ersten Schritt werden willkürlich gewählte, aber ungleiche Aufnahmewerte (z. B. die Aufnahmenummern) gewichtet. Danach werden durch eine gewichtete Durchschnittsbildung Artwerte errechnet, die man als Artrangwerte (species scores) bezeichnet. Durch Iteration werden nun Aufnahmerangwerte (sample scores) gebildet, und aus diesen wiederum Artrangwerte. Dieser Iterationsprozeß erfolgt solange, bis sich die Ergebnisse nur noch minimal von den vorigen Iterationen unterscheiden. Zur Berechnung weiterer Achsen wird analog verfahren, mit dem einzigen Unterschied, daß ein zusätzlicher Rechenschritt eingebaut ist. Dieser Rechenvorgang erlaubt nur die Bildung unkorrelierter Achsen. Die CA kommt in Kap. 5.3.2.2 und 6.3.2.2 zur Anwendung.

4.3.5 Kanonische Korrespondenzanalyse (CCA)

Die kanonische Ergänzung zur Korrespondenzanalyse ist die CCA. Umweltfaktoren können in einem erweiterten Algorithmus in die Analyse einbezogen werden, und zwar dadurch, daß nach jedem Iterationsschritt eine multiple Regression der Aufnahmerangwerte in Richtung der Umweltvariablen erfolgt. In Abhängigkeit der Anzahl aller Umweltfaktoren wird eine Gerade, Ebene oder Hyperebene gesucht, die den kleinstmöglichen Abstand dieser Faktorenwerte zu den Aufnahmen aufweist. Diese Abstände gehen anschließend als neue Aufnahmerangwerte in die nächste Iteration ein.

Aufgrund dieser einschränkenden Eigenschaft der Umweltfaktoren weisen die Eigenwerte der Ordinationsachsen einer CCA allgemein niedrigere Werte als die einer CA auf. Die Differenz der Eigenwerte zwischen CCA und CA kann deshalb als ein ungefähres Maß für die Vollständigkeit bzw. Unvollständigkeit der für die floristische Struktur verantwortlichen Umweltfaktoren herangezogen werden (siehe Kap. 5.3.2, 6.3.2 und 6.3.5). Wenn sich die Aufnahmepositionen in den Ordinationsdiagrammen der CA und CCA nur wenig voneinander unterscheiden, kann davon ausgegangen werden, daß die Umweltvariablen einen Großteil der Varianz im Datensatz „erklären" (GLAVAC, 1996).

4.3.6 Ergebnisdaten von CA und CCA

Da diese beiden Ordinationsverfahren den Schwerpunkt der Analysen bilden, sollen hier die für die Interpretation wichtigsten Output-Daten des Programms CANOCO näher erläutert werden. Genauere Ausführungen geben TER BRAAK (1988a, 1988b, 1990) und BEMMERLEIN-LUX & FISCHER (1990).

4.3.6.1 CA und CCA

- Die Eigenwerte (eigenvalues) sind ein Maß für die Trennung der Arten entlang der jeweiligen Achse und somit Ausdruck ihrer Wichtigkeit. Sie haben stets einen Betrag zwischen 0 und 1. Für die Interpretation eignen sich nur dann zwei Achsen, wenn deren Eigenwerte eine deutliche Differenz aufweisen. Im Falle der vorliegenden Oasen-Aufnahmen trifft dies grundsätzlich zu.
- Die Aufnahmerangwerte (sample scores) definieren die Koordinaten der einzelnen Aufnahmen auf den ersten vier Achsen. Die Aufnahmepunkte im Ordinationsdiagramm befinden sich im Mittelpunkt der die Aufnahmen charakterisierenden Arten.
- Die Artrangwerte (species scores) kennzeichnen die Koordinaten der Arten auf den ersten vier Achsen.

4.3.6.2 CCA

Außer den bereits aufgeführten Ergebnisdaten liefert das Programm CANOCO für die CCA noch weitere Informationen zu den verrechneten Umweltdaten:

- In der Korrelationsmatrix befinden sich Angaben über die Korrelationen der Umweltvariablen untereinander. Gehen Werte gegen 1, so sind die beiden miteinander verglichenen Umweltvariablen hoch korreliert. Außerdem kann man der Korrelationsmatrix entnehmen, wie stark die Umweltvariablen mit den Art- bzw. Umweltachsen korrelieren, und man erhält darüber Auskunft, wie gut diese Achsen durch die Umweltvariablen erklärt werden (siehe Tab. 8 und 13).

- Der Variance Inflation Factor (VIF) ist ein Maß für die Multikollinearität einer Umweltvariablen mit anderen Umweltvariablen. Nach TER BRAAK (1986) führt ein Wert größer als 20 zur Instabilität des kanonischen Koeffizienten und ist deshalb aus der Analyse zu entfernen. Aus diesem Grund wurde stets der Schluffanteil des Bodens bei den Analysen entfernt, um die VIF-Werte der antagonistischen Korngrößen Sand und Ton niedrig zu halten.

- Die Inter-Set-Korrelationen geben die Korrelationen der einzelnen Umweltvariablen mit den Artenachsen wider, die den Raum für die Aufnahmen aufspannen. Diese verhalten sich im Gegensatz zu den kanonischen Koeffizienten auch bei Werten des VIF > 20 nicht instabil.

- Die t-Werte (t-values of regression coefficients) können zwar nicht für einen Signifikanztest kanonischer Koeffizienten verwendet werden, doch erfüllen sie die Funktion als Interpretationshilfe. Sind die absoluten t-Werte der Umweltvariablen geringer als 2.1, so empfiehlt TER BRAAK (1988a, 1990), diese nicht mehr zu interpretieren (siehe Tab. 11 und 16).

- Die Biplot Rangwerte (biplot scores of environmental variables) geben die Endpunkte der Umweltpfeile in einem Arten- oder Aufnahmediagramm an. Die Länge dieser Umweltpfeile spiegelt ihre Bedeutung für die jeweilige Achse wider, doch sollte beachtet werden, daß die t-Werte hierbei nicht berücksichtigt sind.

4.3.7 Interpretation der Ordinationsdiagramme

Arten, die in der Gesamttabelle selten vorkommen, erscheinen im Ordinationsdiagramm in den randlichen Bereichen. Ebenso werden Aufnahmen mit vielen seltenen Arten in der Peripherie abgebildet. Oftmals handelt es sich um Arten/Aufnahmen im peripheren bzw. extremen Bereich eines Umweltfaktors; wenn also wenige Aufnahmen im stark versalzten Bereich erhoben wurden, jedoch viele von salzarmen Böden, so liegen letztere im Diagramm zentral und erstere am Rand.

Die als Pfeile abgebildeten Umweltvariablen weisen in die Richtung, in der die Mehrzahl von Aufnahmen mit überdurchschnittlichen Werten dieser Umweltvariablen liegt. Will man die Bedeutung einzelner Umweltfaktoren für eine Aufnahme bestimmen, so muß ein Lot von der Aufnahme auf den jeweiligen Umweltpfeil gefällt werden. Die Länge des Lotes ist dabei nicht entscheidend, sondern nur die Entfernung des Kreuzungspunktes zum Koordinatenursprung. Der Nullpunkt des Koordinatensystems entspricht dem durchschnittlichen Wert der Umweltvariablen, die dem Pfeil entgegengesetzte Richtung liegt im unterdurchschnittlichen Bereich.

5 Ergebnisse der Drâa-Oase (Marokko)

Die Längenausdehnung der Drâa-Oase von über 200 Kilometern hat einen deutlichen Wandel der Umweltfaktoren zur Folge. Vor allem der für die Bewässerungswirtschaft entscheidende Faktor Wasser nimmt vom nördlichsten Palmenhain Mezguita bis M'Hamid kontinuierlich ab. Mit verringerter Bewässerungskapazität reduziert sich auch der Grad der Bewirtschaftung und damit der Ernteertrag. Nach der Arbeitshypothese müßten auch die an die Kulturflächen gebundenen Ackerwildkräuter einer Veränderung in ihrer Zusammensetzung und/oder ihren Deckungswerten unterliegen, was zugleich auf eine Verbindung mit einem Wandel im Grad der Bodenversalzung schließen ließe. Der Ergebnisteil der Untersuchungen im Drâa-Tal gliedert sich daher in drei verschiedene Abschnitte:

- Bodenanalysen

- Änderung der landwirtschaftlichen Nutzung entlang der Drâa-Oase

- Die Ackerwildkrautvegetation als Ausdruck der landwirtschaftlichen Änderung entlang der Drâa-Oase und der Bodenversalzung

5.1 Bodenanalysen

Die Böden der Drâa-Oase sind durch die typischen Merkmale der Oasenböden Nordafrikas gekennzeichnet, welche von den spezifischen klimatischen und geologischen Voraussetzungen aber auch der Bewässerungswirtschaft ableitbar sind. Generell weisen Oasenböden einen humusarmen A-Horizont auf, der kaum Gemeinsamkeiten mit dem Auswaschungshorizont der gemäßigten Breiten erkennen läßt, da der Einwaschung in tiefere Schichten die Verdunstung gegenübersteht, welche eine Mineral- bzw. Nährstoffanreicherung im A-Horizont verursacht (PLETSCH, 1971; MECKELEIN, 1979). Wie Abb. 10 verdeutlicht, ist der oberste Bodenhorizont in den Gärten aller Oasenregionen durch ackerbauliche Bearbeitung geprägt, weswegen alle drei Profile als Hortisole unterschiedlicher Ausprägung und Genese zu bezeichnen sind. Ein B-Horizont ist nur wenig oder überhaupt nicht ausgebildet.

In der Drâa-Oase handelt es sich hauptsächlich um tiefgründige alluviale Böden, die durch regelmäßige Anspülung von Feinmaterial während der Hochwasserereignisse und der Bewässerung gebildet wurden und somit für Böden von Flußoasen charakteristisch sind. Auch äolisch beeinflußte Böden sind weit verbreitet. Ihr Schwerpunkt liegt mehr in den südlichen Palmenhainen Ktaoua und M'Hamid. Desweiteren müssen tiefgründige rezente bis subrezente Böden genannt werden, die leichte Versalzungserscheinungen und verhärtete Horizonte (hardpans) aufweisen können. Man findet diese vor allem auf weniger intensiv bewirtschafteten oder aus der Bewirtschaftung herausgenommenen Flächen in der Nachbarschaft von Kulturland (PLETSCH, 1971).

Die drei Bodenprofile in Abb. 10 lassen bezüglich einiger Bodenparameter deutliche Gradienten von Nord (Agdz) nach Süd (M'Hamid) erkennen. So weisen die Korngrößen der Schluff- und Tonfraktion in M'Hamid - abgesehen von einem kurzen Anstieg in einer Tiefe von 120 cm - die niedrigsten Werte auf. Umgekehrt nimmt der Sandgehalt, v. a. des Feinsandes, im Süden sprunghaft zu. Hier spiegelt sich besonders im Oberboden die Einwehung von Sandmaterial mit einem Anteil von über 80% wider, der sich jedoch mit zunehmender Tiefe aufgrund des erhöhten alluvialen Anteils allmählich reduziert.

Bei der elektrischen Leitfähigkeit treten durchgehend niedrige Werte in Agdz, die höchsten in M'Hamid mit Maximalwerten bis 4,5 mS/cm auf. Betrachtet man nur den Oberboden, so ist der Versalzungsgrad in allen Profilen relativ gering. Die tiefsten Werte in den oberen zwei Bodenschichten befinden sich in M'Hamid, wo zwar die Bewässerungsleistung sehr gering, dafür aber die Auswaschung aufgrund des hohen Sandanteils erleichtert ist. Sinken die EC-Werte in Agdz mit zunehmender Bodentiefe, so steigen diese in Zagora und M'Hamid (Ausnahme 160 cm Tiefe) an; nahezu entgegengesetzt verhält sich der pH-Wert. Dieser liegt mit einer Ausnahme (M'Hamid: 120 cm) stets über pH 8.0, also deutlich im alkalischen Bereich.

Der Glühverlust als Maß für den Anteil der organischen Substanz im Boden nimmt in den Profilen von Agdz und Zagora im Bereich von 0-30 cm um etwa die Hälfte ab und vermindert sich mit größerer Tiefe nur noch langsam. Mit einem Anteil von 4% übertrifft dort die organische Substanz im Oberboden den Wert in M'Hamid um das 5-fache. Hier zeigt sich lediglich eine Anomalie ab einer Tiefe von 120 cm am Übergang zur verkrusteten Zone, wo der Glühverlust kurzfristig stark ansteigt. Der höhere Anteil an organischer Substanz in den Oberböden von Agdz und Zagora läßt sich durch die intensivere landwirtschaftliche Nutzung erklären, die in M'Hamid aufgrund der ungünstigeren Verhältnisse stark reduziert ist. Hinzu kommt die ständige Sandeinwehung, die eine ungestörte Humusakkumulation verhindert.

Beim Karbonatgehalt weisen alle Profiltiefen in Agdz den geringsten Anteil auf, die höchsten treten in den oberen Bodenschichten in Zagora auf, der absolut höchste ist aufgrund von Krustenbildung in einer Tiefe von 200 cm in M'Hamid zu finden. Da Kalk die Gefügestabilität in Böden und damit die Belüftung und den Wasserhaushalt verbessert, fördert ein höherer Karbonatgehalt die Fruchtbarkeit der Oasenböden. Außerdem verbessert er in gelöstem Zustand das ungünstige Verhältnis von Natrium zu Calcium und Magnesium im Bewässerungswasser (SAMIMI, 1990).

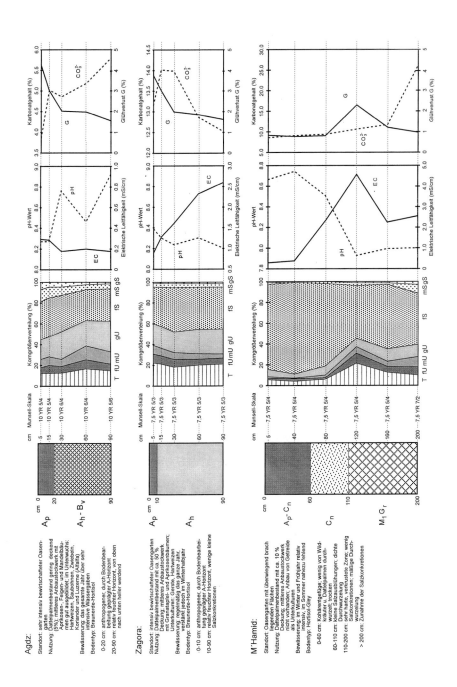

Abb. 10: Bodenprofile der Drâa-Oase

Außerhalb der Kulturflächen kommen schließlich halomorphe Böden vor, die extreme Versalzung aufweisen. Häufig entstehen sie über flachliegendem Grundwasser oder dort, wo das Bewässerungswasser unkontrolliert abfließt, versickert und nach der Verdunstung Salz an der Oberfläche zurückbleibt. Auch aufgegebene oder nur gelegentlich genutzte Bereiche zeigen die Tendenz zu verstärkter Bodenversalzung.

Abschließend ist festzustellen, daß der prozentuale Anteil guter Böden im nördlichen Teil der Drâa-Oase wesentlich höher ist als im südlichen. Doch weist bereits PLETSCH (1971) auf mögliche negative Folgen des Staudammes El Mansour Eddahbi für die Böden des Drâa-Tales hin. Infolge des Ausbleibens der Hochwässer fehlt eine nicht unwesentliche, natürliche Nährstoffzufuhr, so daß eine langsame Degradation der Böden die Konsequenz sein könnte. Entsprechende Auswirkungen seit dem Ausbleiben der Nilfluten nach dem Bau des Hochstaudammes von Assuan werden ausführlich von IBRAHIM (1984a, 1984b, 1986) und KISHK (1986) berichtet.

5.2 Nutzungsänderung entlang der Drâa-Oase

Nach ACHENBACH (1971, 1983), BENCHERIFA & POPP (1991) und HAMZA (1997) lassen sich Kontraste in der Nutzungsintensität der Stockwerke traditioneller Oasengärten mit Unterschieden im Wasserangebot erklären. Auf diese Ursache sind auch die Unterschiede im Nutzungsgrad entlang der Drâa-Oase zurückzuführen (DESPOIS, 1964). Ein Vergleich typischer Oasengärten in Agdz, Zagora und M'Hamid soll den landwirtschaftlichen Nord-Süd-Wandel der Flußoase belegen (vgl. hierzu Abb. 11-16).

5.2.1 Baumkulturen

Bäume sind wegen ihrer Mehrjährigkeit besonders gut geeignet, einen Standort ökologisch zu charakterisieren, da sich in ihnen alle auf den Standort einwirkenden Umwelteinflüsse über ein langjähriges Mittel widerspiegeln. Für die Drâa-Oase können die Baumkulturen als Indikatoren der Wasserversorgung herangezogen werden. Das Zusammenspiel von natürlichen Ressourcen und den langjährigen Erfahrungswerten der ansässigen Bevölkerung führte letztlich zu der heute am besten an die Umweltbedingungen angepaßten Bewirtschaftungsform. Technische Innovationen, wie zum Beispiel der Bau des Staudammes El Mansour Eddahbi, wirkten sich lediglich modifizierend auf den Anbau aus. Die Nivellierung der Abflußspitzen des Oued Drâa ergab zwar eine ausgeglichenere Bewässerung, doch die Gefahren für die Oasenwirtschaft bei länger anhaltenden Trockenperioden sind dadurch nicht gebannt.

Für den Vergleich wurden in jedem Arbeitsgebiet der Drâa-Oase Daten von 10 typischen Oasengärten für die jeweilige Region mit Seguia-Bewässerung erfaßt. Eine Auswahl von Gärten, die nur mit Flußwasser bewässert werden, gewährleistet einen Gradienten in der Bewässerungsintensität. Zudem wurden in M'Hamid, dem Palmenhain der Oase mit den ungünstigsten Bewässerungsverhältnissen, fünf Oasengärten mit Seguia- und zusätzlicher Brunnenbewässerung untersucht. Damit soll die fundamentale Rolle der Bewässerung für den Anbau herausgestellt werden, vor allem in Bezug auf die in Richtung Süden zunehmenden Ungunstfaktoren. In die nachfolgenden Berechnungen fanden nur Kulturpflanzen Eingang; Tamarisken wurden nicht berücksichtigt, weil sie im ausgewachsenen Zustand das Grundwasser erreichen, und somit keine Wasserkonkurrenz für die Kulturbäume darstellen.

5.2.1.1 Bestandsdichte und Artenvielfalt

Betrachtet man in Tab. 4 die nur mit Flußwasser bewässerten Oasengärten (siehe Abb. 13-15), so spiegelt sowohl die Anzahl der Baum- bzw. Straucharten mit einer Höhe größer als 1,5 Meter und die Diversität den abnehmenden Bewässerungsgradienten wie erwartet wider. Beide Werte vermindern sich mit zunehmender Länge des Oued Drâa insbesondere von Agdz bis Zagora. Die Anzahl der Bäume und Sträucher aller Höhen für Zagora und M'Hamid ergeben keinen nennenswerten Unterschied, wobei jedoch die Diversifizierung deutlich nachläßt und lediglich die Dattelpalme stark vertreten bleibt. Der Grund hierfür liegt im relativ hohen Anteil frisch gepflanzter Baum- und Strauchpflanzen in den Oasengärten von M'Hamid. Ebenso weisen die Gärten in M'Hamid mit zusätzlichem Brunnen (vgl. Abb. 16) einen überdurchschnittlichen Anteil junger Bäume auf. Mit Neupflanzungen soll die höhere Verlustquote während den Trockenperioden im Süden der Oase ausgeglichen werden, um wenigstens einige dieser vielen „Risikopflanzungen" durchbringen zu können. Außerdem kann in ausreichend langen Feuchteperioden der Ertrag zumindest kurzfristig gesteigert werden, sofern die Bäume ein produktives Stadium erreichen. Nach FRANKE W. (1997) ist dies bei der Dattelpalme bereits nach 4-5 Jahren zu erwarten, vorausgesetzt, die Aufzucht erfolgt mit Schößlingen. Das Anbaupotential der Gärten mit zusätzlicher Brunnenbewässerung in M'Hamid ist, was Bestandsdichte und Artenzahl zeigen, ungefähr zwischen Agdz und Zagora anzusiedeln, d. h., daß das erhöhte Bewässerungspotential den Anbau aufwertet und dieser Oasengarten weiter flußaufwärts liegenden Gärten entspricht.

Tab. 4: Vergleichende Gegenüberstellung von Bestandsdichte und Artenzahl der Baum- und Straucharten typischer Oasengärten der drei Teilarbeitsgebiete im Drâa-Tal

Ort des Oasengartens	Anzahl aller Bäume und Sträucher/100 m²	Anzahl der Bäume und Sträucher > 1,5 m/100 m²	Vielfalt der Baum- und Straucharten
Agdz	9,2	8,3	9
Zagora	4,1	3,6	5
M'Hamid	4,2	2,9	2
M'Hamid (mit Brunnen)	6,2	3,8	7

5.2.1.2 Zusammensetzung der Arten

Neben Bestandsdichte und Artenzahlen der Bäume und Sträucher gibt die qualitative Änderung der Artenzusammensetzung (Abb. 11) weiteren Aufschluß über den Wandel der Oasengärten in der Drâa-Oase von Nord nach Süd. Bei Betrachtung der Oasengärten mit Seguiabewässerung erkennt man sehr gut die dominierende Stellung der Dattelpalme, dem „l'arbre roi" (JACQUES-MEUNIÉ, 1973, S. 165) der gesamten Oase. Deren Bedeutung und Dominanz nimmt von Agdz flußabwärts bis M'Hamid ständig zu, was folgende Gründe hat: zum ersten der, im Vergleich zu den anderen im Drâa-Tal vorkommenden Baumarten, geringere jährliche Wasserbedarf (siehe Tab. 5) und zum zweiten auch die Fähigkeit, den Grundwasserstrom des Oueds mit bis zu 6 Meter langen Wurzeln anzapfen zu können (REHM & ESPIG, 1996), was der Dattelpalme zu einer gewissen Autarkie bei jahreszeitlichen Schwankungen der Wasserversorgung verhilft. Außerdem zeichnet sich *Phoenix dactylifera* nach SCHÜTT (1972) durch ausgeprägte Salztoleranz und den Bedarf an hohen Wärme- und geringen Luftfeuchtigkeitswerten aus, was im Süden der Oase noch deutlicher gegeben ist als am Oberlauf des Drâa. Ein arabisches Sprichwort beschreibt folglich richtig, daß die Dattelpalme am besten gedeiht, wenn sie „mit den Füßen im Wasser und mit dem Kopf in der brennenden Sonne steht". Gleichfalls ist ein sichtbarer Anstieg des Granatapfelanteiles in Zagora und den Gärten von M'Hamid zu erkennen. Ähnlich wie die Dattelpalme erträgt *Punica granatum* zeitweilige Trockenheit und Bodenversalzung (BRÜCHER, 1977). Das alleinige Auftreten dieser beiden Baumarten in den ausschließlich mit Flußwasser bewässerten Gärten von M'Hamid spricht für deren optimale Anpassung an diese „aride" Bewirtschaftung.

Im selben Maße wie Dattelpalme und Granatapfel in Richtung Süden zunehmen, vermindern sich die Anteile der restlichen, bewässerungsintensiveren Baumarten (Apfel-, Mandel-, Aprikosen-, Oliven-, Feigenbaum) und der Weinrebe. In Agdz, wo außerdem einige Maulbeerbäume (*Morus alba*) anzutreffen sind, nehmen diese noch einen hohen Anteil von 60 % ein, doch reduziert sich der Wert in Zagora bereits auf 19 % und in den „einfachen" Gärten von M'Hamid fehlen diese Arten sogar völlig. Nach Auskunft eines Eigentümers eines untersuchten Oasengartens in Zagora unterschreitet der Aprikosenbaum in Zagora selbst sein langjähriges Existenzminimum. Aufgrund der Dürreperiode von Mitte bis Ende der 80er Jahre konnten in seinem Garten die Aprikosenbäume nicht mehr ausreichend bewässert werden, so daß sie schließlich eingingen und 1991 durch Jungpflanzen ersetzt wurden. Auch dieses Beispiel zeigt den Zusammenhang zwischen dem langjährigen Bewässerungspotential der verschiedenen Regionen der Drâa-Oase und der Ausbildung der Baumkulturen.

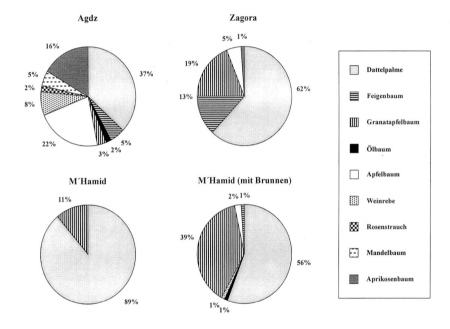

Abb. 11: Relative Häufigkeit der Baum- und Straucharten in typischen Oasengärten des Drâa-Tals

Die mit einem zusätzlichen Brunnen ausgestatteten Gärten in M'Hamid stehen diesem Verarmungstrend an Kulturarten entgegen. Nimmt man den Anteil der Dattelpalme als Maßstab, so sind auch bei dieser Betrachtungsweise die Gärten potentiell zwischen denen von Agdz und Zagora einzuordnen. Was dieser Stellung nicht gerecht wird, ist der mit 5 % relativ niedrige Anteil an bewässerungsintensiveren Arten und der hohe Anteil der Granatapfelbäume.

Tab. 5: Wasserbedarf der verschiedenen Baum- und Strauchkulturen (nach TOUTAIN, 1977)[33]

Baum- und Straucharten	Wasserbedarf in m³/ha/Jahr
Apfelbaum (*Malus domestica*)	14.000
Feigenbaum (*Ficus carica*)	14.000
Aprikosenbaum (*Prunus armeniaca*)	14.000
Weinrebe (*Vitis vinifera*)	14.000
Mandelbaum (*Prunus dulcis*)	13.200
Ölbaum (*Olea europaea*)	13.200
Granatapfelbaum (*Punica granatum*)	keine Angabe
Dattelpalme (*Phoenix dactylifera*)	12.600

5.2.2 Unterkulturen

Die im untersten Nutzungsstockwerk angebauten Kulturpflanzen kennzeichnen nicht wie die Baumkulturen die hygrischen Verhältnisse im langjährigen Mittel, sondern den aktuellen Bewässerungszustand, d. h. die Wasserverfügbarkeit des jeweiligen agronomischen Jahres. Obwohl der Anbau der Unterkulturen selbst innerhalb einer Region sehr variabel sein kann, was an den individuellen Anbau- und Konsumgewohnheiten liegt (CHEBBI, 1995), liefern die Ergebnisse interpretierbare Tendenzen. Die Werte in Abb. 12 stellen die prozentualen Anteile der jeweiligen Unterkulturen in Relation zur potentiell nutzbaren Gartenfläche dar, ohne eventuell vorhandene Wege und Brunnenanlagen zu berücksichtigen. Die verschiedenen Gemüsearten (Tomate, Aubergine, Zucchini, Karotte, Zwiebel, Ackerbohne, Kürbis) und die Honigmelone wurden in der Abb. 12 zu der Übereinheit Gemüse zusammengefaßt.

5.2.2.1 Flächenanteile der verschiedenen Unterkulturen

Die aus den zentralasiatischen Trockengebieten stammende mehrjährige Luzerne kommt, mit Ausnahme der „einfachen" Gärten in M'Hamid, in allen Oasengärten mit hohem Flächenanteil vor. POPP (1989) führt die generelle Intensivierung des Luzerneanbaus in Oasen auf eine Erhöhung des Lebensstandards (Fleischkonsum) und die leichtere Kapitalisierung der Viehzucht zurück, was zu einer Stabilisierung und Aufwertung der Oasenwirtschaft beigetragen hat. Hierin ist außerdem eine Zusatzfunktion zu sehen, die vor dem Hintergrund des Rückgangs des Nomadismus zu verstehen ist. Der höchste Luzerneanteil von 36 % in Zagora mag an der Ausnahmestellung dieses Ortes als Zentrum des Tourismus im

---

[33] Die Werte beziehen sich auf 600 m ü. M. und 30° nördlicher Breite

Drâa-Tal liegen. In der gesamten Region um Zagora weist ein überdurchschnittlicher Anbau dieser Futterpflanze auf erhöhten Fleischkonsum hin. Obwohl *Medicago sativa* als Tiefwurzler befähigt ist, kurze Trockenphasen gut zu überstehen (ACHTNICH, 1980; BORCHERDT, 1996), läßt bei Betrachtung des extrem hohen Wasserbedarfs in Tab. 6 das Fehlen in den „einfachen" Oasengärten in M'hamid einen Mangel an Wasser annehmen. Selbst auf den Luxus von Gewürzkräutern (Koriander, Pfefferminze) wird hier verzichtet.

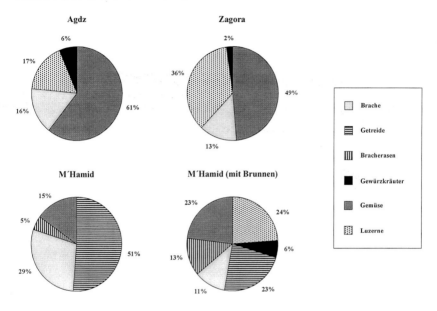

Abb. 12: Relative Häufigkeit der Unterkulturen in typischen Oasengärten des Drâa-Tals

Der hier im Vergleich zu den drei anderen Gartentypen in etwa doppelt bis dreifach so hohe Bracheanteil kann als weiteres Indiz für eine unzureichende Wasserverfügbarkeit herangezogen werden. In diesem Fall reicht das Wasser nach CAPOT-REY (1953) und PLETSCH (1971) nicht mehr aus, um die gesamte potentielle Anbaufläche zu kultivieren. Es handelt sich somit um eine Form der langzeitigen Trockenbrache. In diesem Zusammenhang steht auch die von NÜSSER (1994) im östlichen Aurès/Algerien registrierte Zunahme an Bracheflächen im monokulturellen Getreideanbau (hier jedoch Regenfeldbau) in südlicher Richtung, wofür er die hygrische Variabilität, d. h. die klimatischen Bedingungen des jeweiligen agronomischen Jahres verantwortlich macht.

Ebenfalls zu erkennen ist eine starke Abnahme des Gemüseanteils von Agdz (61%) über Zagora (49%) bis M'Hamid (Brunnen) mit gerade noch 23%. Auch bei diesem Vergleich weisen die Gärten in M'Hamid mit ausschließlicher Seguiabewässerung den mit 15% Flächendeckung geringsten Wert auf. Nach POPP (1990) korrespondiert ein hoher Gemüseanteil in den Unterkulturen mit einer günstigen Wasserversorgung.

Tab. 6: Wasserbedarf der verschiedenen Unterkulturen (nach TOUTAIN, 1977; siehe Fußnote 33 von Tab. 5)

Unterkulturen	Wasserbedarf in m³/ha/Jahr
Luzerne (*Medicago sativa*)	15.600
Tomate (*Solanum lycopersicum*)	7.800
Aubergine (*Solanum melongena*)	7.800
Zwiebel (*Allium cepa*)	7.200
Ackerbohne (*Vicia faba*)	6.000
Honigmelone (*Cucumis melo*)	6.000
Weizen (*Triticum aestivum*)	5.400-6.000
Kürbis (*Cucurbita spec.*)	5.400
Gerste (*Hordeum vulgare*)	5.400
Karotte (*Daucus carota*)	4.800

Auffallend ist das Vorkommen ausgedehnter Gersten- und kleinerer Rasenflächen in beiden Gartentypen M'Hamids. Bei den Rasenflächen handelt es sich nach KNAPP (1973) um sogenannte „Brache-Rasen", die sich nach längerer Zeit der Nichtbearbeitung von Feldern entwickeln. Aufgrund des Gräser- (*Cynodon dactylon, Phalaris minor, Polypogon monspeliensis*) und Fabaceenreichtums (*Melilotus sulcata, Medicago polymorpha, Trigonella polyceratia*) werden sie als zusätzliche Futterressource bei Beweidung genutzt. Eine Integration von Getreide in die Oasengärten ist hauptsächlich in den südlichen Regionen der Drâa-Oase anzutreffen, ja sogar charakteristisch. Am Oberlauf des Drâa, wo Getreide meist in gesonderten, weiten Ackerflächen kultiviert wird, ist dies eher die Ausnahme. Nach PLETSCH (1971) kommt der Gerste in der ackerbaulichen Nutzung im Drâa-Tal die größte Bedeutung zu, denn ihr Wasserbedarf ist noch geringer als beim Weizen und zeichnet sich nach ACHTNICH (1980), REHM & ESPIG (1996) und BORCHERDT (1996) zusätzlich durch eine ungewöhnlich kurze Vegetationszeit, hohe Salztoleranz und Hitzeresistenz aus. Das Jahr der Datenerhebung, wie auch schon das Jahr zuvor, brachte nur wenig Niederschläge (Auskunft O.R.M.V.A. in Ouarzazate), und in solchen wasserarmen Jahren werden in den saharischen Oasen bevorzugt die Hauptanbaukulturen, also Dattelpalme und Gerste, mit Wasser versorgt (PLETSCH, 1971). Zudem wird im südlichen Teil der Drâa-Oase hauptsächlich während des Winterhalbjahrs, also in der Vegetationsperiode des Getreides, bewässert; im Sommer liegen dagegen weite Flächen brach.

5.2.3 Strukturelle Unterschiede der Oasengärten

Beim Vergleich von Aufsichtszeichnungen ausgewählter Gärten aus den drei Abschnitten der Drâa-Oase (Abb. 13-16) fallen zunächst Unterschiede in der räumlichen Anordnung der Baumkulturen auf. In Agdz und Zagora erkennt man eine ausgeprägte „Randverteilung", was nach BENCHERIFA & POPP (1991) im Zentrum den Anbau und das Wachstum annueller Unterkulturen ermöglicht. Das ungehindert einfallende Licht kann somit bei ausreichender Bewässerung für hohe Photosyntheseraten und folglich höhere Produktivität sorgen als unter dichten Baumbeständen. In beiden Gärten M'Hamids ist hingegen eine eher diffuse Verteilung der Bäume festzustellen. Der Garten mit zusätzlicher Brunnenbewässerung ist noch ansatzweise am Rand bepflanzt und weist im Bereich der Brunnenanlage zumindest partiell den klassischen Stockwerkbau der Kulturen auf, der in Agdz und Zagora in den Randbereichen der Besitzparzellen realisiert ist.

In den Gärten von M'Hamid sind Tamarisken als lebender Wind- bzw. Sandschutz vorhanden. Dem Riesenschilf (*Arundo donax*) im „einfachen" Garten von M'Hamid kommt nach KNAPP (1973) und ROLLI (1991) die gleiche Funktion zu. Gerade die Regionen südlich des Djebel Bani sind den Sandstürmen aus der Sahara besonders stark ausgesetzt, so daß solche Maßnahmen vor allem in den Palmenhainen M'Hamid und Ktaoua nötig sind. Auch in Agdz und Zagora werden vereinzelt Windschutzvorrichtungen gesetzt. Im Gegensatz zu M'Hamid sind sie dort hauptsächlich am ungeschützten Oasenrand oder an exponierten Windschneisen zu finden.

Auch bei der Betrachtung des Bewässerungsnetzes zeigen sich Unterschiede bezüglich der Länge der Bewässerungskanäle. In Agdz beträgt diese 14 m, in Zagora 12 m und in beiden Gärten von M'Hamid nur noch 8 m bezogen auf 100 m² Gartenfläche. Mit Abnahme der zur Verfügung stehenden Wassermenge nimmt folglich auch die Länge des Bewässerungsnetzes ab. Außerdem bewirken höhere Anteile von nicht bewässerten Bracheflächen und der selten bewässerten Gersten- bzw. Weideparzellen eine Reduzierung des Kanalsystems. Eine von der Region unabhängige Besonderheit des Bewässerungsnetzes ist das Zuleiten von Wasser über die Wurzelteller der bewässerungsintensiven Bäume, die sich inmitten einer brachliegenden Parzelle befinden. Da Brachen bei den Wassergaben ausgespart bleiben, werden Bäume mit Hilfe kleiner Stichkanäle auf diese wassersparende Weise versorgt.

Eine typische Erscheinung aller Oasengärten ist die Bepflanzung der Wälle des Bewässerungsnetzes mit Ackerbohnen (*Vicia faba*). Mit dieser Anbaumethode wird das Wasser der durchfeuchteten Kanäle genutzt, bevor es verdunstet. Wegen wiederholtem kapillaren Aufstieg von Wasser und anschließender Verdunstung kommt es an der Oberfläche dieser Wälle zu erhöhten Bodensalzgehalten, womit *Vicia faba* relativ gut zurechtkommt.

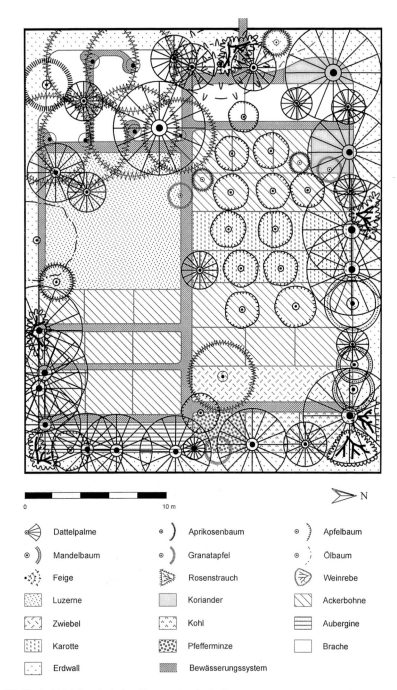

Abb. 13: Aufsicht eines typischen Oasengartens in Agdz

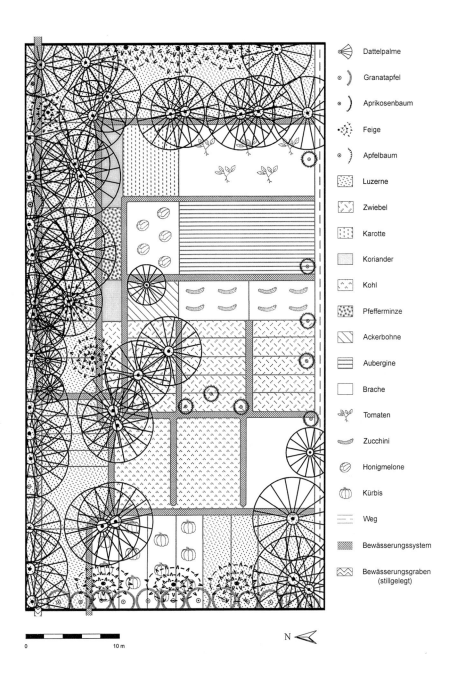

Abb. 14: Aufsicht eines typischen Oasengartens in Zagora

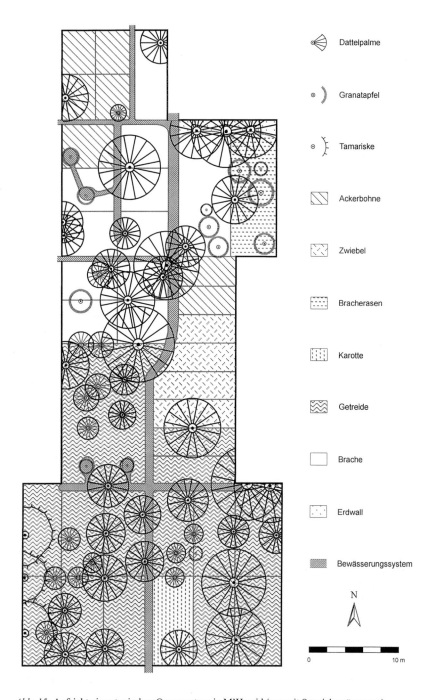

Abb. 15: Aufsicht eines typischen Oasengartens in M'Hamid (nur mit Seguiabewässerung)

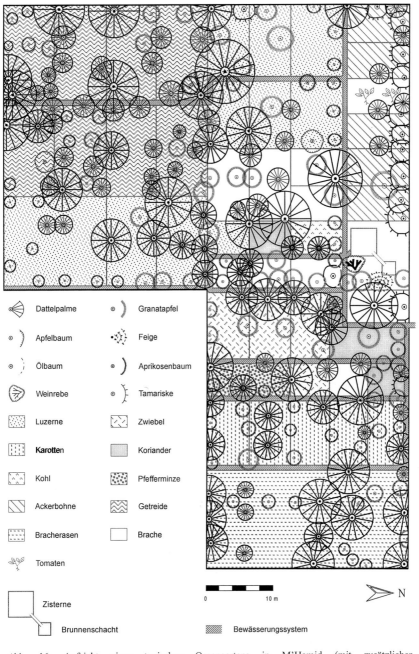

Abb. 16: Aufsicht eines typischen Oasengartens in M'Hamid (mit zusätzlicher Brunnenbewässerung)

Die Lage der Kulturen innerhalb der jeweiligen Gärten läßt nur bedingt Gesetzmäßigkeiten erkennen. Aufgrund von turnusmäßigem Fruchtwechsel verändert sich die Lage der Kulturen von Zeit zu Zeit, doch gewisse Regeln scheint es auch hierbei zu geben. Weniger bewässerungsintensive Unterkulturen nehmen aus zeitlich-rationellen Gründen die marginalen Bereiche der Gärten ein, was bei den Gerste- und „Bracherasen" auffällt. Im Fall des Gartens in M'Hamid mit zusätzlicher Brunnenbewässerung sind beide Kulturen am weitesten von der Brunnenanlage entfernt. Im Gegensatz dazu weisen die gut bewässerten Gärten von Agdz und Zagora kaum solche Besonderheiten in den Lagebeziehungen auf. Einzig die Luzerne wird bevorzugt im Schatten des oberen und mittleren Stockwerkes kultiviert und profitiert vom milden Bestandsklima unterhalb der Bäume und Sträucher.

5.3 Die Ackerwildkrautvegetation der Drâa-Oase

Die Segetalvegetation wird in der rein ertragsorientierten mitteleuropäischen Landwirtschaft nur als ertragsmindernde Konkurrenz der Feldfrüchte betrachtet, im traditionellen marokkanischen Ackerbau kommt dieser aber eine völlig andere Bewertung zu. In der traditionellen Agrikultur Marokkos wird nach SUNDERMEIER (1992) nicht gegen die sondern mit der Ackerwildkrautvegetation gewirtschaftet: trotz Beeinträchtigung der angebauten Kulturen wird ihre Anwesenheit geduldet - ja sogar erwünscht. Die Ackerwildkräuter werden von Hand gejätet und Arten mit hohem Futterwert wie *Sinapis arvensis* oder *Avena sterilis* an das Vieh verfüttert (NEUSCHÄFER, 1988). KREEB (1983) schreibt den Ackerwildkräutern besonders in den Tropen und Subtropen einen gewissen Schutz vor intensiver Einstrahlung durch Beschattung des Bodens zu, was sich günstig auf den Bodenwasserhaushalt auswirkt. Nebenbei trägt ein hoher Leguminosen-Anteil zur Stickstoffanreicherung im Boden bei. Auch wenn sich die Wertschätzung der Ackerwildkräuter von KOCH (1986), JACOB (1987), MOSCHNER (1987), DEIL et al. (1988), NEUSCHÄFER (1988) und LASTIC (1989) auf den traditionellen Ackerbau im Norden Marokkos bezieht, so ist deren Funktion in der traditionellen Oasenwirtschaft die gleiche.

Die Bezeichnung der Segetalflora ist nach wie vor uneinheitlich. In der rein ertragsorientierten Landwirtschaft stellt die Segetalflora eine lästige und daher meist bekämpfte Nebenerscheinung dar, was sich in dem Begriff „Unkraut" (franz.: „mauvaise herbe", span.: „malhierba") manifestiert. Ein sich wandelndes Bewußtsein des Menschen zur eigenen Umwelt und die dadurch veränderte Sichtweise führt auch zu einer Neubewertung des Ökosystems Acker mit den darin vorkommenden Organismen. In der vorliegenden Arbeit wird der mittlerweile geläufige Begriff „Ackerwildkraut" verwendet, um vor allem die negative Wertung des für den traditionellen Ackerbau Marokkos unangebrachten Unkrautbegriffs zu vermeiden. Leider ist auch der Begriff Ackerwildkraut etwas unglücklich gewählt, da die Segetalflora alles andere als „wild", sondern sehr eng an die vom Menschen geschaffenen Standortbedingungen des Ackers gekoppelt ist. Die von SUNDERMEIER (1992) gebrauchte Bezeichnung „Ackerbeikraut" berücksichtigt den engen Zusammenhang zwischen menschlichem Einfluß sowie Segetalflora und zeigt den richtigen Weg der Benennung auf. Letztlich scheint es aber wenig sinnvoll, ständig neue Begriffe zu kreieren, wenn Un-, Wild- und Beikraut als Synonyme einer neutralen Bewertung der Segetalflora verstanden werden.

5.3.1 Klassifizierung und synsystematische Betrachtung

Die Klassifizierung der 73 pflanzensoziologischen Aufnahmen nach den in Kap. 4 beschriebenen Methoden führte zur Ausgliederung von 6 Gesellschaften und 7 Artengruppen. Die Gesellschaften dürfen jedoch nicht im Sinne des pflanzensoziologischen Systems verstanden werden, da eine synsystematische Einordnung der Gesellschaften und Artengruppen nicht Ziel dieser Arbeit, aber auch aus mancherlei Gründen nicht möglich war. In erster Linie sei hier das fast völlige Fehlen bisheriger pflanzensoziologischer Untersuchungen nicht nur in der Drâa-Oase, sondern im ganzen marokkanischen Raum südlich des Hohen Atlas und Anti-Atlas genannt. Das der Drâa-Oase am nächsten gelegene vegetationskundlich bearbeitete Gebiet, die zwischen dem westlichen Hohen Atlas und dem Anti-Atlas verlaufende Sous-Ebene, wurde von EL ANTRI (1981, 1985) im Zusammenhang einer gesamtmarokkanischen Untersuchung über die Segetalvegetation mit lediglich 19 pflanzensoziologischen Aufnahmen bedacht, so daß auch diese Arbeit nur in ungenügender Weise zum Vergleich mit der Ackerwildkrautvegetation der Drâa-Oase heranzuziehen ist. Den unbeachteten landwirtschaftlichen Marginalräumen Südmarokkos steht in den ertragsreichen Gebieten Nordmarokkos eine Fülle an Untersuchungen von NÈGRE (1956, 1977), BOULET & HAMMOUMI (1984), TANJI et al. (1984), TANJI & BOULET (1986), DEIL et al. (1988), LASTIC (1989), TALEB (1989), DEIL (1997) und im mediterranen Iberien von RIVAS-MARTINEZ (1977, 1978, 1987) sowie NEZADAL (1989) gegenüber, um nur einige wenige zu nennen. Sowohl die angebauten Kulturen im Norden Marokkos - sie reichen von Getreide über Baumwolle bis zu Reis und Zuckerrohr - als auch die humideren Klimaverhältnisse und die Bewirtschaftungsform der dortigen moderneren Landwirtschaft (abgesehen von den Sonderkulturen Reis, Zuckerrohr u. ä. handelt es sich in der Regel um Regenfeldbau) unterscheiden sich erheblich von den Gegebenheiten der Drâa-Oase, so daß Unterschiede in der Ausprägung der Ackerwildkrautvegetation und die dadurch erschwerte synsystematische Zuordnung nicht verwundern.

Auch die ausgeprägte Artenarmut der Segetalvegetation der Drâa-Oase trägt wesentlich zu diesem synsystematischen Problem bei. Die durchschnittliche Artenzahl der eigenen Aufnahmen in der Drâa-Oase beträgt gerade einmal 16, während NEZADAL (1989) auf der Iberischen Halbinsel 40 sowie SUNDERMEIER (1992) für seine spanischen Aufnahmen an der Straße von Gibraltar 22 und für die auf marokkanischer Seite 48 Arten pro Aufnahme angibt. Für den Pflanzensoziologen ergibt sich daraus die Schwierigkeit, daß in den Aufnahmen nur ein geringer Anteil an Kenn- und Trennarten enthalten ist. Im Fall der Drâa-Oase ist der Mangel an diesen Arten offensichtlich. Von den 6 klassifizierten Gesellschaften weisen lediglich 4 Gesellschaften Charakterarten im weiteren Sinne auf, wobei 2 von ihnen durch Arten mit Schwerpunkt in anderen Vegetationstypen gekennzeichnet werden und die anderen beiden durch Arten, die synsystematisch den Rang von Klassen-, Unterklassen-, Ordnungs- und in geringerem Maße von Verbandscharakterarten innerhalb der Klasse Stellarietea mediae (Br.-Bl. 1931) Tx., Lohm. et Prsg. in Tx. 1950 einnehmen. Echte Assoziationscharakterarten von Ackerwildkrautgesellschaften, wie sie im nordmarokkanischen und iberischen Raum vorkommen, konnten in der Drâa-Oase nicht nachgewiesen werden. Vieles spricht dafür, daß es sich in mehreren Fällen um Fragmente bereits beschriebener Assoziationen handelt.

Allen 6 Pflanzengesellschaften gemeinsam ist die starke Durchdringung von Arten sowohl der Ordnungen Secalietalia cerealis Br.-Bl. (1931) 1936 em. J. et R. Tx. in Mal.-Bel. et al. 1960 als auch der Chenopodietalia muralis Br.-Bl. (1931) 1936, so daß die Einteilung der Ackerwildkrautbestände der Drâa-Oase bereits auf Ordnungsebene, d. h. in Getreide- und Hackfruchtunkrautgesellschaften, praktisch unmöglich wird. Arten der Ordnung Aperetalia spicaeventi J. et R. Tx. in Mal.-Bel. et al. 1960 spielen im Untersuchungsgebiet nahezu keine Rolle. Eine Trennung in Getreide- und Hackfruchtunkrautgesellschaften auf Klassenebene (Secalietea Br.-Bl. 1952 und Chenopodietea Br.-Bl. in Br.-Bl. et al. 1952), wie sie z. B. von RICHTER (1989) und OBERDORFER (1990) vorgeschlagen wird, ist für die Drâa-Oase nicht anwendbar. Auch RIVAS-MARTINEZ (1987) und NEZADAL (1989) beschreiben für die Verhältnisse auf der Iberischen Halbinsel, daß die Trennung auf Klassen-Niveau nicht der Realität entspricht.

Da sich die Vegetationseinheiten der Drâa-Oase nicht mit Hilfe von Charakter- und Differentialarten kennzeichnen lassen, wurden die Arten als <u>ökologische Gruppen</u> im Sinne von ELLENBERG (1950, 1956) zusammengefaßt. Die ökologischen Gruppen sind ihrem Wesen nach ranglos und können unabhängig von jeder systematischen Einteilung der Vegetation bestehen. Wie ELLENBERG (1956, S. 75) schreibt, können zu einer ökologischen Gruppe „alle Arten zusammengefaßt werden, die in ihrer „ökologischen Konstitution", also in ihren Beziehungen zu den wichtigsten Standortfaktoren, annähernd übereinstimmen". Eine ökologische Gruppe wird nach einer Species benannt, welche die Merkmale der

Gruppe in einem bestimmten Raum (hier dem Drâa-Tal) gut verkörpert. Der Stetigkeitstabelle (Tab. 7) ist die Zuordnung der Arten zu den ökologischen Gruppen zu entnehmen; auf deren Ökologie wird im darauffolgenden Ordinationsteil eingegangen. Ohnehin steht ja im vorliegenden Fall der agrarökologischen Fragestellung nicht eine syntaxonomische Klassifizierung, sondern eine faktorenanalytische Betrachtung im Vordergrund, so daß Benennungsprobleme zweitrangig bleiben.

Die 6 Ackerwildkrautgesellschaften der Drâa-Oase sind als jeweilige Kombination der definierten ökologischen Gruppen zu verstehen. Eine Hälfte der sechs Pflanzengesellschaften konnte nur über unterschiedliche Dominanz- und Artmächtigkeitsverhältnisse der ökologischen Gruppen mit Arten mittlerer bis hoher Stetigkeit getrennt werden, was auf die kontrastierende Wirkung der Histogramm-Transformation zurückzuführen ist. Die restlichen drei Gesellschaften verfügen über ein spezifisches Arteninventar, was die Klassifikation im herkömmlichen Sinne der Pflanzensoziologie erlaubte. Bevor im folgenden Kapitel die ökologische Betrachtung erfolgt, soll eine kurze Erläuterung der Verteilung der ökologischen Gruppen auf die einzelnen Pflanzengesellschaften eventuell vorhandene synsystematische Hinweise geben, die sich, sofern nicht anders vermerkt, an der Einteilung der Ackerwildkrautvegetation von NEZADAL (1989) orientieren.

- Die Lolium multiflorum-Gesellschaft wird durch die Arten der gleichnamigen ökologischen Gruppe charakterisiert, welche fast vollständig auf diese Vegetationseinheit beschränkt sind. *Lolium multiflorum* selbst wird von LASTIC (1989) als Klassencharakterart der Stellarietea mediae eingestuft und dominiert diese Gesellschaft mit einer hohen Stetigkeit von 89%. Als Charakterarten der Secalietalia sind *Scandix pecten-veneris* und *Coronilla scorpioides* zu nennen, *Euphorbia helioscopia* ist der Unterklasse Chenopodienea muralis Br.-Bl. ex Riv.-Mart. 1987 ined. zuzuordnen. Neben den kennzeichnenden Arten der ökologischen Gruppe von *Lolium multiflorum* sind die Arten der ökologischen Gruppen von *Torilis nodosa*, *Polygonum aviculare* und *Melilotus sulcata* mit hohen Stetigkeits- und Artmächtigkeitswerten in dieser Gesellschaft stark vertreten, die der ökologischen Gruppe von *Vicia monantha* vergleichsweise schwach.

Bei den folgenden drei als verarmt anzusehenden Gesellschaften fehlen treue Arten, die auf eine einzige Gesellschaft beschränkt sind. Die Trennung dieser Gesellschaften erfolgte nicht nur nach floristischen Kriterien, sondern auch über die unterschiedlichen Stetigkeits- und Artmächtigkeitsverhältnisse der in diesen Gesellschaften vorkommenden Arten. Dadurch wird den unterschiedlichen Standortverhältnissen, welchen diese Gesellschaften unterliegen, Rechnung getragen.

- Die Torilis nodosa-Gesellschaft ist die einzige dieser drei verarmten Gesellschaften, in welcher Arten der ökologischen Gruppe von *Torilis nodosa* vertreten sind. Der Komplex beinhaltet mit *Sinapis arvensis* und *Galium tricornutum* zwei Secalietalia-Charakterarten und mit *Torilis nodosa* und *Calendula arvensis* Kennarten der Ordnung Chenopodietalia. Die beiden ökologischen Gruppen von *Vicia monantha* und *Polygonum aviculare* sind ebenfalls stark vertreten.

- Bei der Polygonum aviculare-Gesellschaft handelt es sich eigentlich nicht um eine Einheit, die von den Arten der ökologischen Gruppe von *Polygonum aviculare* dominiert wird. Vielmehr befindet sich diese mit der Vicia monantha-Gruppe, was die Stetigkeit betrifft, in einem Gleichgewichtszustand. Man könnte diese Gesellschaft als einen Übergang zur

- Vicia monantha-Gesellschaft betrachten, in der die Arten der ökologischen Gruppe von *Vicia monantha* in Bezug auf die Stetigkeits- und Artmächtigkeitswerte klar zur Dominanz gelangen. Stetigkeitswerte von 100 % bei *Vicia monantha* und *Trigonella polyceratia* drücken dies am deutlichsten aus. Der stark ruderale Charakter dieser Gesellschaft wird durch Arten wie *Hordeum murinum*, *Cynodon dactylon* und *Malva parviflora* unterstrichen, die QUEZEL (1965) u. a. mit *Chenopodium murale* zu den anthroponitrophilen Arten zählt.

Die beiden verbleibenden Gesellschaften sind wiederum durch Arten charakterisiert, die fast ausschließlich auf diese beschränkt bleiben und somit zu einer deutlichen Abtrennung beitragen. Bei einem Teil des Arteninventars handelt es sich um Charakterarten anderer pflanzensoziologischer Klassen. Auch DEIL (1993, 1997) berichtet von einer starken Durchdringung marokkanischer Äcker mit Species aus anderen Vegetationseinheiten, v. a. solche beweideter Brachen, annueller Rasen- und schwach nitrophiler Ruderalgesellschaften. DEIL erklärt die Überlagerung verschiedener Vegetationseinheiten vor allem mit dem zeitlich rasch aufeinanderfolgenden Landnutzungswechsel („Anbau-Brache-Wechsel") in der traditionellen marokkanischen Landwirtschaft. Zudem werden bei der Bodenbearbeitung mit dem Holzpflug die Rosetten zweijähriger Kräuter und Wurzelstöcke mehrjähriger Sträucher nicht vollständig entfernt, wodurch potentiell zweijährige und spätfruchtende Arten ihren Entwicklungszyklus abschließen und aussamen können.

- In der Centaurea maroccana-Gesellschaft sind neben den Arten der namensgebenden ökologischen Gruppe hauptsächlich Species der ökologischen Gruppe von *Vicia monantha* vertreten, die mit Stetigkeitswerten von maximal 100 % ihren Schwerpunkt in M'Hamid bestätigen. Existiert die ökologische Gruppe von *Polygonum aviculare* in M'Hamid noch in der Vicia monantha-Gesellschaft, so erlauben die Standortfaktoren der Centaurea maroccana-

Gesellschaft ihren Arten kaum Wachstum. Einige charakteristische Arten der Centaurea maroccana-Gesellschaft sind keine typischen Vertreter der Ackerwildkrautgesellschaften der Klasse Stellarietea mediae, sondern haben ihre Herkunft in anderen Klassen. So ist die leicht verholzte Art *Lotus jolyi* in der Drâa-Oase meist auf Brachen und an Wegrändern zu beobachten. NÈGRE (1977) stuft *Plantago amplexicaulis* als Klassencharakterart der Notoceretea RN. 1956 ein, *Spergula flaccida* und *Aizoon hispanicum* (in Aufnahme 46) werden als Assoziationscharakterarten des Aizoo-Spergularietum der für kalkhaltige Skelettböden typischen Klasse Tillaeetea RN. 1956 angegeben.

- In allen 3 Teilarbeitsgebieten der Drâa-Oase ist die Spergularia diandra-Gesellschaft anzutreffen. Die ökologische Gruppe von *Polygonum aviculare* kommt in dieser Gesellschaft fast nur in den Aufnahmen aus Agdz vor und weist dort zumindest regional auf einen Übergang zwischen der Polygonum aviculare-Gesellschaft und der Spergularia diandra-Gesellschaft hin. Außer den Arten der Vicia monantha-Gruppe treten in dieser Gesellschaft nur noch Arten der ökologischen Gruppe von *Spergularia diandra* auf. Bei der Spergularia diandra-Gruppe handelt es sich um psammophile, salztolerante Arten. Nach NÈGRE (1977) sind *Matricaria pubescens* und *Mesembryanthemum nodiflorum* typische Arten der Klasse Tillaeetea. Die Spergularia diandra-Gesellschaft weist in der Artenzusammensetzung große Ähnlichkeit mit der Assoziation Parapholi-Frankenietum pulverulentae Riv.-Mart. 1975 der Klasse Frankenietea pulverulentae Riv.-Mart. 1975 auf. Als Assoziationscharakterarten des Parapholi-Frankenietum pulverulentae, das in Spanien auf sandigen, salzhaltigen und zeitweilig feuchten Böden des Binnenlandes vorkommt, sind nach RIVAS-MARTINEZ & COSTA (1975), IZCO & CIRUJANO (1975), CASTROVIEJO & PORTA (1975) *Frankenia pulverulenta* und *Parapholis incurva* zu nennen. URSUA (1986) gibt darüberhinaus die Arten *Spergularia diandra, Bupleurum semicompositum* und *Spergularia marina* als charakteristische Arten höherer Einheiten dieser Klasse an und führt *Plantago coronopus*, *Melilotus indica* und *Bromus rubens* als häufige Begleiter auf, also Arten, die alle in der Spergularia diandra-Gesellschaft vereint sind. Der Salzgehalt des Bodens spielt für fast alle Arten dieser Vegetationseinheit eine entscheidende Rolle. Viele Arten, wie z. B. *Melilotus indica*, *Spergularia marina* und *Atriplex dimorphostegia* sind zumindest als salztolerant einzustufen, während *Frankenia pulverulenta* von KILLIAN (1951) sogar als Halophyt bezeichnet wird. CASTROVIEJO & PORTA (1975) beschreiben für Spanien das für die Spergularia diandra-Gesellschaft interessante Phänomen, daß sich beim Anbau von Gerste auf einem Terrain, das zuvor nur mit einem Frankenio-Limonietum delicatuli bewachsen war, nach der Ernte eine Pflanzengesellschaft einstellte, die dem Parapholi-Frankenietum pulverulentae sehr nahe steht.

Die einzige ökologische Gruppe, die zu keiner näheren Differenzierung der Gesellschaften beiträgt, ist die *Melilotus sulcata*-Gruppe, da ihre Arten in allen Gesellschaften mit hohen Stetigkeitswerten vorkommen. Bei *Melilotus sulcata* handelt es sich um eine Charakterart der Unterklasse Chenopodienea muralis, *Avena sterilis* wird von NEZADAL (1989) einer *Lolium rigidum*-Rasse der Stellarietea mediae zugeordnet.

In der synoptischen Gesellschaftstabelle (Tab. 7) bleiben Arten mit einer geringeren Stetigkeit als 2 des Gesamtdatensatzes und diejenigen, die keiner ökologischen Gruppe zugeordnet werden konnten, unberücksichtigt. Diese sind der Gesamttabelle (Tab. 21) im Anhang zu entnehmen.

Tab. 7: Synoptische Tabelle der 6 Pflanzengesellschaften der Drâa-Oase:

1 Lolium multiflorum-Gesellschaft
2 Torilis nodosa-Gesellschaft
3 Polygonum aviculare-Gesellschaft
4 Vicia monantha-Gesellschaft
5 Centaurea maroccana-Gesellschaft
6 Spergularia diandra-Gesellschaft

GESELLSCHAFT	1	2	3	4	5	6
MITTLERE KOPFDATEN:						
Höhe ü. M. (m)	913	717	708	543	544	813
Deckung Feldfrucht (%)	90	77	75	80	69	74
Deckung Wildkraut (%)	68	57	53	54	33	48
Deckung Baum/Strauch (%)	17	34	30	16	6	6
Deckung offener Boden (%)	4	7	7	9	20	13
EC-Wert (µS/cm)	337	469	334	347	371	553
Artenzahl	18	19	12	15	12	16
ANZAHL DER AUFNAHMEN:	18	12	9	13	9	12

Ökologische Gruppe von Lolium multiflorum:

	1	2	3	4	5	6
Lolium multiflorum	9.2					1.1
Vicia tenuissima	4.1					
Euphorbia helioscopia	4.1					
Coronilla scorpioides	3.1					
Allium ampeloprasum	2.1					
Ornithogalum narbonense	3.1					
Gladiolus italicus	2.1					
Scandix pecten-veneris	2.1					
Bromus lanceolatus	1.1					

Ökologische Gruppe von Torilis nodosa:

	1	2	3	4	5	6
Torilis nodosa	8.1	7.2		1.2		
Galium tricornutum	7.2	4.1				
Anagallis arvensis	6.1	6.1	1.1			
Calendula arvensis	6.2	3.1				2.2
Sinapis arvensis	5.1	2.1				1.1

Ökologische Gruppe von Polygonum aviculare:

	1	2	3	4	5	6
Polygonum aviculare	4.1	3.1	8.1	1.1		2.1
Medicago polymorpha	9.4	8.2	3.1	9.2	1.0	
Silene rubella	9.2	8.2	6.1	5.1		5.1
Convolvulus arvensis	9.3	7.2	8.1	2.2		1.3
Sonchus oleraceus	6.1	9.1	3.2	5.1		2.1
Vicia sativa ssp. nigra	6.1	7.1	3.1	2.1		5.1
Euphorbia peplus	4.1	5.1	2.2	1.1		2.1
Fumaria parviflora	2.1	3.1	6.1	1.1		2.1
Erodium malacoides	2.1	4.1		2.1		
Plantago lagopus	3.2	1.3	2.1	1.1		2.1
Vicia benghalensis	3.1	1.1		1.2		1.2
Lathyrus articulatus			3.1	2.1	1.0	
Vaccaria pyramidata	1.1	1.1			1.0	1.1

Ökologische Gruppe von Melilotus sulcata:

	1	2	3	4	5	6
Melilotus sulcata	10.3	10.3	10.5	9.2	3.1	7.2
Avena sterilis	10.2	8.1	4.1	10.2	9.2	6.1

Ökologische Gruppe von Vicia monantha:

	1	2	3	4	5	6
Vicia monantha	2.1	8.1	4.1	10.2	10.2	1.1
Trigonella polyceratia	4.1	6.1	4.2	10.1	10.1	8.2
Phalaris minor	1.2	5.1	4.1	9.2	10.1	5.1
Malva parviflora	2.1	7.1	8.1	9.2	8.1	2.1
Hordeum murinum ssp. leporinum	1.2	7.1	2.1	8.1	7.1	5.1
Cynodon dactylon	3.1	2.1	4.1	7.2	3.1	7.2
Lophochloa cristata	4.1	7.2		3.2	3.1	8.2
Leontodon hispidulus	3.1	7.1	3.1	7.1	1.2	6.1
Bromus rigidus	3.1	9.1	9.2	2.1		5.2
Launaea nudicaulis	4.1	6.1	7.1	5.1	7.2	3.1
Emex spinosa		3.1	2.1	5.1	2.2	3.1
Chenopodium murale	3.1	2.1	4.1	2.1	3.1	3.2
Bupleurum semicompositum		2.2		5.2		1.2
Astragalus corrugatus				1.1	3.1	3.1
Polypogon monspeliensis	1.1	1.1		1.1		2.1

Ökologische Gruppe von Centaurea maroccana:

	1	2	3	4	5	6
Centaurea maroccana				1.1	9.1	2.1
Lotus jolyi			2.1	2.1	4.1	1.1
Calendula tripterocarpa				2.1	4.1	
Plantago amplexicaulis					3.1	
Spergula flaccida					3.1	
Asphodelus fistulosus					3.1	
Diplotaxis virgata					1.3	1.1

Ökologische Gruppe von Spergularia diandra:

	1	2	3	4	5	6
Spergularia diandra					2.1	6.1
Parapholis incurva	2.1	5.1	2.1	2.1		6.3
Cutandia dichotoma					2.3	7.2
Frankenia pulverulenta					1.1	4.2
Melilotus indica		1.1		2.1		4.3
Bassia muricata					2.1	3.1
Matricaria pubescens		1.1				3.1
Spergularia marina		2.0		1.1		2.2
Atriplex dimorphostegia						2.2
Bromus rubens	1.1					2.2
Plantago coronopus		2.1				2.1
Heliotropium bacciferum						2.1
Mesembryanthemum nodiflorum						2.1
Malcolmia africana				1.0		2.0

| GESELLSCHAFT | 1 | 2 | 3 | 4 | 5 | 6 |

Erläuterung zur Tabelle:

Ziffer vor dem Punkt: Stetigkeit in 10er Stufen
+ = 0-5% Stetigkeit
1 = 5-15% Stetigkeit
usw.

Ziffer hinter dem Punkt: Wurzel aus der mittleren Deckung
0 = < 0.5% Deckung
1 = 1% Deckung
2 = 4% Deckung
usw.
9 = 81% Deckung

Die nicht in die Analyse integrierten Aufnahmen vom feuchten Frühjahr 1996 weichen in Bezug auf geänderte Deckungs- und Dominanzverhältnisse, aber auch durch neu hinzugetretene sowie verschwundene Arten vom Datensatz des Jahres 1993 ab. Diese Datenverschiebung weist auf eine ausgeprägte Dynamik der Ackerwildkrautvegetation der Drâa-Oase in Abhängigkeit der Witterungsverhältnisse hin. Im Frühjahr 1996 traten in Agdz mit *Hutchinsia procumbens*, *Piptatherum miliaceum*, *Scorzonera laciniata* und *Sonchus asper* neue Arten hinzu, in Zagora mit *Bromus sterilis* und *Bromus secalinus* sowie in M'Hamid mit *Astragalus cruciatus* und *Zygophyllum gaetulum*. Eine besonders auffällige räumliche Verschiebung des Vorkommens innerhalb der Drâa-Oase zeigten *Coronilla scorpioides*, *Chrysanthemum coronarium* und *Schismus barbatus*. Traten diese Arten im normal-trockenen Frühjahr 1993 nur in Agdz und Zagora auf, so bot ihnen die feuchte Witterung 1996 auch in M'Hamid ausreichende hygrische Standortbedingungen. In umgekehrter Weise fielen 1996 *Lophochloa cristata*, *Trigonella polyceratia* und *Vicia monantha* in den beiden nördlichen Arbeitsgebieten völlig aus, was auf deren geringere Konkurrenzkraft unter feuchten Bedingungen zurückzuführen wäre.

5.3.2 Ökologie

Arten und Artengruppen sind als Antwort auf die vorherrschenden Standortverhältnisse zu verstehen (MÜLLER-DOMBOIS & ELLENBERG, 1974), was bedeutet, daß sich ähnliche Aufnahmen nicht nur floristisch sondern auch ökologisch nahe stehen. Welche ökologischen Faktoren für die Ausbildung der unterschiedlichen Pflanzengesellschaften und Artengruppen im Drâa-Tal verantwortlich sind, kann anhand der Ergebnisse von Korrespondenzanalysen (CA) und kanonischen Korrespondenzanalysen (CCA) näher geklärt werden.

5.3.2.1 Die Standortfaktoren

Die im Gelände erhobenen Kopfdaten sind zu einem Teil vegetationsunabhängige Umweltparameter (Meereshöhe, pH-Wert, EC-Wert des Bodens, Sand- u. Tongehalt) zum anderen von der Vegetation selbst beeinflußte Faktoren (Deckung der Feldfrucht, Deckung der Kraut- und Grasschicht, Artzahl, offene Bodenfläche). Der ökologischen Interpretation der Ackerwildkrautvegetation sollen die Korrelationen zwischen den Kopfdaten aus dem Ergebnis-File der CCA vorausgehen, um deren Zusammenhänge und Beziehungen untereinander verstehen zu können.

Tabelle 8 kann man entnehmen, daß die Meereshöhe die höchste Korrelation mit anderen Variablen aufweist, und ebenso die Kopfdaten „Offener Boden" und Tongehalt von Bedeutung sind. In den durchgeführten kanonischen Korrespondenzanalysen kommt der Meereshöhe die entscheidende Rolle für die Interpretation der unterschiedlichen Ausbildung der Ackerwildkrautvegetation zu. Woran mag dies liegen? Bei der Meereshöhe handelt es sich um eine komplexe, mehrere Faktoren umfassende Umweltvariable. Wie in Kapitel 2.2 bereits erläutert, ist mit der abnehmenden Höhe und dem damit verbundenen Vordringen der Drâa-Oase nach Süden in die Sahara-Region eine zunehmende Aridität (Zunahme der mittleren jährlichen Temperatur und Verdunstung, Abnahme der Niederschläge) zu verzeichnen. Indirekt implizieren die Höhenwerte aber auch Angaben über die von Agdz nach M'Hamid abnehmende Bewässerungsintensität.

Die positive Korrelation von Meereshöhe und Tongehalt der durch die Hochwässer angespülten oberen Bodenschichten kann auf zwei Ursachen zurückgeführt werden. Zum einen herrschen am Oberlauf des Oued Drâa durch die noch intensive, ganzjährige Bewässerung (im Zusammenspiel mit dem etwas milderen Klima) ausreichend „humide" Bedingungen vor, die eine bessere Verwitterung des angeschwemmten Materials zu Tonmineralien begünstigen. GANSSEN (1968) macht ganz allgemein den Wassermangel in Trockengebieten für die geringe Entstehung stabilisierender Tonminerale im Boden verantwortlich. Kleine Korngrößen nehmen daher mit dem Lauf des Drâa-Flusses mengenmäßig ab und erreichen in der Gegend um M'Hamid ihr Minimum. Andererseits trägt im Süden der Drâa-Oase neben dem angeschwemmten Material in sehr erheblichem Umfang angewehter Sand aus der Sahara zur Bodenbildung bei, was den etwas höheren Sandanteil im Oberboden erklärt (siehe Kap. 5.1). Eine Auswehung feinkörnigen Bodenmaterials durch vermehrten Windeinfluß verstärkt diesen Effekt noch zusätzlich.

Tab. 8: Korrelationen zwischen den Kopfdaten, hochkorrelierte Werte über ±0,30 sind hervorgehoben (F Deck. = Deckung der Feldfrucht; KG Deck. = Deckung der Kraut- u. Grasschicht; Of. Boden = Offene Bodenfläche)

Höhe ü M	1.0								
pH Boden	0.09	1.0							
EC Boden	-0.17	**-0.56**	1.0						
Ton	**0.30**	-0.27	0.11	1.0					
Sand	-0.06	0.13	-0.04	**-0.62**	1.0				
F Deck.	**0.41**	0.01	-0.09	**0.51**	**-0.34**	1.0			
KG Deck.	**0.33**	-0.20	0.01	**0.35**	-0.27	0.29	1.0		
Artzahl	**0.40**	0.06	-0.16	0.07	-0.23	0.13	0.26	1.0	
Of. Boden	**-0.33**	0.13	0.07	**-0.38**	**0.36**	**-0.71**	**-0.67**	-0.20	1.0
	Höhe ü M	pH Boden	EC Boden	Ton	Sand	F Deck.	KG Deck.	Artzahl	Of. Boden

Die mit -0,17 leicht negative Korrelation zwischen EC-Wert und Meereshöhe weist auf eine nur leichte Zunahme der Bodenversalzung in Richtung Süden hin. Nach eigenen Messungen ist dies sicherlich auch auf den geringen Unterschied der Wasserversalzung in den Teilarbeitsgebieten zurückzuführen. Vor allem die Durchschnittswerte des Bewässerungswassers von Zagora mit 3,6 mS/cm und M'Hamid mit 3,7 mS/cm differieren nur unwesentlich. Der Wert von Agdz weist mit 1,5 mS/cm dagegen eine weitaus bessere Wasserqualität als die südlicher gelegenen Oasenregionen auf.

Darüberhinaus weisen die Deckungswerte der Feldfrucht (F Deck.) und der Ackerwildkräuter (KG Deck.) sowie die Artzahl eine positive Korrelation mit der Meereshöhe und dem Tongehalt auf. Die bessere Wasserversorgung flußaufwärts und die dort vorkommenden lehmigen Böden mit guter Nährstoffversorgung wirken sich zusammen positiv auf das Pflanzenwachstum aus. Anders verhält sich das Pflanzenwachstum auf sandigen Böden. Das geringe Nährstoffbindungsvermögen und -reservoir von Sandböden sowie das geringe Speichervermögen für Wasser spiegeln sich in der negativen Korrelation zu den Deckungswerten der Feldfrucht (F Deck.) und der Ackerwildkräuter (KG Deck.) wider.

Auffallend ist außerdem die mit -0,56 relativ hohe negative Korrelation der elektrischen Leitfähigkeit (EC Boden) und dem pH-Wert des Bodens. Alle untersuchten Bodenproben liegen mit pH-Werten zwischen 8,3 und 9,4 deutlich im alkalischen Bereich und sind mit einem Kalkgehalt von etwa 10 - 25 Gewichtsprozent karbonatreich (nach AG BODENKUNDE (1994)). SAMIMI (1990, 1991) gibt an, daß pH-Werte über 9,0 auf Soda im Boden hinweisen, der alkalische Bereich darunter lediglich auf den hohen Kalkgehalt zurückzuführen ist. Die negative Korrelation von Salzgehalt und pH-Wert erklären SCHEFFER & SCHACHTSCHABEL (1992, S. 120) für sodahaltige Böden wie folgt: „Je salzhaltiger solche Böden sind, desto geringer ist der Na-Austausch durch H-Ionen, desto weniger alkalisch ist daher die Bodenlösung. Umgekehrt steigt der pH-Wert stark an, wenn in diesen Böden durch Zufuhr von salzhaltigem oder -freiem Wasser die Hydrolyse verstärkt wird."

5.3.2.2 Bewertung der Gesellschaften und ökologischen Gruppen

Das unimodale Antwortmodell der CA erbringt für den Datensatz eine bessere Auftrennung der Arten- und Aufnahmegruppen als die ebenfalls durchgeführte unzentrierte PCA und soll daher den Ergebnissen der kanonischen Korrespondenzanalyse vorangestellt werden. Da in die Berechnungen der CA noch keine Umweltfaktoren einbezogen sind, ist das Resultat als rein floristische Ausgangsform für eine CCA aufzufassen und folglich für alle weiteren Interpretationsansätze von grundlegender Bedeutung. Die Ordinationsdiagramme der CA (Arten und Aufnahmen) beziehen sich auf die ersten beiden Achsen, die mit den höchsten Eigenwerten (siehe Tab. 9) die Struktur des Datensatzes am besten widerspiegeln.

Achse	Eigenwert
1	0.471
2	0.326
3	0.245
4	0.200

Tab. 9: Eigenwerte der CA

In den CA-Ordinationsdiagrammen der Arten und Aufnahmen in Abb. 17 lassen sich zwei senkrecht zueinander stehende Gradienten ausmachen. Von der Mitte bis rechts oben trennen sich die Arten und Aufnahmen entlang eines edaphischen Gradienten, da hier sandliebende und salztolerante Arten der ökologischen Gruppe von *Spergularia diandra* gruppiert sind. Die Diagonalstruktur von links oben nach rechts unten entspricht hingegen der Lage der Aufnahmepunkte entlang der Drâa-Oase. Auf diesem Gradienten sind die übrigen fünf ökologischen Gruppen bzw. Pflanzengesellschaften nahezu perlschnurartig aufgereiht.

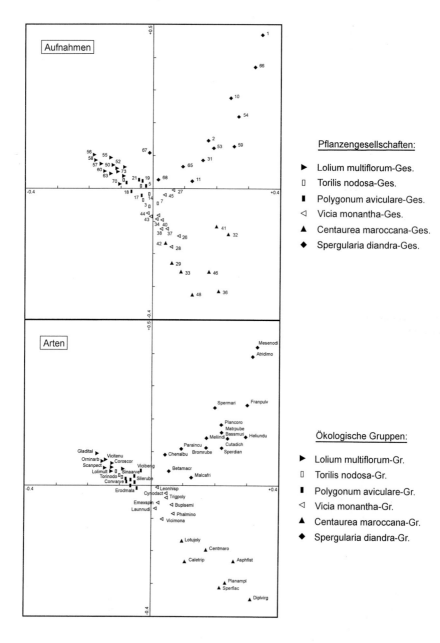

Abb. 17: CA des Datensatzes, 1./2. Achse (Aufnahmen oben, Arten unten), Histogramm-Transformation. Bei den Artnamen werden stets die 4 ersten Buchstaben der Gattung und dann die 4 ersten der Art aufgeführt. (Aufnahmenummern: 1-25: Zagora; 26-48: M'Hamid; 49-73: Agdz)

Sehr auffällig ist die Tatsache, daß die Aufnahmen der Torilis nodosa- und der Polygonum aviculare-Gesellschaft im Zentrum des Diagramms weniger genau voneinander abgetrennt sind, als dies bei der Betrachtung der analogen Artengruppen der Fall ist. Hierin zeigt sich die enge Verflechtung beider Gesellschaften. Erscheinen alle Gesellschaften in der Stetigkeits- und Gesamttabelle gemäß allgemeiner Klassifizierungskriterien als diskrete Gruppen, so sind in den Ergebnissen der Ordination die Beziehungen untereinander erkennbar. Die Aufnahmen 27/45 der Vicia monantha-Gesellschaft deuten beispielsweise auf einen Übergang zur Spergularia diandra-Gesellschaft hin, die Aufnahmen 26/28 bilden den Kontakt zur Centaurea maroccana-Gesellschaft. Die der Spergularia diandra-Gesellschaft zugeordnete Aufnahme 68 weist auf einen vergleichbaren Artenbesatz wie dem der Torilis nodosa- und Polygonum aviculare-Gesellschaft hin.

Einen Schritt weiter zur Klärung der Ökologie der Ackerwildkrautvegetation geht die kanonische Korrespondenzanalyse unter Einbeziehung der erhobenen Umweltparameter in Abb. 18. Wie in Kap. 4.3.6 bereits angesprochen, sinken die Eigenwerte der CCA (Tab. 10) im Vergleich zur CA (Tab. 9) deutlich ab. Beim vorliegenden Datensatz mag das Fehlen zeitaufwendiger Messungen des Bestandsklimas sowie nicht zu erbringende Angaben über die Bewässerungsintensität zur Höhe dieser Differenz beigetragen haben. Während die 1. Achse in Hinblick auf die Eigenwerte dominiert, fallen die restlichen Achsen stark ab. Auch der höchste Art-Umwelt-Korrelationskoeffizient drückt die Bedeutsamkeit der 1. Achse aus.

Tab. 10: Eigenwerte, Art-Umwelt-Korrelationskoeffizienten und kumulative Varianzen der Art-Umwelt-Beziehung bei der CCA

Achse	1	2	3	4
Eigenwert	0.37	0.21	0.16	0.13
Art-Umwelt-Korrelationskoeffizient	0.92	0.86	0.85	0.84
kumulative Varianz der Art-Umwelt-Beziehung in %	29.0	46.0	59.0	69.3

Tabelle 11 unterstreicht zusätzlich die entscheidende Rolle der 1. Achse für die Interpretation mit mehrheitlich höheren Inter-Set-Korrelationen zwischen den Umweltvariablen und den Hauptachsen des Artenraumes als bei den weiteren Achsen, was meist seinen Ausdruck in erhöhten t-values findet. Nur eine Interpretation von Umweltvariablen mit t-Werten größer als 2,1 ist sinnvoll. Eine heuristische Betrachtung weiterer Kopfdaten ist aber v. a. dann möglich, wenn eine hohe Inter-Set-Korrelation den Einfluß eines Umweltparameters auf der entsprechenden Achse hervorhebt, der dazugehörende t-value jedoch die 2,1-

Schwelle nicht überschreitet. Zurückzuführen ist dies auf eine starke Korrelation bzw. Kollinearität zwischen einzelnen Umweltfaktoren, wodurch deren kanonische Koeffizienten und t-values instabil werden und sich daher nicht mehr für eine Aussage eignen. Die Inter-Set-Korrelationen bleiben hingegen stabil. Dieses Phänomen zeigen im vorliegenden Datensatz die Kopfdaten „Offener Boden" und die „Gesamtdeckung der Ackerwildkräuter" (KG Deckung). Beide vegetationsabhängigen Kopfdaten bedingen sich gegenseitig und sind negativ miteinander korreliert. Um trotz geringer t-values auf der 1. Achse die Wichtigkeit beider Parameter zu beweisen, wurden zwei CCA-Durchläufe durchgeführt, wobei jeweils eine der beiden Kopfdaten von der Analyse ausgeschlossen wurde, um eine gegenseitige Beeinflußung der t-values zu verhindern. Daraus resultierte, daß beim Fehlen der einen Umweltvariable ein starker Anstieg des t-values auf der 1. Achse der anderen auftrat. Die kanonischen Koeffizienten, t-values und Inter-Set-Korrelationen aller anderen Kopfdaten blieben nahezu identisch; selbst die Struktur der Ordinationsdiagramme veränderte sich nicht. Aus diesen Gründen kann die Einbeziehung dieser beiden Kopfdaten bei der Interpretation der folgenden Ordinationsdiagramme ohne Bedenken erfolgen.

Tab. 11: Inter-Set-Korrelationen (K-Wert) und t-values zwischen den Umweltdaten und Achsen (t-values über ±2,1 sind in Fettdruck hervorgehoben, die dazugehörenden Inter-Set-Korrelationen erscheinen unterstrichen. Interpretierbare Inter-Set-Korrelationen mit geringen t-values sind ebenfalls hervorgehoben)

	1. Achse		2. Achse		3. Achse		4. Achse	
	K-Wert	t-value	K-Wert	t-value	K-Wert	t-value	K-Wert	t-value
Höhe	-602	**-7.3**	616	**9.0**	-120	0.7	49	0.4
pH Boden	92	0.8	193	**2.3**	-364	1.2	-173	-0.5
EC Boden	161	**2.7**	53	**4.2**	720	**9.4**	305	**2.7**
Tongehalt	-660	**-2.9**	-241	**-2.7**	61	-0.3	406	**3.8**
Sandgehalt	585	**4.5**	367	1.9	-40	0.3	-209	-1.0
Höhe Feldfrucht	-260	-1.6	-78	-0.4	-321	**3.1**	-170	0.7
Deckung Feldfrucht	-526	0.7	5	-0.4	104	-1.2	30	**2.6**
Deckung Baum-/ Strauchschicht	-200	-1.2	-287	-1.4	96	-0.6	-278	-1.6
Deckung Kraut- u. Grasschicht	**-561**	-1.8	39	0.2	175	0.5	-238	0.9
Artzahl	-252	1.9	267	1.0	-320	**-4.3**	17	1.1
Offener Boden	**603**	1.1	41	0.1	-241	**-2.4**	407	**6.5**

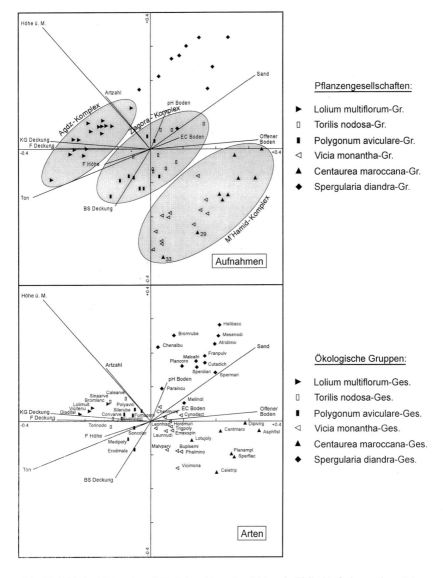

Abb. 18: CCA des Datensatzes, 1./2. Achse, Umweltvariablen als Pfeile (Aufnahmen oben, Arten unten), Histogramm-Transformation. Mit Bezug auf die hohen K- und t-Werte in Tab. 11 sei erwähnt, daß die EC-Werte erst auf der hier nicht gekennzeichneten 3. Achse zum Tragen kommen (vgl. Abb. 20)

Beim Betrachten von Abb. 18 wird deutlich, daß die sehr komplexe Sammelgröße Meereshöhe, in der sich linear verlaufende Veränderungstrends wie Frosthäufigkeit, Bewässerungsmenge, Bearbeitungsintensität, Bodenart etc., dem

Diagonalgradienten der vorangegangenen CA entspricht. Bis auf die Spergularia diandra-Gesellschaft richten sich alle Gesellschaften und Artengruppen entlang dieses Gradienten aus. Die Meereshöhe gibt die bestimmenden Faktoren für die Zusammensetzung der Ackerwildkrautvegetation des Drâa-Tals wieder, da ihre t-values auf der 1. und 2. Achse alle anderen Umweltfaktoren übertreffen.

Einzig auf die Region um Agdz (ca. 910 m ü. M.) ist die Lolium multiflorum-Gesellschaft beschränkt. Deren Lehmböden mit hohem Tongehalt bieten bei ausgiebiger Bewässerung gute Bedingungen für das Pflanzenwachstum. Ersichtlich ist diese Tatsache in der starken Getreide- und Ackerwildkrautbedeckung, wodurch zusätzlich ein günstiges Bestandsklima mit geringerer Verdunstung durch vermehrte Beschattung und relative Windstille geschaffen wird. Die charakteristischen Arten dieser Pflanzengemeinschaft unterscheiden sich bezüglich ihres Verhaltens gegenüber Bodentongehalt, den Deckungswerten der Ackerwildkräuter (KG Deckung) sowie der Feldfrucht (F Deckung). Die geophytischen Arten *Gladiolus italicus* sowie die im Diagramm nicht aufgeführten Arten *Allium ampeloprasum* und *Ornithogalum narbonense* sind auf den tonreichsten Standorten zu finden, *Bromus lanceolatus* hingegen bevorzugt etwas weniger schwere Böden. Ähnlich verhält es sich mit den Deckungswerten und Pflanzenhöhen der Feldfrucht und der Gesamtdeckung der Ackerwildkräuter. In den dichtesten Beständen haben die drei Geophyten, aber auch *Lolium multiflorum* und *Vicia tenuissima* durch ihren schnellen, hohen bzw. rankenden Wuchs gegenüber anderen Arten einen Konkurrenzvorteil um den Faktor Licht. Niederwüchsige Arten wie *Euphorbia helioscopia* und *Scandix pecten-veneris* kommen in weniger dichten Beständen vor, wo ihnen ausreichend Licht für die Photosynthese zur Verfügung steht.

Die Torilis nodosa- und Polygonum aviculare-Gesellschaften konzentrieren sich auf die Mitte der Drâa-Oase um Zagora (ca. 710 m ü. M.). Nach ihrer Lage im Ordinationsdiagramm bewegen sich die Deckungswerte der Ackerwildkräuter, der Feldfrucht und des offenen Bodens mehrheitlich um einen Durchschnittswert. Die Arten der ökologischen Gruppe von *Torilis nodosa*, wie zum Beispiel *Anagallis arvensis*, *Galium tricornutum*, *Torilis nodosa* und *Sinapis arvensis* sind im Vergleich zu *Calendula arvensis* eher auf tonhaltigeren Böden und in dichteren Beständen anzutreffen. Durch ihren klimmenden Wuchs ist *Galium tricornutum* besonders gut an dichte Bestände angepaßt und bevorzugt nach HANF (1990) ebenfalls schwere Böden; OBERDORFER (1990) gibt für *Calendula arvensis* hingegen lockere Lehmböden an. Ähnliche Unterschiede bezüglich den Bodenansprüchen weisen auch die Arten der ökologischen Gruppe von *Polygonum aviculare* auf: *Erodium malacoides*, *Medicago polymorpha*, *Sonchus oleraceus*, *Euphorbia peplus* und *Convolvulus arvensis* bevorzugen Böden mit höherem Tongehalt als *Silene rubella*, *Polygonum aviculare* und *Fumaria parviflora*. Am engsten mit den Deckungswerten der Ackerwildkräuter und der Feldfrucht sind die Arten *Euphorbia peplus* und *Convolvulus arvensis* korreliert, wobei letztere durch ihren windenden Wuchs dem Lichtmangel innerhalb des Bestandes ausweicht. Trotz geringem t-Wert, aber einer relativ hohen Inter-Set-Korrelation mit der 2. Achse, deutet die Gesamtdeckung der Baum- und Strauchschicht (BS Deckung) zumindest bei *Erodium malacoides* auf eine grundsätzliche Bevorzugung schattiger Standorte hin.

Sowohl die Vicia monantha-Gesellschaft als auch die Centaurea maroccana-Gesellschaft sind auf den Palmenhain M'Hamid, dem südlichen Ende der Drâa-Oase, beschränkt. Die Meereshöhe (ca. 545 m ü. M.) beinhaltet indirekte Angaben über die wesentlich trockeneren Bedingungen dieser Region. Die geringste Bewässerungsintensität der gesamten Drâa-Oase spiegelt sich in den unterdurchschnittlichen Deckungswerten von Getreide und Ackerwildkräutern wider, was in direkter Konsequenz zu offener Bodenfläche führt. Hierbei zeigt die Centaurea maroccana-Gesellschaft größere Affinität zu offenen Böden und geringeren Deckungswerten mit Schwerpunkt auf leicht sandigen Böden (mit Ausnahme der Aufnahmen 29/33, beide tL) als die Vicia monantha-Gesellschaft, die auf etwas schwereren Böden im lehmigen Bereich zu finden ist. Die Arten der ökologischen Gruppe von *Vicia monantha* haben zwar in M'Hamid ihren Schwerpunkt (weswegen alle Aufnahmen der Vicia monantha-Gesellschaft in M'Hamid lokalisiert sind), zeigen jedoch eine ausgeprägte Längenausdehnung entlang des Drâa-Tals. Damit läßt sich belegen, wie stark die einzelnen Arten an den Gesellschaften anderer Oasenregionen partizipieren. Demnach sind *Vicia monantha*, *Phalaris minor*, *Malva parviflora* und *Bupleurum semicompositum* viel häufiger im Süden vertreten und daher typischer für die Ackerwildkrautvegetation in M'Hamid als andere Arten dieser ökologischen Gruppe.

In den 3. Quadranten gruppieren sich die Arten der Centaurea maroccana-Gesellschaft. *Calendula tripterocarpa*, *Plantago amplexicaulis*, *Spergula flaccida* und *Asphodelus fistulosus* treten ausschließlich in Äckern M'Hamids auf, so daß sie am „südlichen" Ende des Höhengradienten angeordnet sind. Die restlichen Arten dieser Gesellschaft sind in anderen Oasenregionen selten anzutreffen. Dies zeigt sich im Diagramm vor allem durch die mehr zum Koordinatenursprung verlagerte Art *Lotus jolyi*, die in der nördlichen Drâa-Oase hauptsächlich von benachbarten Brachflächen in die Äcker einstrahlt. Entlang des Gradienten „Offener Boden" erkennt man *Asphodelus fistulosus* und *Diplotaxis virgata* als Arten, die in den offensten Beständen vorkommen. *Lotus jolyi* dagegen vermag sich auch noch bei etwas dichterem Pflanzenwuchs zu behaupten. Die Lage auf dem Bodenart-Gradienten weist *Asphodelus fistulosus* und *Diplotaxis virgata* als „Sandarten" auf Böden mit einem Sandgehalt zwischen 50 und 66% aus. *Calendula tripterocarpa* und *Lotus jolyi* dagegen bevorzugen Böden mit etwas geringerem Sandgehalt, während die zentrale Lage von *Centaurea maroccana* innerhalb dieser Gesellschaft auf deren indifferentes Verhalten bezüglich dieses Umweltfaktors hindeutet.

Einzig bei der Spergularia diandra-Gesellschaft spielt der Faktor Meereshöhe keine maßgebliche Rolle; sie kommt übergreifend in allen Teilen der Drâa-Oase vor. In Bezug auf die Bödenansprüche werden lehmige und schluffige Sande bevorzugt. Die Gruppierung der Arten entlang des „Sandpfeiles" verdeutlicht unterschiedliche Ansprüche an die Bodenart. *Mesembryanthemum nodiflorum*, *Atriplex dimorphostegia* und *Heliotropium bacciferum* (= *H. undulatum*) kommen auf den alluvialen Sandböden mit sehr hohem Sandgehalt (sL bis S!) vor. Weniger bodenspezifisch verhalten sich *Parapholis incurva* und *Melilotus indica*, die durchaus auch schluffige und tonige Lehme besiedeln, wo der Bestand viel dichter ist als auf sandhaltigeren Böden. Im Kontext des mäßigen Wasserhalte- und Nährstoffbindungsvermögens dieser Böden werden die geringen Deckungswerte von Getreide und Ackerwildkräutern im Zusammenwirken mit erhöhter Bodenversalzung (EC Boden) verständlich. Auf die Betrachtung des Parameters der Bodenversalzung soll jedoch erst im folgenden Kapitel näher eingegangen werden.

Der sehr komplexe Umweltfaktor Meereshöhe als Ausdruck abnehmender Bewässerung und zunehmend negativer Wasserhaushaltsbilanz hat sich anhand der kanonischen Korrespondenzanalyse als maßgeblicher (Pseudo-)Faktor für die ungleiche Ausbildung der Ackerwildkrautvegetation herausgestellt. Wie schon die Trennung von drei der sechs Gesellschaften über unterschiedliche Dominanz- und Artmächtigkeitsverhältnisse zeigt (siehe Kap. 5.3.1), geht der Wandel der Vegetation entlang der Drâa-Oase kontinuierlich vonstatten. Graphisch läßt sich dieser Sachverhalt veranschaulichen, indem die Symbole des Aufnahmeplots der CCA (siehe Abb. 18, oben) mit den relativen Deckungswerten der ökologischen Gruppen belegt werden. Zwei ökologische Gruppen mit mittlerer Stetigkeit und entgegengesetzter Zu- bzw. Abnahme der Deckungswerte wurden zur Darstellung ausgewählt (ökologische Gruppen von *Polygonum aviculare* und *Vicia monantha*), wobei jeweils der prozentuale Anteil der sechs Arten mit höchster Stetigkeit an der Gesamtdeckung verwendet wurde.

In Abb. 19 (oben) ist eindrucksvoll die Abnahme der Deckungswerte der ökologischen Gruppe von *Polygonum aviculare* entlang des Höhengradienten zu erkennen, was dem Wandel von Agdz nach M'Hamid entspricht. Die sechs Arten besitzen in der Lolium multiflorum-Gesellschaft eine durchschnittliche Deckung von 31%, welche sich über Zagora bis M'Hamid stark reduzieren, wo sie schließlich in der Vicia monantha-Gesellschaft nur noch 15% aufweisen und in der Centaurea maroccana-Gesellschaft völlig fehlen. Auf den sandigen, versalzten Böden der Spergularia diandra-Gesellschaft sind diese Arten mit einem durchnittlichen Deckungswert von 9% relativ schwach vertreten. Entsprechend den vorigen Ausführungen haben die Arten dieser ökologischen Gruppe

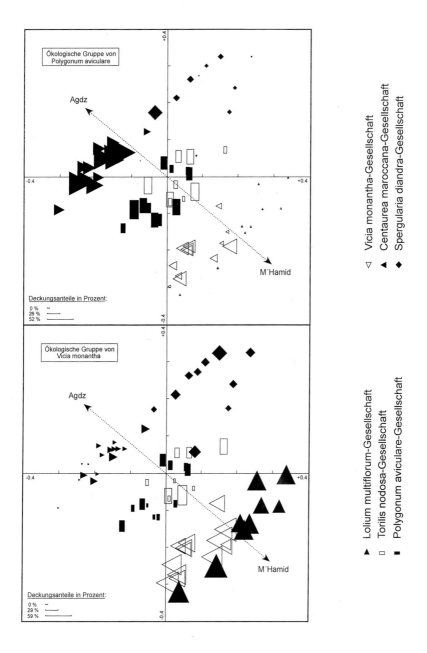

Abb. 19: CCA des Datensatzes, Aufnahmen, 1./2. Achse, Histogramm-Transformation, prozentualer Anteil der sechs häufigsten Arten der ökologischen Gruppen von *Polygonum aviculare* (oben) und *Vicia monantha* (unten) an der Gesamtdeckung aller Arten als Overlay

einen Konkurrenzvorteil auf gut bewässerten, nährstoffreichen Böden mit sehr dichtem Pflanzenwuchs. Je offener die Bestände, desto stärker reduziert sich ihr prozentualer Deckungsanteil.

Die ökologische Gruppe von *Vicia monantha* (Abb. 19, unten) verhält sich umgekehrt. Ihre Deckungswerte nehmen entlang des Höhengradienten von Agdz nach M'Hamid zu. In M'Hamid erreichen die Arten dieser Gruppe in der Centaurea maroccana- sowie der Vicia monantha-Gesellschaft ihre maximalen Deckungswerte von durchschnittlich 42% bzw. 41%. Nach Norden nimmt ihr relativer Deckungsanteil mehr und mehr ab, bis in der Lolium multiflorum-Gesellschaft der Minimalwert von 6% erreicht ist. Im Vergleich zur ökologischen Gruppe von *Polygonum aviculare* ist die ökologische Gruppe von *Vicia monantha* mit durchschnittlich 18 Deckungsprozent viel stärker in der Spergularia diandra-Gesellschaft vertreten.

Stellt man eine Beziehung des gegenläufigen Verhaltens beider ökologischen Gruppen zueinander her, so erklärt sich der Rückgang von Vertretern der ökologischen Gruppe von *Polygonum aviculare* mit den meist hochwachsenden, phytomassestarken Arten vor allem durch die Abnahme des Minimumfaktors Wasser. Bei ausreichender Bewässerung prägt ihre starke Konkurrenzkraft die Bestände. Sinkt nun die Bewässerungsintensität, so reduziert sich ihr Konkurrenzvorteil in gleicher Weise, wodurch die konkurrenzschwächeren Arten der ökologischen Gruppe von *Vicia monantha* mit niedrigerem Wuchs und weniger Phytomasse zusehends die Bestände dominieren.

5.3.2.3 Phytoindikation der Bodenversalzung

Aufgrund eines extrem hohen t-values und Inter-Set-Korrelationskoeffizienten des Umweltfaktors EC Boden auf der 3. Achse (die höchsten des gesamten Datensatzes überhaupt, vgl. Tab. 11), soll auf die Phytoindikation der Bodenversalzung anhand der Arten der Spergularia diandra-Gesellschaft im CCA-Diagramm in Abb. 20 eingeegangen werden. Der maximale EC-Wert aller Aufnahmen dieser Gesellschaft liegt bei 2510 µS/cm, der Durchschnittswert von 532 µS/cm befindet sich deutlich über den durchschnittlichen Werten der anderen Gesellschaften.

Spergularia marina zeigt im Ordinationsdiagramm den signifikantesten Zusammenhang zur Versalzung des Bodens. Die vorwiegend auf sandigen Lehmen wachsende Art kommt in sieben der insgesamt 73 Aufnahmen vor, wobei eine gewisse Variabilität festzustellen ist. In fünf Aufnahmen - mit niedrigen EC-Werten zwischen 250 und 413 µS/cm - weist *Spergularia marina* nur geringe Artmächtigkeitswerte (r und +) auf. Bei den höheren EC-Werten der anderen zwei Aufnahmen (1169 bzw. 2510 µS/cm) steigen die Artmächtigkeitswerte bis (2a) und (1) an. Wegen des winzigen, wenig deckenden Wuchses dieser Art beinhalten höhere Deckungswerte einen enormen Anstieg der Individuenzahl. Dadurch kommt dem positiv korrelierten Verhalten gegenüber dem Bodensalzgehalt noch mehr Bedeutung zu.

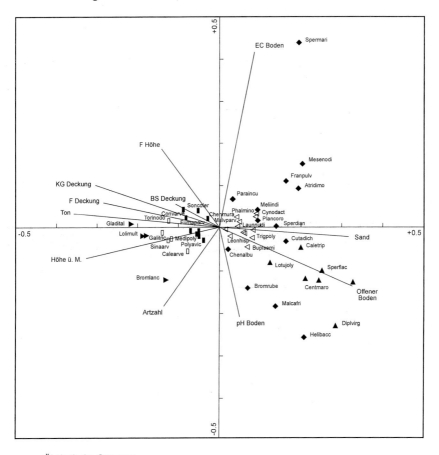

Ökologische Gruppen:

- ▶ Lolium multiflorum-Gruppe
- ◻ Torilis nodosa-Gruppe
- ■ Polygonum aviculare-Gruppe
- ◁ Vicia monantha-Gruppe
- ▲ Centaurea maroccana-Gruppe
- ◆ Spergularia diandra-Gruppe

Abb. 20: CCA des Datensatzes, Arten, 1./3. Achse, Umweltvariablen als Pfeile, Histogramm-Transformation

Ein ähnliches, aber weniger signifikantes Verhalten, lassen *Mesembryanthemum nodiflorum*, *Frankenia pulverulenta* und *Atriplex dimorphostegia* erkennen. Ihre Salzamplitude reicht von 173 µS/cm auf Sandboden bis 1169 µS/cm auf sandigem Lehm. *Parapholis incurva* und *Melilotus indica*, weitere Vertreter der von halophilen bzw. salztoleranten Arten dominierten Spergularia diandra-Gesellschaft, zeigen letztlich nur noch geringe Abhängigkeit vom Salzgehalt des Bodens.

Festzuhalten ist, daß keine Art definitiv einem spezifischen Versalzungsbereich zuzuordnen ist. Ein Grund ist sicherlich in den weiten Amplituden der einzelnen salzliebenden Arten zu suchen, aber auch in den im saharaweiten Vergleich eher geringen Bodenversalzungswerten der Drâa-Oase. Die schwache Tendenz zur Bodenversalzung in den ausgewählten Kulturflächen ist nicht nur im prinzipiell guten Bewässerungszustand der Oase begründet, sondern in entscheidender Weise durch die leicht lessivierbaren Oasenböden vor allem in den südlicheren Oasenregionen sowie dem relativ tiefliegenden Grundwasserspiegel. Dieser geringe Salzgradient, der wegen der winterlichen Auswaschung zudem erheblich herabgesetzt ist, verhindert eine bessere Auftrennung von Pflanzengesellschaften bei der Ordination (siehe dagegen die Ergebnisse in Kap. 6.3.1). Nicht-salztolerante Pflanzen fehlen zwar auf Standorten maximaler Versalzung nahezu, ein von Salz ausgewaschener Boden im Frühjahr (mit evtl. hohem Salzgehalt im Sommer/Frühherbst) schließt aber nicht unbedingt das Vorkommen junger Halophyten aus, da deren Keimungsoptimum meist im Süßwassermilieu liegt (vgl. BERGER-LANDEFELDT, 1957; KREEB, 1960, 1965, 1971; UNGAR, 1998).

5.3.3 Geoelementspektren

Das Verbreitungsgebiet eines bestimmten Taxons (einer Art, Gattung oder Familie) bzw. Syntaxons (Gesellschaften beliebigen Ranges) wird als Areal bezeichnet. Um in die Fülle an Arealen mehr Ordnung zu bringen, werden Taxa mit ähnlichem Verbreitungsschwerpunkt als Arealtypen im Sinne von MEUSEL (1943) zusammengefaßt, welche mit Ausnahme der Gemäßigten Zone annähernd parallel zu den Breitenkreisen verlaufen. Sippen des gleichen Arealtyps kann man wiederum in einer übergeordneten Gruppe, dem Geoelement, vereinen (KLEOPOW, 1941). Das Geoelement drückt somit eine rein räumliche Verbreitung von Arten ähnlicher Areale aus.

Nach WALTER & STRAKA (1970) ist das Areal jeder Art Ausdruck ihrer „ökologischen Konstitution". Diese ist genetisch determiniert und zeigt sich in ihren spezifischen Ansprüchen an die Umweltbedingungen wie z. B. Klima, Boden und Konkurrenz. Außerdem spielen florengeschichtlich bedingte Ausbreitungskriterien, aber auch die Anwesenheit geeigneter Standorte eine wichtige Rolle bei der Verbreitung einer Art. WILMANNS (1993) weist darauf hin, daß Spektren von Arealtypen den Klimacharakter eines Gebietes widerzuspiegeln vermögen, wenn ein bestimmtes Geoelement besonders reich vertreten ist.

Da die Drâa-Oase aufgrund ihrer ausgeprägten Längenausdehnung neben den bereits erwähnten klimatischen Änderungen eine deutliche Verringerung der Bewässerungsintensität von Nord nach Süd aufweist, wäre eine unterschiedliche chorologische Zusammensetzung der Ackerwildkrautgesellschaften als Ausdruck des Wandels der ackerbaulichen Bedingungen zu werten.

Die Arealtypenzuordnung der Ackerwildkräuter richtet sich nach der „Flore de l'Algérie" von QUEZEL & SANTA (1962-1963), bei den wenigen darin fehlenden Arten diente die „Flora Europaea" von TUTIN et al. (1964-1980) als Grundlage einer chorologischen Zuweisung. Aufgrund der großen Vielfalt an Arealtypen war ein Zusammenfassen in wenige Geoelemente notwendig, um zu einer übersichtlichen, aussagekräftigen Darstellung zu gelangen. Die Ausgliederung von vier Geoelementen orientiert sich an der Einteilung von LAUER & FRANKENBERG (1977) und FRANKENBERG (1978a), die Zuordnung der Arealtypen wurde außerdem unter Hinzuziehen der Arbeiten von EIG (1931) und MÜLLER-HOHENSTEIN (1978a, 1978b) vorgenommen.

Die einzelnen hier zugrundegelegten Geoelemente schlüsseln sich wie folgt auf:

- Grundelemente

  Außersaharisches Geoelement (A): *circumbor., euras., méd., sub.-méd., méd. As., euras.-méd., macar.-méd., ibéro-macar., macar.-méd.-irano tour., paléotemp., méd.-S Afr., circumméd, méd.-irano tour.*

  Saharo-Arabisches Geoelement (S): *sah., sah.-sind.*

- Verbindungselement

  Außersaharisch-Saharisches Geoelement (AS): *méd.-sah.-sind., ibéro-maur., méd.-sah.-irano tour.*

- Polychores Element

  Pluriregionales Geoelement (P): umfaßt alle Kosmopoliten bzw. Quasi-Kosmopoliten

Das außersaharische Geoelement (A) beinhaltet Arten mit der am nördlichsten gelegenen Verbreitung und faßt das Mittelmeergebiet sowie die nördlich davon vorkommenden Arealtypen zusammen. Das südlichste Geoelement stellt das saharo-arabische Geoelement (S) dar, dem die Areale mit der Hauptverbreitung „région saharo-sindienne" nach EIG (1931) zugewiesen sind. Dem außersaharisch-saharischen Geoelement (AS) kommt eine verbindende Funktion der beiden ersten Grundelemente zu und kennzeichnet somit den Übergang zwischen Mittelmeergebiet und Sahara. Wenig zu einer ökologischen Charakterisierung trägt das pluriregionale Geoelement (P) bei. Ihr Hauptmerkmal liegt im Übergreifenden. Dieser chorologischen Einheit sind alle aufgenommenen Kosmopoliten zugeordnet, welche sich gemäß ihrer Definition eindeutig über mehrere Florenreiche erstrecken. Allerdings gehören gerade zu dieser Gruppe auch mehrere salztolerante Arten, die demzufolge weniger „klimatisch" bzw. „hygrisch" definiert sind und übergreifend auftreten können. Endemiten konnten wegen ihrer sehr geringen Bedeutung in den Aufnahmen vernachläßigt werden.

Die Ermittlung der Geoelementspektren erfolgte unter Gewichtung der mittleren Deckungswerte nach der bei FRANKENBERG (1978b) angegebenen Formel

$$\frac{\sum(Da \times 100)}{\sum Ds}$$

wobei Da die mittleren Deckungsprozentwerte der Arten eines Geoelements und Ds diejenigen aller Arten am Standort repräsentiert. Durch die Gewichtung ist gewährleistet, daß die Standortbedingungen als Ausdruck der Deckungswerte unterschiedlich angepaßter Arten besser beschrieben werden.

Betrachtet man in Abb. 21 die Geoelementspektren der Ackerwildkrautgesellschaften der Drâa-Oase, so ist eine deutliche Abnahme des A-Geoelements von der Lolium multiflorum-Gesellschaft (93%) aus Agdz über die Torilis nodosa- (83%) und Polygonum aviculare-Gesellschaft (84%) aus Zagora bis zur Vicia monantha- (77%) und der Centaurea maroccana-Gesellschaft (66%) aus M'Hamid zu erkennen.

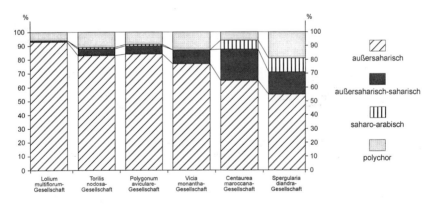

Abb. 21: Geoelementspektren der Ackerwildkrautgesellschaften der Drâa-Oase

Nach FRANKENBERG (1980b) sind mediterrane Arten nicht nur Indikatoren für winterliche Regengebiete, sondern auch für wasserreiche Stellen innerhalb der Sahara (Oueds, Oasen). FRANKENBERG & RICHTER (1981) wiesen an Fallbeispielen in Tunesien die signifikante Beziehung zwischen Niederschlag und relativem Anteil der mediterranen Arten nach. Auf den vorliegenden Datensatz übertragen bedeutet diese ursächlich klimatische Steuerung des Rückgangs des A-Geoelements, daß die von Agdz nach M'Hamid abnehmende Bewässerung als quasi „künstliches" Klimaelement die Ursache dieses Rückgangs darstellt. Entgegengesetzt ist eine Zunahme des S- als auch AS-Geoelements zu verzeichnen. In diesem Zusammenhang ermittelte FRANKENBERG (1986a) auf naturnahen Flächen in Südost-Tunesien eine vegetationsdynamische Abnahme des S-Geoelements in Feuchtejahren und eine Zunahme in Richtung der saharischen Florenregion (FRANKENBERG, 1986b; FRANKENBERG & KLAUS, 1987). Die Geoelemente AS und S haben in Agdz ihr Minimum und erreichen in der Centaurea maroccana-Gesellschaft aus M'Hamid ihr Maximum. Nur die Vicia monantha-Gesellschaft weist mit 0,2 Prozent keinen Anstieg des S-Geoelements auf, was an der überwiegend nahen Lage der Aufnahmen in Ksar-Nähe liegen könnte, wo meist besser bewässert wird und weniger Brachflächen vorkommen. Gerade die vielen unbewässerten Brachflächen als Standorte trockenheitsangepaßter Arten in der Palmoase M'Hamid scheinen ein Grund für den Anstieg der AS- und S-Geoelemente vor allem in der Centaurea maroccana-Gesellschaft zu sein. Die Standorte dieser Gesellschaft liegen eher ortsfern und weisen im Kontakt fast immer Brachen auf, so daß das Eindringen saharischer Arten in die Ackerflächen wesentlich erleichtert wird. Diese Sichtweise beleuchtet aber lediglich einen Teilaspekt, denn die Existenz von durchschnittlich 30% Deckung an Arten des AS- und S-Geoelements in der Centaurea maroccana-Gesellschaft kann nur aufgrund des Fehlens der durch Wassermangel in ihrer Konkurrenzkraft geschwächten Arten des A-Geoelements schlüssig erklärt werden. In den besser bewässerten Äckern der Vicia monantha-Gesellschaft in M'Hamid kommt der Wettbewerbsvorteil der Arten des A-Geoelements wieder deutlich zum Tragen. Der Florenelementkarte Nr. 5 in Form eines Gitternetzes ist bei FRANKENBERG (1978a) zu entnehmen, daß die Anzahl saharo-arabischer Arten in den Quadranten des oberen und mittleren Teils der Drâa-Oase ebenfalls geringer ausfällt als in dem der südlichen Palmenhaine[34].

Die Spergularia diandra-Gesellschaft, die in allen drei Aufnahmegebieten der Drâa-Oase vertreten ist, weist mit 55% den insgesamt geringsten Anteil an Arten des A-Geoelements auf und mit fast 11% den höchsten des S-Geoelements. Die Standorte dieser Gesellschaft sind im Vergleich zu den anderen sandiger und im Durchschnitt salzhaltiger. Hier scheint das Zusammenwirken von geringem Wasserhalte- und Nährstoffbindungsvermögen des Bodens als auch der höhere Salzgehalt die Arten des AS- und S-Geoelements zu begünstigen. Der letztere Faktor erklärt zudem den hier maximalen Anteil des P-Geoelements (siehe Abb. 29 in RICHTER, 1997).

---

[34] Im Gegensatz zu den eigenen Erhebungen wurden bei FRANKENBERG (1978a) die Adventivpflanzen ausgegliedert

Unterschiede in den Geoelementspektren lassen sich nicht nur zwischen den einzelnen Gesellschaften und ökologischen Gruppen feststellen, sondern auch anhand der Lage der Vegetationsbestände innerhalb eines Oasengebiets. In Abb. 22 sind die Aufnahmen entsprechend ihrer zentralen oder marginalen Lage in der Oase getrennt. Alle Aufnahmen, die weniger als 100 m vom äußeren Rand der Oase oder dem Oued Drâa entfernt liegen, werden in den Geoelementspektren „Oasenrand" aufgeführt, Aufnahmen mit größerer Entfernung erscheinen in den Geoelementspektren „Oasenmitte".

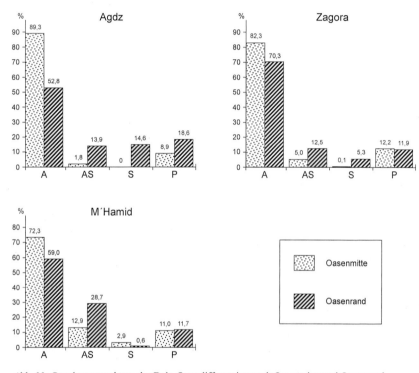

Abb. 22: Geoelementspektren der Drâa-Oase differenziert nach Oasenmitte und Oasenrand

Aufgrund des geringeren menschlichen Einflußes (keine künstliche Bewässerung, höchstens Weidewirtschaft) auf die Vegetation sowohl am Oued als auch außerhalb des eigentlichen Oasenrandes, wirkt sich von diesen Bereichen ein „Randeffekt" auf die bewirtschafteten Ackerflächen aus. Dies bedeutet, daß die dort natürlich vorkommenden Arten durch die räumliche Nähe leichter als „Invader" in den randlichen Äckern Fuß fassen können als in den Äckern der Oasenmitte. Jedoch muß berücksichtigt werden, daß die Standortbedingungen für die saharischen Arten in den marginalen Bereichen der Oase günstiger sind. Zum einen liegt dies wiederum an der meist geringeren Bewässerung, aber auch an den sandigen Böden in Flußnähe, den weitaus höheren Verdunstungsraten durch den stärkeren Windeinfluß an den Oasenrändern und der intensiveren Beleuchtung.

Die Geoelementspektren in Abb. 22 bringen diese Beziehungen klar zum Ausdruck. Im Vergleich zur Oasenmitte nimmt der Anteil außersaharischer Arten am Oasenrand in allen drei Gebieten stark ab, die Geoelemente AS und S nehmen hingegen in den randlichen Bereichen zu. Die einzige Ausnahme bildet das saharische Geoelement in M'Hamid, wo es sich genau umgekehrt verhält. Ist der erhöhte Anteil des S-Geoelements im Oaseninneren durch die ausgedehnten Brachflächen in M'Hamid erklärbar, so kann der mit 0,6 sehr geringe Prozentsatz am Oasenrand nur dadurch erklärt werden, daß viele Standorte auf äolisch gebildeten Sandböden in M'Hamid zum einen stark deckende „Sandarten" mediterraner Verbreitung (*Asphodelus fistulosus* und *Cutandia dichotoma*) aufweisen, zum anderen die in allen randlichen Aufnahmen mit fast 29% vertretenen Arten des AS-Geoelements hier anscheinend die rein saharischen Arten ersetzen.

5.3.4 Artenvielfalt

Ebenso wie sich die Anteile der Geoelemente der Ackerwildkrautvegetation mit zunehmender Länge der Drâa-Oase ändern, sind auch Unterschiede in der Artenvielfalt festzustellen. Die Gesamtartenzahl der einzelnen Aufnahmegebiete sowie die durchschnittliche Artenzahl pro Aufnahme (siehe Abb. 23) nehmen in südlicher Richtung mehr und mehr ab. FRANKENBERG & RICHTER (1981) errechneten bei einer großräumigen Untersuchung der Pflanzenwelt Tunesiens eine signifikante Korrelation zwischen Artenzahl und Wasserbilanz bzw. Niederschlagsdefizit. Sie geben außerdem an, daß zusammen mit der Artenzahl auch der Deckungsgrad der Vegetation zurückgeht. Diese Erscheinung konnte auch in der Drâa-Oase festgestellt werden, wo in zunehmend südlicher Richtung sowohl die Deckung der Ackerwildkräuter als auch die der Feldfrucht einer kontinuierlichen Abnahme unterliegen.

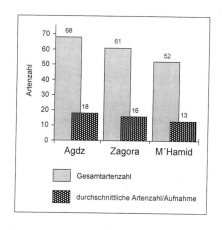

Abb. 23: Artenzahl-Statistik der Drâa-Oase

5.3.5 Lebensformenspektren

Im Vergleich zur Geoelementanalyse und der Artenzahlstatistik zeichnet sich die Veränderung der Vegetation in den Lebensformenspektren in Abb. 24 weniger deutlich ab. Die Torilis nodosa-, Polygonum aviculare- (beide Zagora) und die Vicia monantha-Gesellschaft (M'Hamid) weisen trotz verschiedener Aufnahmeorte im Drâa-Tal annähernd die gleiche prozentuale Verteilung von Thero- und Hemikryptophyten auf. Einen etwas geringeren Therophyten-Anteil und die einzigen Geophyten zeigt hingegen die Lolium multiflorum-Gesellschaft aus Agdz. Hier kommen anteilig auch die meisten Hemikryptophyten vor, was aufgrund besserer Bewässerungsbedingungen und v. a. der vernachläßigten Unkrautbekämpfung wegen der leichteren Erwirtschaftung guter Erträge zu erklären ist.

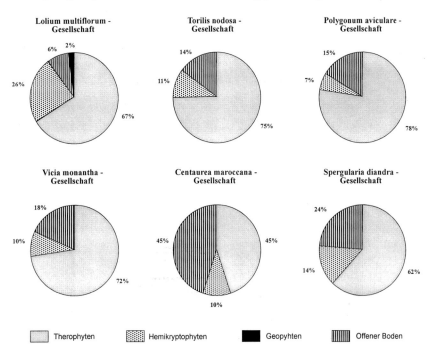

Abb. 24: Lebensformenspektren der Ackerwildkrautgesellschaften der Drâa-Oase

Eine deutliche Aussage läßt der zusammengefaßte Therophyten- und Hemikryptophytenanteil erkennen, welcher von Agdz über Zagora nach M'Hamid (Centaurea maroccana-Gesellschaft) stetig abnimmt. FRANKENBERG & LAUER (1987) führen diesen Sachverhalt am Beispiel von Untersuchungen in Südost-Tunesien auf zunehmende Trockenheit zurück, was in der Drâa-Oase einer abnehmenden Bewässerungsintensität entspricht. Eine gleichzeitige Zunahme der offenen Bodenfläche untermauert diese Argumentation noch zusätzlich. Die in allen Teilen der Drâa-Oase vertretene Spergularia diandra-Gesellschaft nimmt hinsichtlich des Anteils an Therophyten und offener Bodenfläche eine Zwischenstellung ein. Der zweithöchste Hemikryptophytenanteil ist hierbei auf die extensivere Nutzung auf den z. T. versalzten Standorten zurückzuführen.

6 Ergebnisse der tunesischen Oasen

Im Vergleich zum zusammenhängenden Oasenkomplex des mittleren Drâa in Marokko sind die untersuchten Oasen in Süd-Tunesien von größerer Heterogenität und Vielfalt gekennzeichnet. Nicht nur die deutliche räumliche Trennung in Fluß-, Gebirgsfuß- und Schottoasen mit unterschiedlichen klimatischen, geologischen und hydrologischen Voraussetzungen tragen zur differenzierten Ausprägung der Oasen bei, sondern auch das Alter, das Absinken der fossilen Grundwasserspeicher sowie die technische und ökonomische Um- oder Neugestaltung in jüngerer Zeit. Am Beispiel der Oase Toumbar (Nefzaoua) sollen daher stellvertretend für die artesischen Grundwasseroasen am Chott el Djérid typische Entwicklungen aufgrund von Degradationserscheinungen aber auch gegenläufiger Modernisierungen aufgezeigt werden. Da die Tendenz zur Bodenversalzung am Rande des endorhëischen Beckens des Chott el Djérid wesentlich höher einzustufen ist als im Drâa-Tal (RICHTER, 1995, 1997), soll der Phytoindikation der Bodensalinität durch die Oasenvegetation eine zentrale Bedeutung zukommen. Die Untersuchungsergebnisse der Oasenregion in Süd-Tunesien gliedern sich in folgende Abschnitte:

- Bodenanalysen

- Typische Entwicklung einer Schott-Oase am Beispiel von Toumbar (Nefzaoua)

- Die Oasenvegetation als Bioindikator der Bodenversalzung

6.1 Bodenanalysen

Ebenso wie im Drâa-Tal werden die kultivierten Böden am Chott el Djérid durch die spezifischen Eigenheiten der Oasenböden charakterisiert (siehe Kap. 5.1). Nach CONFORTI et al. (1994) und WEHMEIER (1977a) ist bei den Böden in Richtung Schott generell eine Verfeinerung der Bodentextur, eine Verlagerung des Grundwasserspiegels zur Bodenoberfläche und eine Erhöhung der Grundwassersalinität festzustellen. Damit geht ein Anwachsen der Bodensalinität einher, die durch unzureichende Bewässerung und schlechte Drainagebedingungen zusätzlich verschärft wird (AOUNALLAH, 1973). An den Oasenrändern sind meist Merkmale einer gravierenden Verschlechterung der Bodenqualität zu erkennen: Verkrustung, Versalzung und Anstieg des Gipsgehaltes.

6.1.1 Djérid-Oasen: Tozeur

Aus dem Bereich der Oase Tozeur sollen zwei grundsätzlich verschiedene Bodentypen vorgestellt werden. Zum einen ein degradierter Salzboden vom südlichen, schottnahen Oasenrand und zum anderen ein seit Jahrhunderten intensiv bewirtschafteter Boden aus dem alten, zentralen Teil der Oase.

Das in Abb. 25 (oben) dargestellte Bodenprofil einer brachgefallenen, nahezu vegetationsfreien und unbeschatteten Parzelle am Südrand der Oase Tozeur ist typologisch als Solontschak anzusprechen. Gemäß der Bezeichnung der Weltbodenkarte (FAO) kann dieser Boden als *Gleyic Solonchak* bezeichnet werden, was die Mineralhorizonte im Grundwasserbereich (G_r, G_{cm}) in Abhängigkeit von den jahreszeitlich bedingten Grundwasserschwankungen am Chott el Djérid verdeutlichen. Die Bodendegradation einzelner Oasenteile in Tozeur ist ein Phänomen von Bereichen mit stark versalztem und/oder stagnierendem Entwässerungswasser entlang von Drainagekanälen sowie den südlichen, schottnahen Teilen der Oasengärten. Nach GANSSEN (1972) führt eine starke Versalzung von Oasenböden normalerweise zur Solontschak-Bildung, nur gelegentlich kommt es auch zu Solonetzen (Bsp.: Fayum-Oasen in Ägypten).

Die Verteilung der Korngrößen läßt auf eine von oben nach unten abnehmende Verwitterungsintensität schließen. In einer Tiefe zwischen 35 und 45 cm nehmen die Anteile von Ton- und Feinsandfraktion ab, während die von Sand (0,2-2 mm) und Kies stark zunehmen. Wegen der zementartigen Verkrustung des Bodenmaterials durch sekundäres Calcit im G_{cm}-Horizont sind die Quarzkörner irreversibel verkittet und daher nicht dispergierbar. Erst unterhalb dieser harten Kalkschicht kehrt sich dieser Trend wieder um; die gröberen Korngrößen nehmen ab, die Bedeutung der Ton-, Schluff- und Feinsandfraktionen nimmt erneut zu.

Der Boden ist mit einer Schicht aus unzersetztem organischen Material (O_z) bedeckt, das durch leicht lösliche Salze (v.a. NaCl) verkrustet ist. Die elektrische Leitfähigkeit weist im Oberboden einen Wert von über 100 mS/cm auf und sinkt bis in den reduzierten Gleyhorizont (G_r) auf ca. 10 mS/cm ab. Im gesamten Bodenprofil liegen die pH-Werte deutlich im alkalischen Bereich von über 9,0. Nach SCHEFFER & SCHACHTSCHABEL (1992) weist dies im Zusammenhang mit hohen Versalzungswerten auf einen hohen Soda-Anteil im Boden hin.

Charakteristisch für versalzte Böden der Djérid-Region sind die hohen Gips- und Kalkgehalte. Ist die Gipsanreicherung im obersten Mineralhorizont (A_{hy}) am stärksten ausgeprägt, so erreicht die Kalkkonzentration zwischen 20 und 45 cm Tiefe mit ca. 10-15 % ihren höchsten Wert. Die Poren sind durch sekundäres Calcit verfüllt, so daß ein potentieller Speicherraum für Bodenwasser verloren geht. Aufgrund dieser Inkrustierung des Bodenmaterials wird eine tiefreichende Entwicklung von Pflanzenwurzeln, wie z. B. bei Dattelpalmen üblich, erschwert

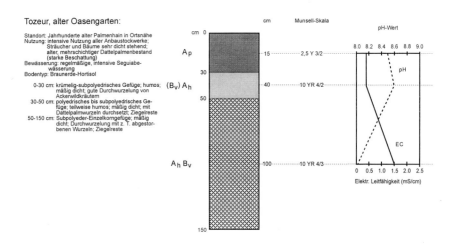
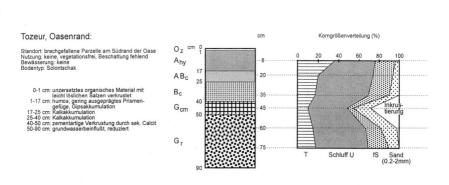
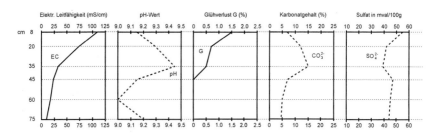

Abb. 25: Bodenprofile der Oase Tozeur/Djérid

und z. T. sogar verhindert. In Zeiten, als diese Parzelle noch bewässert wurde, konnte das Bewässerungswasser wegen der Verkrustung im G_{cm}-Horizont nicht mehr tief genug versickern und ein Prozeß gesteigerter Verdunstung mit vermehrter Anreicherung leichter löslicher Salze ($CaSO_4$, $NaCl$, Na_2CO_3) setzte oberhalb der Kalkkruste ein. Das dadurch ausgelöste Ansteigen der Bodenreaktion in den alkalischen Bereich könnte für die Aufgabe einer landwirtschaftlichen Nutzung dieser Parzelle verantwortlich gewesen sein. Die aggregatstabilisierende Wirkung des hohen Kalk- und Gipsgehaltes hat hingegen eine stärkere Verschlämmung des Bodens (Solonetz-Entwicklung) verhindert. Ähnliche Beispiele für Salzbodentypen im Bereich der Oase Tozeur geben EL FEKIH (1969), BELKHODJA (1969) und BRECHTEL & ROHMER (1980).

Die Ausbildung eines intakten Oasenbodenprofils zeigt Abb. 25 (unten). Dieser als Braunerde-Hortisol zu bezeichnende Boden, der weit über dem Grundwasserspiegel liegt, weist mit der nach unten heller werdenden Bodenfarbe auf eine Abnahme des Anteils organischer Substanz und somit des Humusgehaltes hin. Im Vergleich zum voranbeschriebenen Solontschak nehmen sich die Werte der elektrischen Leitfähigkeit verschwindend gering aus. Der Maximalwert des Profils in 1 m Tiefe erreicht gerade einmal 1,5 mS/cm, im A_p-Horizont ist bei einem EC-Wert knapp unter 0,5 mS/cm von einer nachhaltigen Bewirtschaftung auszugehen, die auf einer idealen Nutzung, Be- und Entwässerung aber auch günstige bestandsklimatische Bedingungen beruht. Reziprok zu den Bodenversalzungswerten verhält sich der pH-Wert. Dieser sinkt von oben nach unten praktisch konstant ab und befindet sich im leicht alkalischen Bereich. Die Qualität solcher Böden im alten Oasenteil von Tozeur macht deutlich, daß eine Degradation bei günstiger Lage und angepaßten, bewährten Anbaumethoden auch nach Jahrhunderten menschlicher Nutzung nicht die Konsequenz sein muß.

6.1.2 Nefzaoua-Oasen: Toumbar

Auf dem Gelände der Oase Toumbar wurden fünf Bodenprofile in den in Kap. 6.2 vorgestellten Gärten gegraben und analysiert sowie ein zusätzliches außerhalb der Oase in Richtung des Chott el Djérid. Da sich alle Profile nur unwesentlich voneinander abheben, sollen nur zwei Profile exemplarisch vorgestellt werden, die sich in der Dauer der Bewirtschaftung des Standortes unterscheiden. Das Bodenprofil in Abb. 26 (oben) entstammt einem älteren Oasengarten (Garten 2, siehe Abb. 27) im östlichen Teil des Bewässerungsareals von 1949; das Profil in Abb. 26 (unten) wurde in einer westlichen ca. 13 Jahre alten illegalen Oasenerweiterungszone in direkter Nachbarschaft zum Schott angelegt.

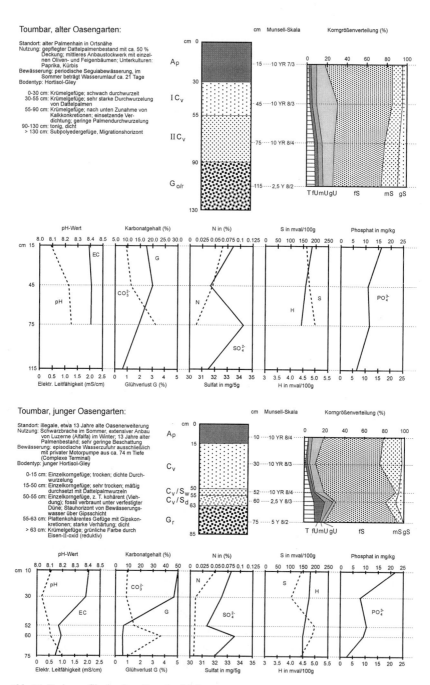

Abb. 26: Bodenprofile der Oase Toumbar/Nefzaoua

Bei Betrachtung beider Bodenprofile fällt auf, daß es sich um einfache A-C-Profile handelt, welche im unteren Bereich in unterschiedlicher Weise von Staubzw. Grundwasser beeinflußt werden. Aufgrund der Grundwassernähe gleichen Oasenböden nach GANSSEN (1971) meist den Gleyen unserer Klimagebiete. Da die A_p-Horizonte regelmäßig durch ackerbauliche Maßnahmen umgegraben werden, entspricht die Zuordnung dem Typ des Hortisol-Gley. Ein wichtiger Unterschied zeigt sich in der Tiefe der jeweiligen Gley-Horizonte. Im alten Palmenhain liegt der obere Rand des grundwassergeprägten $G_{o/r}$-Horizont mit 90 cm erheblich niedriger als der G_r-Horizont im schottnahen Oasengarten, wo außerdem zeitweise Stauwasser in den Horizonten C_v/S_w und C_v/S_d einwirkt. Durch den oberflächennahen Grundwasserspiegel und die verminderte Entwässerungsmöglichkeit ist auf längere Sicht von einer grundsätzlichen Benachteiligung der schottnahen Kulturflächen durch drohende Bodenversalzung auszugehen.

Auffällig in allen Profiltiefen beider Beispiele ist der hohe Sandanteil (besonders des Feinsandes) mit deutlicher Schluffkomponente. SCHLIEPHAKE & WALTHER (1988) bezeichnen leichte Böden mit einer Mixtur von Sand, Schluff und Ton aufgrund ihrer ausgeglichenen Wasserhaltekapazität, Drainagewirkung, Feldkapazität und der mäßigen Kapillarität als geeignete Böden für die Bewässerung. Nach JOB & ZIDI (1995) und KACEM (1995) ist diese Tatsache auf das überwiegend äolische Ausgangssubstrat feiner Sande für die Böden der Nefzaoua-Region zurückzuführen. Dem hohen Sandanteil mit seiner guten Auswaschungsfähigkeit ist es vermutlich zuzuschreiben, daß die EC-Werte nur ca. 2,0 mS/cm und darunter erreichen, was allerdings immer noch den relativ salzreichsten Böden im Drâa-Tal entspricht. Ähnlich wie im alten, intensiv bewirtschafteten Oasengarten in Tozeur befindet sich der pH-Wert (ca. 8,0-8,3) in beiden Bodenprofilen im schwach alkalischen Milieu. Das Verhalten des pH-Wertes innerhalb der Profile zeigt prinzipiell einen parallelen Verlauf zur Summe der austauschbaren basischen Kationen (S-Wert). Die hohen S-Werte deuten in Relation zur Summe der austauschbaren H^+-Ionen (H-Wert) auf extrem hohe Basensättigungen hin.

Alle Böden Toumbars zeichnen sich wegen ihres hohen Gips- aber auch Kalkgehaltes durch sehr helle Farbwerte nach der Munsell-Skala aus. Auf ausgeprägte Gips- und Kalkgehalte der Böden im Nefzaoua (nicht nur innerhalb der Oasen) weisen SCHWENK (1977) und KACEM (1995) hin. Der Karbonatgehalt beider Profile steigt von etwa 10 % im Oberboden nach unten an, wobei ein Extremanstieg im C_v/S_d-Horizont des jungen Palmenhains (unten) auf einen Wert bis fast 40 % zu verzeichnen ist. Betrachtet man die Korngrößenverteilung in dieser Tiefe, so belegt der erhöhte Schluffanteil eine Bodenverdichtung, die den Wasserstau im darüberliegenden C_v/S_w-Horizont bedingt.

Die Glühverluste liegen mit Werten von bis zu 5 % relativ hoch. Die hohen Glühverluste sind aber auch auf Kristallwasserentzug aus Gips und nicht ausschließlich auf organische Substanz zurückzuführen. Aufgrund des Alters und der damit verbundenen erst kurzzeitigen Düngerzufuhr ist der Stickstoffgehalt im jungen Palmenhain etwas niedriger als im alten Oasengarten. Der Phosphatgehalt der Böden Toumbars ist mit Werten von 16 ‰ bzw. 22 ‰ im A_p-Horizont hoch, woran Verwitterungsprodukte des phosphatreichen anstehenden Gesteins beteiligt sind.

6.2 Toumbar als Fallbeispiel einer typischen Nefzaoua-Oase

Anhand von Toumbar sollen die charakteristischen Entwicklungsabläufe einer Oase der Nefzaoua-Region am Chott el Djérid in den vergangenen 50 Jahren aufgezeigt werden. Die Auswahl des Studiengebietes wurde aufgrund zweier Arbeiten von WEHMEIER (1977a, 1977b) getroffen, der hier im Jahr 1975 Untersuchungen zur Bewässerungsökologie, Bodensalinität sowie zum Mikroklima durchführte und somit einen wichtigen Datengrundstock lieferte. Neben einer sich v. a. an WEHMEIER (1977a) orientierten einführenden Beschreibung der Oase werden typische Tendenzen der Degradation als auch innovative Prozesse vorgestellt. Bezüglich der Bodenversalzung soll in einer vergleichenden Betrachtung mehrerer Untersuchungen der letzten zwei Dekaden die Entwicklung des Salinitätsmusters der Gesamtoase unter Einbeziehung der Analysen von RICHTER (1987, 1995) aufgezeigt und interpretiert werden.

6.2.1 Beschreibung der Oase

Die Oase Toumbar (ca. 20 m ü. M.) befindet sich ungefähr 10 km westlich der Gouvernoratshauptstadt Kebili der Region Nefzaoua in unmittelbarer Nähe zum Chott el Djérid. Toumbar liegt morphologisch gesehen auf einem unzerschnittenen Glacis mit Hangneigungen von 0,5-2,0°. Darauf erheben sich bis zu einer maximalen Höhe von 37 m die Quellhügel, in deren kraterähnlichen Vertiefung Grundwasser austritt, welches über einen Durchstich im Hügelwall in das Bewässerungssystem abgeleitet wird. Bis zum Zeitpunkt ihres Versiegens Ende der 80er Jahre stellten diese „djezira" die Wassererschließung als natürliche artesische Quellen gemeinsam mit den zusätzlich angelegten Bohrungen sicher. Heute wird die gesamte Oase nur noch mit dem Wasser der zwei Bohrungen sowie vereinzelten privaten Brunnen bewässert. Der älteste Brunnen (A, in Abb. 27) wurde 1918 erstellt, 1966 erneuert, gleichzeitig von 54 m auf 75 m nachgetieft und versorgt überwiegend den südlichen und den gesamten östlichen Teil der Oase. Der zweite Brunnen (B, in Abb. 27) stammt aus dem Jahre 1972 und wurde 79 m tief angelegt. Dieser führt dem gesamten östlichen und südöstlichen Teil der Oase Bewässerungswasser zu. Brunnen A wurde Anfang der 90er Jahre modernisiert, d. h. mit einer zusätzlichen Motorpumpe ausgestattet, Brunnen B wurde etwa zur selben Zeit an anderer Stelle neu niedergebracht und ebenfalls mit Motorkraft versehen. Nach MAMOU (1973) sind solche Erneuerungen und Vertiefungen der Bohrungen alle 20-30 Jahre wegen Korrosion bzw. Inkrustierung der Rohre und der damit verbundenen Schüttungsverminderung nötig. WEHMEIER (1977a) führt die Korrosionsbeanspruchung im Nefzaoua auf den Sulfat-Chlorid-Charakter und den relativ hohen Gesamtsalzgehalt des Wassers zurück.

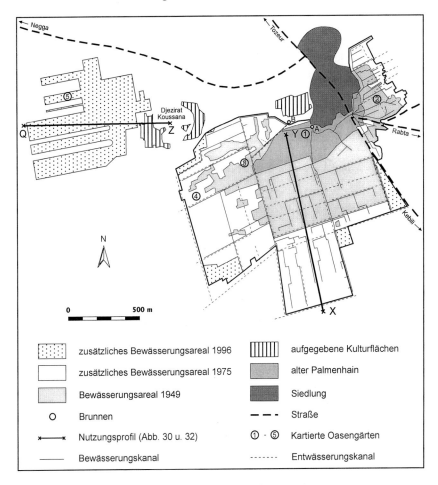

Abb. 27: Gesamtansicht der Oase Toumbar/Nefzaoua; Stand: Herbst 1996

Das Bewässerungssystem erlebte in den vergangenen Jahren einschneidende Veränderungen. Waren 1975 bis Ende der 80er Jahre die Kanäle noch als Betonhalbschalen ausgebaut, so sind diese in der Zwischenzeit durch unterirdisch verlegte Rohre ersetzt worden. Erst unmittelbar vor den zu bewässernden Oasengärten tritt das Wasser an die Oberfläche, wobei die Bewässerung in der bekannten Submersionstechnik, also dem völligen Überfluten, erfolgt. Verhinderte die Umgestaltung der früher existierenden Lehmkanäle[35] hin zu den Betonhalbschalen bereits die Versickerung in den Seguia-Untergrund, so stoppte die Verlegung des Bewässerungssystems unter die Bodenoberfläche zusätzlich die Verluste durch Verdunstung. Ohnehin läßt sich bei der Verwendung von Betonhalbschalen recht häufiges „Leckschlagen" an den Verfugungsnähten feststellen, das bei mangelhafter Wartung in vielen Oasen zu erheblichen Verlusten führt. Durch das Vorantreiben dieser wichtigen Erneuerung - nicht nur in Toumbar, sondern in den Oasen am Chott el Djérid generell - hat sich die Bewässerungssituation beträchtlich verbessert. Das Bewässerungs- und Drainagesystem der Oase Toumbar vom Stand des Jahres 1996 kann der Abb. 27 entnommen werden.

Wie die pedologischen Daten in Kap. 6.1.2 belegen, verfügen die Böden der Oase Toumbar mit hohem Sand- und ausreichend Schluffanteil über gute Auswaschungseigenschaften. Trotzdem sind die Drainageverhältnisse im Süd- und neuerschlossenen Westteil als problematisch einzustufen. Die relative Höhendifferenz zum Schottrand - dem Vorfluter - ist zu gering, um ganzjährig eine gute Entwässerung zu gewährleisten. Die durch staatliche Unterstützung tief angelegten Drainagekanäle können die auftretenden witterungsbedingten Schwierigkeiten nicht vollständig beheben. Bei Anstieg des Grundwasserspiegels des Schotts in feuchten Wintern kommt es zu langsamerem Abfließen des Wasser aus der Oase. Zu Rückstau und stagnierendem Abfluß kann es vor allem bei stärkeren SW-Winden führen.

Toumbar ist von wesentlich jüngerem Alter als die direkt benachbarten, nachweislich seit römischer Zeit existierenden Oasen Telmine, Rabta und El Mansoura. In ihrem Entwicklungsgang weist die Oase Toumbar unterschiedlich alte Bereiche auf. In unmittelbarer Ortsnähe befindet sich der älteste Palmenhain des gesamten Oasenareals (siehe Abb. 27). Dieser ist heutzutage vorwiegend durch extensive Bewirtschaftung bis hin zur Verwahrlosung geprägt, was eine kleine Müllkippe in der Nähe des Brunnens A bezeugt. Mit wenigen Ausnahmen sind im alten Oasenteil fast nur reine Dattelpalmenbestände anzutreffen, die v. a. aus überalterten, diffus stehenden Communes-Sorten bestehen. Im mittleren Anbaustockwerk sind noch regelmäßig alte Olivenbäume vorzufinden, die Unterkulturen fehlen hingegen völlig (siehe Garten 1 in Abb. 28). Es ist zu vermuten, daß die alten Dattelpalmen- und Olivenbestände sämtlich im Grundwasserbereich wurzeln und nun auch ohne Bewässerung überleben können. Die von GROTZ (1984) beschriebene Vernachläßigung der Bodenkulturen im alten Teil der Oase Ben Galouf/Tunesien weist in diesem Zusammenhang auf Parallelen zum Nefzaoua-Gebiet hin. Eine Eigenheit der Parzellen im ältesten Oasenbereich ist

---

[35] Nach BÉDOUCHA-ALBERGONI (1976) waren 1970/1971 in der Nachbaroase El Mansoura noch alle Bewässerungskanäle aus Lehm

die ausgesprochene Kleinflächigkeit. Nach Auskünften der ansäßigen Bevölkerung ist diese Besitzsplitterung eine Folge generationenlanger Erbteilungen. Die immer kleiner werdenden Flächen führten zu abnehmender Rentabilität und schließlich zur Nutzungsaufgabe. Auf dieses Phänomen saharischer Oasen verweisen auch GLAUERT (1963), EICHLER (1972), WAGNER (1983), BLISS (1984), SANTODIROCCO (1986), JÄGGI (1994) und KASSAH (1995a, 1997).

Der traditionelle Oasenkern wird schließlich vom Bewässerungsareal von 1949 umschlossen. Bei dieser Oasenerweiterung handelt es sich um Kulturflächen, die bereits auf den Luftbildern von 1949 als bewässert zu erkennen sind. Alle Oasenteile des Bewässerungsareals von 1949 und jüngerer Enstehungszeit weisen im Gegensatz zum traditionellen Palmenhain eine planerische Ordnung hinsichtlich der Dattelpalmenbepflanzung als auch des Bewässerungsnetzes auf. In den kartierten Gärten 2 und 3 (in Abb. 28, unten und Abb. 29) wird die intensivste und vielfältigste Nutzung der Unter- (Petersilie, Kürbis, Paprika) und Zwischenkulturen (Feige, Weinrebe, Ölbaum, Granatapfel) betrieben. In beiden Gärten ist bereits ein dichter Kronenschluß durch die Dattelpalmenbestände (Deglat Nour) erreicht, so daß die direkte Sonneneinstrahlung verhindert und die mikroklimatische Situation eine allzu rasche Austrocknung der Böden verhindert. Garten 4 (Abb. 30) im zusätzlichen Bewässerungsareal von 1975 weist hingegen eine geringere Beschattung durch die in Reihen gepflanzten Dattelpalmen (Deglat Nour) auf. Sind auch die Unterkulturen nahezu flächenhaft ausgebildet, so spielt das mittlere Anbaustockwerk lediglich eine untergeordnete Rolle. Im Vergleich aller kartierten Gärten ist festzustellen, daß offenbar die Bewässerungsareale mittleren Alters am intensivsten bewirtschaftet werden und daher auch die höchsten Erträge liefern. Eine Ausnahme bildet jedoch der südliche Teil des Bewässerungsareals von 1975 in Richtung Kebili. Hier zeigen bereits größere Flächen mit abgestorbenen Dattelpalmen, fehlendem mittleren und unteren Anbaustockwerk eine Nutzungsaufgabe aufgrund starker Bodenversalzung an; in den daran angrenzenden bewirtschafteten Flächen dominiert die Futterluzerne, welche nach MECKELEIN (1983) eine mittlere Salztoleranz im Bereich von 5-10 mS/cm aufweist, als Unterkultur. Anhand des schematischen Nutzungsprofils (Abb. 31, X-Y) durch die Oasenareale unterschiedlichen Entwicklungsalters vom alten Palmenhain zum Chott el Djérid (vgl. Abb. 27) kann der Wandel der landwirtschaftlichen Nutzung nachvollzogen werden.

Waren in den Jahren 1975 (WEHMEIER, 1977a) und 1987 (RICHTER, 1987, 1995) die Kulturflächen an den Hangfüßen der Quellhügel im Norden der Oase aufgrund der aktiven Wasserschüttung noch intakt, so mußten diese nach dem Versiegen Ende der 80er Jahre endgültig aufgegeben werden und liegen seither brach. Die Dattelpalmenbestände sind bis auf wenige tiefwurzelnde Exemplare abgestorben. Unmittelbar an dieses aufgegebene Kulturland unterhalb des Djezirat Koussana schließen sich nach Westen in Richtung Negga die jüngst entstandenen

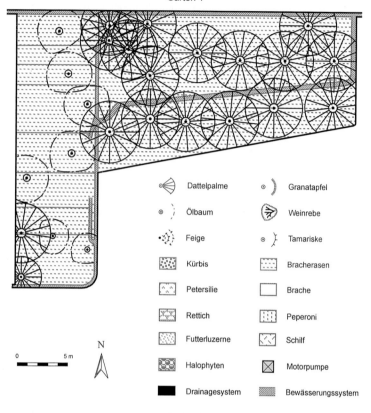

Abb. 28: Oasengärten in Toumbar, Garten 1 (oben), Garten 2 (unten)

Oasenbereiche Toumbars an (vgl. hierzu das Nutzungsprofil Q-Z in Abb. 33). Diese mittlerweile ca. 15 Jahre alten illegalen Kulturflächen[36] sind als Ausgleichsflächen für die verlorengegangenen brachliegenden Bereiche unterhalb der Quellkuppen zu betrachten und basieren auf private Bohrungen, die nach BISSON (1997) von den Behörden zwar nicht genehmigt, aber stillschweigend toleriert werden. Illegale Brunnen sind ebenso im südwestlichen Bewässerungsareal von 1996 zu finden. Nach ca. 10 Jahren wird vermutlich der illegale Status dieser Bohrungen von staatlicher Seite durch Legalisierung und offizieller Vergabe des Wasserrechtes beendet werden (CONFORTI et al., 1994).

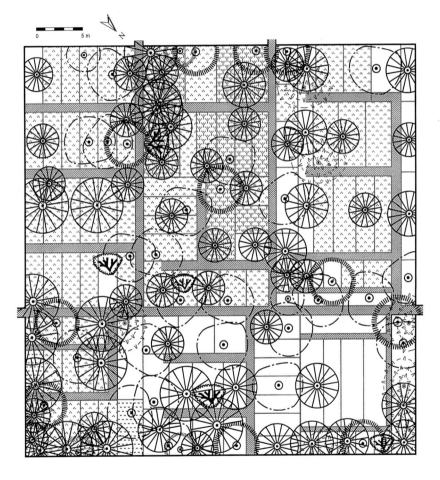

Abb. 29: Oasengarten in Toumbar, Garten 3 (Legende siehe Abb. 28)

---

[36] GRIRA (1995) bezeichnet illegale Oasenerweiterungen als „extensions anarchiques", CONFORTI et al. (1994) benennen diese als „extensions sauvages"

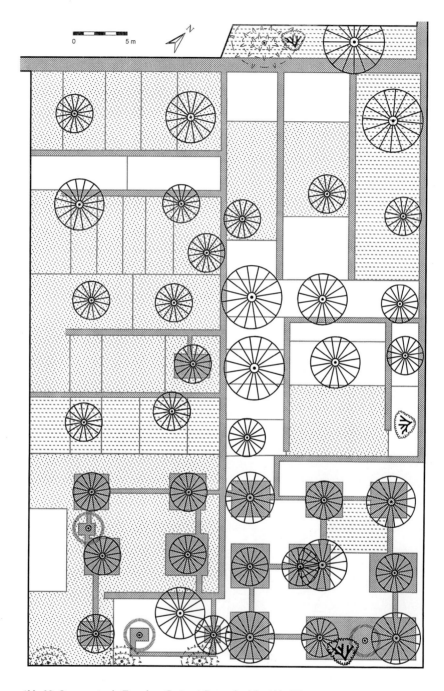

Abb. 30: Oasengarten in Toumbar, Garten 4 (Legende siehe Abb. 28)

Das große Problem der illegalen Brunnen ist das Fehlen der staatlichen Kontrollinstanz. BOUTITI (1995) beziffert die Schüttungsleistung aller illegalen Brunnen der Nefzaoua-Region auf ca. 2000 l/s, was fast der Hälfte der dem Complexe Terminal legal entnommenen Menge (~ 4500 l/s) entspricht. Der vermehrte Einsatz illegaler Pumpen führt laut CHERIF & KASSAH (1991) nicht nur zum Absinken des fossilen Grundwasserspiegels sondern auch zu einer erheblichen Verschlechterung der chemischen Wasserqualität. Die mit Motorpumpen betriebenen Brunnen in der westlichen Erweiterungszone Toumbars erreichen eine Tiefe von ungefähr 74 m und versorgen entweder nur einen einzelnen Garten oder ein kleines Kollektiv von mehreren Gärten. Durch den Einsatz privater Pumpen erreichen die Besitzer eine zeitliche Unabhängigkeit vom Korsett der Wasserrotation der oasenimmanenten Bewässerungsgemeinschaft (POPP, 1997), wodurch genügend Wassergaben für hohe Erträge gegeben sind.

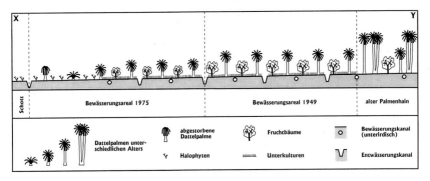

Abb. 31: Nutzungsprofil (X-Y) durch Oasenareale unterschiedlichen Alters (Toumbar/Nefzaoua)

Im Gegensatz zum generell intensiven Anbau der Unterkulturen (Gemüse, Futterpflanzen wie Luzerne oder „orge en vert"[37]) in den illegalen Oasenerweiterungen der gesamten Nefzaoua-Region, die zum Großteil die regionalen Märkte beliefern (KASSAH, 1995a), zeichnet sich das „Neuland" von Toumbar durch eine extensivere Nutzung aus. Der noch junge Deglat Nour-Bestand wird in Einzelbewässerung mittels kleinen Stichkanälen bewässert und bietet noch zu wenig Schutz vor der sengenden Sonne, so daß zumindest im Herbst (Zeitpunkt der Kartierung) die Unterkulturen dürftig ausgebildet sind. Auf einen geringen Nutzungsgrad lassen auch weite Flächen mit Schilf (*Phragmites australis*, mit z.T. sehr skleromorphen Formen), Bracherasen (v. a. *Cynodon dactylon*), Halo-

---

[37] Bei „orge en vert" handelt es sich um Gerste im jungen, grünen Zustand. „Orge en vert" und Luzerne spielen im Nefzaoua-Gebiet eine große Rolle als Futterpflanzen und nehmen nach SGHAIER (1988) zusammen ca. 28% der gesamten Oasenfläche ein (Luzerne: 16%); nach TURCHI & BELLI (1988) beläuft sich jedoch die Erntemenge beider Futterpflanzen in t/ha fast auf denselben Wert

phytenbewuchs und brachliegenden Flächen schließen (siehe Abb. 32). Die in dieser Erweiterungszone über 200 m weit in den Schott hinausgetriebenen Gärten befinden sich mit Sicherheit in einem Grenzbereich, wo die Drainage auf Dauer gesehen ernste Probleme aufwerfen dürfte. Das hoch anstehende Grundwasser ist nicht nur wegen der Nähe des Schotts, sondern auch am quasi-natürlichen Pflanzenbewuchs zu erkennen; die auf ausgedehnten Flächen dicht stehenden, hygrophilen Schilffluren deuten auf oberflächennahes Grundwasser hin. Zudem treten auf den noch unbewässerten, erst vor kurzem angelegten Bereichen am äußersten Ende der Gärten deutliche Salzkrusten an der Bodenoberfläche auf, auf denen schließlich nur noch extreme Eu-Halophyten wie *Halocnemum strobilaceum*, *Zygophyllum album*, *Aeluropus litoralis* oder *Frankenia thymifolia* zu überleben vermögen. Tatsächlich wird schon vor der Inkulturnahme dieser hydrologisch als auch edaphisch benachteiligten Bereiche häufig der stark versalzte Oberboden abgetragen, bevor die Fläche mit vor der Sonneneinstrahlung geschützten Dattelpalmschößlingen bestockt wird.

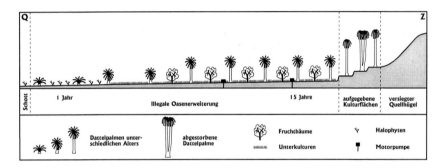

Abb. 32: Nutzungsprofil (Q-Z) von einem aufgegebenen Quellhügel bis zur illegalen Oasenerweiterung (Toumbar/Nefzaoua)

Betrachtet man die strukturellen Verhältnisse von Toumbar im Vergleich zu allen anderen Oasen der Nefzaoua-Region (SANTODIROCCO, 1986), so fallen einige kritisch anzumerkende Fakten auf. Von den knapp über sechzig Nefzaoua-Oasen besitzt Toumbar mit 128,6 ha die zwölftkleinste Oasenfläche, weist jedoch mit 717 Parzellen die dritthöchste Zahl von Grundstücken auf. Die durchschnittliche Parzellengröße von 0,17 ha[38] wird nur noch von drei anderen Oasen (Zarcine, Zaafrane, Nouail) untertroffen. Das Problem immer geringer werdender Rentabilität kleinflächiger Gärten zeigt sich also nicht nur in der Nutzungsaufgabe im traditionellen ortsnahen Oasenbereich, sondern hat auch in jüngeren Erweiterungsphasen bereits eingesetzt und wird wohl in naher Zukunft eine bedrohliche

---

[38] Die Oasen Guettaya, Jemna und Tembib weisen die gleichen durchschnittlichen Parzellengrößen auf wie Toumbar

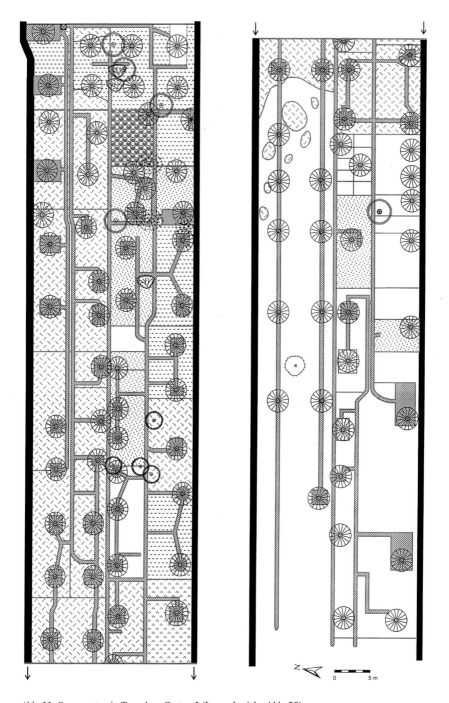

Abb. 33: Oasengarten in Toumbar, Garten 5 (Legende siehe Abb. 28)

Rolle spielen, denn die Erbteilung ist nach wie vor die gängigste Form der Weitergabe von Besitz an die nachfolgende Generation.

In Bezug auf die Bewässerungsleistung (Toumbar: 0,40 l/s/ha) gibt es in der Nefzaoua-Region nur zwei Oasen (El Mansoura, Jedida), die noch stärker benachteiligt sind. Die Oase Guettaya, welche aufgrund ihres großen Wasserreichtums auch das weiter nördlich auf der Kebili-„Halbinsel" (Presqu'Île de Kebili) gelegene Oasengebiet von Souk Lahad über eine Wasser-Pipeline mitversorgt, verfügt im Vergleich zu Toumbar dagegen über die 2½-fache Bewässerungsleistung.

Was den Anbau von Kulturpflanzen betrifft, so besitzt Toumbar nach SANTODIROCCO (1986) die höchste Bepflanzungsdichte von Bäumen aller Nefzaoua-Oasen, wobei das gesamte Oasenareal ca. 14.600 Dattelpalmen der Edelsorte Deglat Nour aufweist, was ungefähr 50% des gesamten Palmenbestandes entspricht; die restlichen Dattelpalmen setzen sich aus Communes-Varietäten zusammen. Außer den Dattelpalmen spielen im mittleren Stockwerk v.a. Oliven, Äpfel, Feigen und Granatäpfel eine wichtige Rolle, die Unterkulturen werden von den Futterpflanzen Luzerne und „orge en vert", sonstiger Getreide, verschiedenen Gemüsesorten sowie vereinzelten Henna-Beständen eingenommen. BEL KHADI & GERINI (1988a) führen an, daß die meisten Kulturpflanzen Toumbars in gleicher Weise wie in den anderen Oasen des Nefzaoua-Gebietes von phytophagen Nematoden befallen werden.

6.2.2 Entwicklung der Bodensalinität von 1975-1996

Waren die 70er Jahre weitgehend von der Forschungsauffassung des Niedergangs der saharischen Oasen („Oasensterben") auch im Zusammenhang mit progressiver Bodenversalzung geprägt (u.a. MECKELEIN, 1979, 1980b), so muß doch die grundsätzliche Frage gestellt werden, inwieweit die Versalzung innerhalb einer Oase voranschreitet und ob diese Tendenz stets zur Aufgabe von Kulturland führen muß, oder ob auch gegenläufige Entwicklungen möglich sind.

Um diesem Sachverhalt nachzugehen, wurde auf dem Areal der Oase Toumbar ein Vergleich von Bodensalinitätsmustern auf Grundlage von Untersuchungen der vergangenen zwei Jahrzehnte durchgeführt. Die Idee dieser Recherche geht auf WEHMEIER (1977a) zurück, der im Jahr 1975 in Toumbar eine Bodensalinitätskarte auf Basis von vier NW-SE verlaufenden Profilen mit insgesamt 19 Meßpunkten erstellte. Wegen der Vergleichbarkeit der Ergebnisse wurde bei den nachfolgenden Geländeaufenthalten während einer Studentenexkursion im Jahr 1987 (RICHTER, 1987, 1995) und den eigenen Erhebungen 1995 bzw. 1996 die Entnahme der Bodenproben stets in einer Tiefe von 10 cm beibehalten. Um eine bessere Datenabsicherung zu erzielen, wurde die Probenanzahl seit der

Untersuchung im Jahr 1987 auf 105 bzw. 106 in den Jahren 1995/1996 erhöht (Entnahme der Bodenproben wurde an denselben Stellen vorgenommen), was auch zu differenzierteren Salinitätsmustern führen sollte. Drei der vier nachfolgend vorgestellten Bodensalinitätskarten der Oase Toumbar (1975, 1987, 1996) sind zur gleichen Jahreszeit - im Frühjahr nach der winterlichen Salzauswaschung - entstanden, während die Erhebung von 1995 den herbstlichen Versalzungszustand nach der sommerlichen Salzanreicherungsperiode widergibt.

Zur Ermittlung der Bodensalinität wurde nach der in Kap. 3.3 beschriebenen Methode mit Hilfe der elektrischen Leitfähigkeit in µS/cm vorgegangen. Die gemessenen Werte der Jahre 1987, 1995 bzw. 1996 wurden in einem ersten Schritt auf die Oasenkarte übertragen und in einem an den Kriging-Algorithmus angelehnten Verfahren mit den vier nächstgelegenen Punkten interpoliert. Diese neu errechneten Werte führten schließlich zur Bildung von Isolinien in µS/cm für die Bodensalinitätskarten.

Bei Betrachtung des Salinitätsmusters aus dem Frühjahr 1975 in Abb. 34 (nach WEHMEIER, 1977a) zeigt sich eine deutliche Beziehung zwischen dem Alter der Kulturflächen und der Bodenversalzung. So stellen der alte, traditionelle Palmenhain in unmittelbarer Nähe des Ortes als auch die Bewässerungsareale von 1949 die Bereiche geringster Bodensalinität dar. In diesen am frühesten in Kultur genommenen Zonen befinden sich die elektrischen Leitfähigkeitswerte durchweg unterhalb der 2000 µS/cm-Grenze. Nach Süden und Südwesten sind markante Ausbuchtungen der Isolinien zu erkennen, welche auf die Hauptbewässerungsrichtungen des Brunnens A sowie auf die Hauptentwässerungskanäle zurückgehen. Ausbuchtungen in diesem Ausmaß sind für den Brunnen B nur in einem westlichen Lobus zu erkennen, der südwestliche ist hingegen nur schwach bis gar nicht vorhanden. Als Grund hierfür sieht WEHMEIER (1977a) die erst kurze Zeit der Brunnenbenutzung in dieser noch jungen Oasenzone.

Im südlichen Teil der Oase ist ein deutlicher Anstieg auf Werte bis zu 4000 µS/cm erkennbar. Es ist anzunehmen, daß nicht nur der Zeitfaktor, sondern auch eine unzureichende Wasserzufuhr sowie ungünstigere Drainagebedingungen für die Versalzung verantwortlich sind, was mit großer Wahrscheinlichkeit auch der Grund für eine generelle Erhöhung der Bodenversalzung in den peripheren im Vergleich zu den direkt benachbarten Bereichen im gesamten Oasenbereich sein dürfte.

Zwölf Jahre später im Frühjahr 1987 (Abb. 35) befinden sich ebenso wie 1975 alle Oasenbereiche außer der Süderweiterung in Richtung Kebili unter 3000 µS/cm. Die niedrigsten Werte treten ebenfalls im alten Kernbereich der Oase auf, jedoch ist nur in einem einzelnen Lobus zwischen dem traditionellen Palmenhain und dem Bewässerungsareal von 1949 die Bodenversalzung unterhalb der 2000 µS/cm-Isolinie nachzuweisen. Darüberhinaus liegen die Werte im alten Palmen-

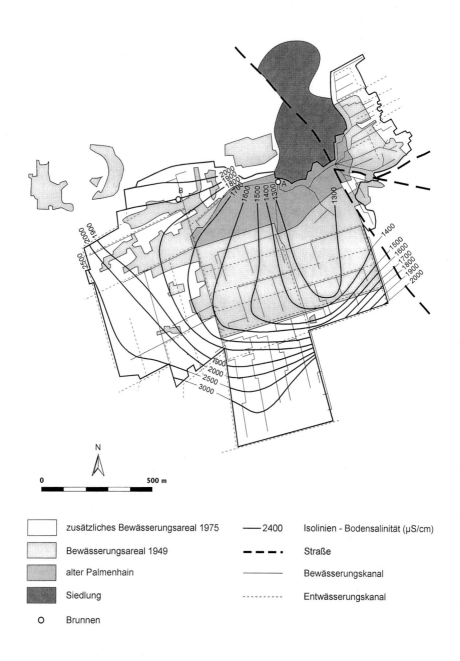

Abb. 34: Bodensalinität in 10 cm Tiefe der Oase Toumbar/Nefzaoua - Frühjahr 1975 (Quelle: WEHMEIER, 1977a)

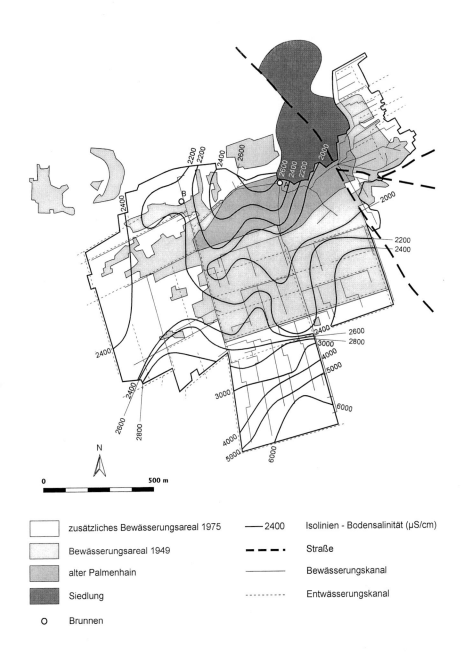

Abb. 35: Bodensalinität in 10 cm Tiefe der Oase Toumbar/Nefzaoua - Frühjahr 1987 (Quelle: RICHTER, 1987, 1995)

hain zwischen 2000 und 2600 µS/cm und somit wesentlich höher als noch 1975. Zu erwähnen ist der Bereich über 2600 µS/cm westlich des Brunnens A am Rand der Oase. Hier wurden zur Zeit der Datenerhebung die überalterten Dattelpalmenbestände verjüngt, um die brachliegenden Flächen einer Rekultivierung zuzuführen. Aufgrund des noch nicht geschlossenen Kronendaches der jungen Dattelpalmen wird mit einer erneuten Verminderung der kurzfristig erhöhten Bodenversalzung erst wieder bei stärkerer Beschattung zu rechnen sein. Hierin zeigt sich also ein recht wichtiger Zwischenbefund für die Beurteilung der Bodenqualität in neu geschaffenen, modernen Oasen: solange das Palmendach nicht geschlossen ist, die direkte Sonneneinstrahlung also ungehemmt bis zum Bestandsgrund durchschlägt, ist die Gefahr der Bodenversalzung deutlich erhöht, wenn die Bewässerung nicht zugleich verstärkt wird.

Ähnlich wie 1975 weist das Bodensalinitätsmuster von 1987 ausgehend von Brunnen A eine prägnante Ausbuchtung der Isolinien nach Süden entlang der Haupbewässerungs- und Entwässerungsachsen auf. Desweiteren ist ein Lobus von Brunnen B in westlicher Richtung zu erkennen. Auch 1987 befindet sich aber die Zone stärkster Versalzung im Süden der Oase; die Werte haben sich jedoch erhöht und übersteigen sogar die 6000 µS/cm-Marke.

In den zwölf Jahren seit der Untersuchung im Jahr 1975 hat sich am prinzipiellen Muster der Bodensalinität Toumbars nichts Wesentliches geändert. Die Zonen geringerer Versalzung sind die gleichen geblieben, der am stärksten versalzte Bereich befindet sich nach wie vor im Süden der Oase. Auffallend verändert hat sich hingegen die Höhe der Salinität! Der allgemeine Anstieg der Versalzung auf der gesamten Oasenfläche läßt sich auf die abnehmende Schüttung der Oasenbrunnen zurückführen. Gibt WEHMEIER (1977a) die Schüttung der beiden Brunnen noch mit insgesamt 80 l/s (Brunnen A: 45 l/s; Brunnen B: 35 l/s) an, so ist deren Leistung ca. 10 Jahre später nach SANTODIROCCO (1986) bereits um beträchtliche 36 % auf nur noch 51 l/s abgesunken. Diese durch Absenkung des Grundwasserspiegels (verstärkt durch die Anlage neuer Brunnen am Oasenrand) und Korrosion hervorgerufene Schüttungsverminderung trägt zur erheblichen Verschlechterung der Bewässerung sowie Salzauswaschung bei, so daß die Zunahme der Bodenversalzung als negative Folge eines reduzierten Wasserangebotes zu sehen ist.

Keine Auswirkung auf die Veränderung der Bodenversalzung hatte der Salzgehalt des Irrigationswassers selbst. Die 1975 gemessenen elektrischen Leitfähigkeitswerte des Bewässerungswassers zwischen 2000 und 3000 µS/cm haben sich bis heute nicht verändert; eigene Messungen im Herbst 1996 am Brunnen A ergaben 2410 µS/cm bzw. 2290 µS/cm an einem 74 m tiefen Brunnen der illegalen Oasenerweiterung in Richtung Westen. Wegen der Natriumadsorptionsverhältnisse von etwa 5 (WEHMEIER, 1977a) sind die Wässer Toumbars nach RICHARDS & ALLISON (1954) mit C_4-S_2 zu klassifizieren.

War die Entwicklung der Bodenversalzung von 1975 bis 1987 durch einen Anstieg gekennzeichnet, so läßt die Bodensalinitätskarte vom Herbst 1995 (Abb. 36) eine Trendumkehr erkennen. Trotz der sommerlichen Salzanreicherung im Boden sind alle Oasenbereiche bis auf die Randzonen im NW bzw. SW weitaus weniger versalzen als noch 1987. In der stärker versalzten, relativ jungen Randzone im Südwesten stehen die Dattelpalmen relativ licht, so daß die geringere Beschattung der Versalzung Vorschub leistet. Im nordwestlichen Randbereich, der ebenfalls Leitfähigkeitswerte bis 3000 µS/cm aufweist, könnte aufgrund der Verlegung von Brunnen B eine gewisse Benachteiligung bei der Bewässerung aufgetreten sein. Eine westliche Ausbuchtung der Isolinien in diesem Bereich, wie sie 1975 und 1987 noch vorhanden war, ist nicht mehr nachzuweisen; ein Lobus in südlicher Richtung entlang der Hauptbewässerungs- und Entwässerungsachse ist hingegen um ein Vielfaches prägnanter als zuvor. Eine Ausbuchtung der Isolinien in südlicher Richtung zeigt sich auch bei Brunnen A, doch erweist sich dieser als relativ persistent.

Wie bei allen bisherigen Untersuchungsjahren spiegelt der Süden der Oase auch im Herbst 1995 die höchste Versalzung wider. Gegenüber 1987 sind die Werte jedoch auch hier vermindert und erreichen nicht mehr als 4000 µS/cm. Eine erhebliche Reduzierung der Bodensalze fand jedoch im alten, traditionellen Oasenkern sowie dem Bewässerungsareal von 1949 statt. Der größte Teil dieser beiden Oasenbereiche besitzt niedrigere Leitfähigkeitswerte als 2200 µS/cm, eine kleine „Insel" liegt sogar unterhalb der 1800 µS/cm-Grenze.

Die Erhöhung der Bodenversalzung von 1975 bis 1987 war durch die Abnahme der Brunnenschüttung zur erklären. Worin aber sind die Gründe für die flächenhafte Salinitätsverminderung zu suchen? Lag die Schüttung der beiden Brunnen A und B Mitte der 80er Jahre beim bereits sehr geringen Wert von 51 l/s (SANTODIROCCO, 1986), so erfolgte Anfang der 90er Jahre eine Verlegung des Brunnens B und eine Nachtiefung beider Brunnen mit zusätzlicher Motorausstattung. Nach Auskunft des C.R.D.A.[39] in Kebili belief sich die Leistung der beiden Brunnen 1995 auf ca. 100 l/s. Gegenüber der Schüttung Mitte der 80er Jahre kommt dies einer Erhöhung um das Doppelte gleich. Zieht man weiterhin in Betracht, daß das Bewässerungssystem in der Zwischenzeit von den oberirdischen Betonhalbschalen auf unterirdische Rohrleitungen umgestellt wurde, so erklärt sich die verbesserte Bewässerungssituation der Oase Toumbar und dadurch die Reduzierung der Bodensalinität.

Fünf Monate nach der Geländearbeit zur Erstellung der Bodensalinitätskarte vom Herbst 1995 wurden an den gleichen Stellen erneut Bodenproben entnommen. Wie zu erwarten, fand während des Winterhalbjahres eine „Aussüßung" des Oberbodens im gesamten Bereich der Oase statt (siehe Abb. 37). Betrachtet

---

[39] C.R.D.A = Commissariat Régional au Développement Agricole

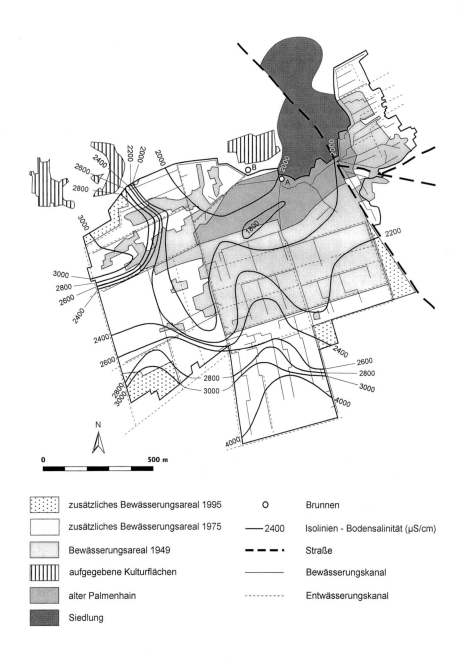

Abb. 36: Bodensalinität in 10 cm Tiefe der Oase Toumbar/Nefzaoua - Herbst 1995 (eigene Erhebungen)

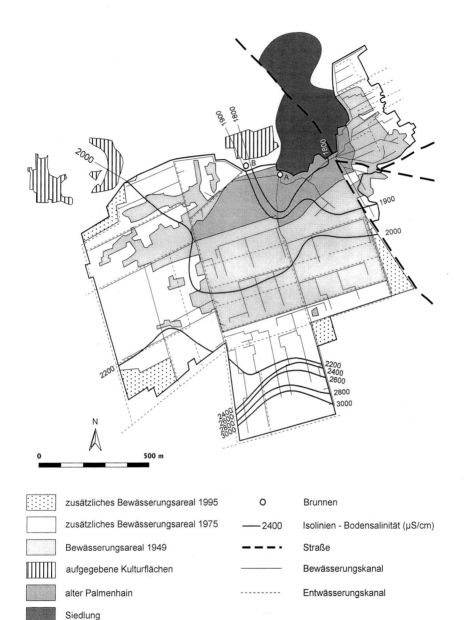

Abb. 37: Bodensalinität in 10 cm Tiefe der Oase Toumbar/Nefzaoua - Frühjahr 1996 (eigene Erhebungen)

man die in Abb. 38 dargestellten Auswirkungen der Bewässerung auf die Salzverlagerung im Boden sowie die Abflußverhältnisse während eines Jahres, so werden die Ursachen der Salzauswaschung deutlich. Die winterliche Reduktion der Evapotranspiration und somit des kapillaren Aufstiegs von Wasser begünstigen die Auswaschung von Salzen einerseits, andererseits tragen erhöhter Niederschlag, Drainabfluß sowie die Werte der Salzfracht im Drainwasser[40] und der Versickerung hierzu bei. Nach BONARIUS (1970) wirken sich allerdings die jahreszeitlichen Schwankungen der Versalzung in den obersten Bodenschichten am stärksten aus und nehmen mit der Tiefe stetig ab. In gleicher Weise wie die beiden vorangegangenen Untersuchungen im Frühjahr wird die 3000 µS/cm-Grenze nur im äußersten Süden überschritten; mit Ausnahme der südlichen und südwestlichen Oasenzone liegen die Leitfähigkeitswerte sogar durchgehend unterhalb 2200 µS/cm.

Anders als bei den oben beschriebenen Salinitätskarten sind im Frühjahr 1996 unter der nun günstigen Bewässerungsleistung keine Ausbuchtungen entlang der wichtigsten Bewässerungs- und Entwässerungskanäle mehr zu erkennen. Das Wasserangebot im Winter scheint zu einer Vereinheitlichung der positiven Wasserbilanzen in der gesamten Oase zu führen, was wiederum eine gleichmäßigere Auswaschung der Bodensalze zur Folge hat.

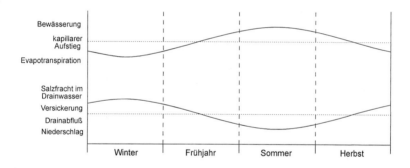

Abb. 38: Auswirkungen der Bewässerung auf die Salzverlagerung im Boden sowie auf die Abflußverhältnisse während eines Jahres (idealisierte Modellskizze; Quelle: SCHAFFER, 1979)

Geht man von einer guten Vergleichbarkeit der in den letzten 20 Jahren durchgeführten Untersuchungen zur Bodensalinität in Toumbar aufgrund der Anwendung gleicher Methoden aus (unter kritischer Betrachtung der Datengrundlage von 1975 mit lediglich 19 Probe-Entnahmepunkten), so demonstriert der durch wechselnde Bewässerungsleistungen herbeigeführte Wechsel von Zu- bzw. Ab-

---

[40] In einem Drainagegraben im Oasenzentrum wurde die elektrische Leitfähigkeit mit einem Wert von 7800 µS/cm ermittelt

nahme der Bodenversalzung auf ein und demselben Oasenterrain positive aber auch nachteilige Trends zugleich. Die sprunghafte Verbesserung der Versalzungssituation nach dem Vertiefen der beiden Brunnen widerlegt zwar die generelle Behauptung von einer progressiven Versalzung der Oasenböden, diese Erkenntnis darf aber nicht darüber hinwegtäuschen, daß derselbe schleichende Prozeß der Grundwasserabsenkung längst wieder eingesetzt hat und einen neuerlichen langsamen Anstieg der Bodenversalzung nach sich ziehen wird. Es ist zu vermuten, daß bei allen artesischen Grundwasseroasen des Chott el Djérid solche Prozesse mosaikförmig und zyklisch ablaufen, d. h. eine Zunahme der Bodenversalzung während Zeiten von Schüttungsabnahme und eine Umkehrung nach dem Nachtiefen der Bohrungen. Inwieweit die Ergebnisse der Oase Toumbar auf andere Oasen übertragbar sind, müßten jedoch weitere Langzeituntersuchungen belegen.

6.3 Die Oasenvegetation Tunesiens

Anders als im marokkanischen Arbeitsgebiet wurden in Tunesien nicht nur pflanzensoziologische Aufnahmen in einjährigen Kulturen, sondern auch in jungen und älteren Brachen sowie in naturnahen, den Oasen direkt angrenzenden Beständen durchgeführt. Letztere sollten Aufschluß über die Beziehungen der Halophytenvegetation des Schottrandbereiches bzw. den mehr oder weniger stark verkrusteten Glacisflächen und den stark versalzten Oasenbereichen liefern. Da die Pflanzenbestände der Oasen nicht nur reine Ackerwildkräuter im engeren Sinne beinhalten, wird im weiteren der umfassendere Begriff Oasenvegetation verwendet. Überdies sollen Erhebungen während zwei verschiedenen Jahreszeiten (Frühjahr und Herbst) zeitliche Unterschiede im Artenspektrum bzw. der Vegetationszusammensetzung aufzeigen, da nicht nur von phänologischen, sondern auch syntaxonomischen Veränderungen auszugehen ist.

6.3.1 Klassifizierung und synsystematische Betrachtung

Die Klassifikation der pflanzensoziologischen Aufnahmen erfolgte nach denselben Kriterien wie beim Datensatz des marokkanischen Arbeitsgebietes. Die Ausgliederung ökologischer Gruppen (ELLENBERG, 1950, 1956) erlaubt nicht nur die genaue Betrachtung bezüglich der Salztoleranz, sondern auch weiterer Standortfaktoren sowie der jahreszeitlichen Dynamik. Aus den beiden Datensätzen vom Herbst 1995 und Frühjahr 1996 wurden 10 ökologische Gruppen ausgegliedert; die dazugehörenden Arten sind der Stetigkeitstabelle (Tab. 12) und den entsprechenden Teiltabellen (Tab. 22 u. 23) im Anhang zu entnehmen.

Tab. 12: Synoptische Tabelle der 7 tunesischen Oasengesellschaften:

1 Arthrocnemum glaucum-Gesellschaft
2 Limoniastrum guyonianum-Gesellschaft
3 Aeluropus litoralis-Gesellschaft
4 Heliotropium curassavicum-Gesellschaft
5 Convolvulus arvensis-Gesellschaft
  a Sommeraspekt von Setaria verticillata
  b Frühjahrsaspekt von Fumaria bastardii
  c Ausprägung von Emex spinosa des Frühjahrsaspektes
6 Medicago polymorpha-Gesellschaft
7 Anthemis pedunculata-Gesellschaft

```
                                           Herbst 1995                    Frühjahr 1996

    GESELLSCHAFT:              1    2    3    4   5a   5b    6 |   1    2    3    4   5b   5c    6    7
    ----------------------------------------------------------------------------------------------------
    MITTLERE KOPFDATEN:
    Deckung Feldfrucht  (%)    0    0   29   49   47   46    8 |   2    0    1   34   30   59   15   27
    Deckung Wildkraut   (%)   69   23   45   31   55   59   79 |  64   43   66   53   77   67   83   37
    Deckung Baum/Strauch(%)   15    2   20   28   44   55   50 |   6    0   16   20   67   57   57    1
    Deckung offener Boden(%)  30   74   33   21    9    9   13 |  32   58   33   20    5    3    7   36
    EC-Wert (mS/cm)         10.5  8.3  3.6  2.5  1.5  1.5  1.0 | 4.8  4.2  2.2  2.5  1.7  0.5  1.2  1.6
    Artenzahl:                 8    5    7    9    8   11   12 |   6    9   10   13   13   16   18   18
    ANZAHL DER AUFNAHMEN:     11    2   17   28   32   42   17 |  20    6   17   32   37    8   18    9
```

Ökologische Gruppe von Arthrocnemum glaucum:
```
    Arthrocnemum glaucum        8.4          1.1                 | 8.4  3.2
    Juncus maritimus            6.4                          1.2 | 4.3  2.1
    Halocnemum strobilaceum     4.3  5.2                         | 4.5  4.3
    Tamarix spec.               3.2                              | 1.1  2.1
    Nitraria retusa             1.3                              | 1.2  2.2                          1.2
```
Ökologische Gruppe von Limoniastrum guyonianum:
```
    Limoniastrum guyonianum         10.2                         |     10.2
    Frankenia thymifolia             5.2                         |      7.2
    Spergularia media                                            |      2.2
```
Ökologische Gruppe von Aeluropus litoralis:
```
    Aeluropus litoralis        10.4 10.3  5.3  2.1               | 6.3  8.4  2.5  2.2  +.1             1.1
    Suaeda mollis               6.4       9.4  3.3           2.1 | 5.4  2.1  6.2  6.2  +.1  1.3
    Limonium delicatulum        9.3  5.2  5.2  +.2      +.1  2.2 | 8.2  2.1  4.3  4.1  +.3       1.1
    Zygophyllum album           5.1 10.2  3.2  2.1               | 1.1  8.3  1.1  1.1                 3.2
    Cressa cretica              4.2       3.3  1.1      +.1      |
    Phragmites australis        5.2       3.1       +.1  +.2  1.1| 4.2  4.2  4.1  1.1
    Bassia muricata                       1.1               1.1  |      2.1  1.3  +.1             1   1.2
    Arthrocnemum fruticosum               1.2  +.2               |
    Atriplex halimus                      1.8  +.6               |      2.6
    Inula crithmoides           1.2       2.4  +.1               | 2.2       2.2  +.1
```
Frühjahrsarten:
```
    Ammosperma cinereum                                          |                1.1  +.1       1.1   1.2
    Lotus halophilus                                             |                1.1  +.1  1.1        3.1
    Mesembryanthemum nodiflorum                                  |           2.1  4.4  2.2  +.1  1.1   3.2
    Spergularia bocconei                                         |                1.2  1.2       1.1   1.1
```
Ökologische Gruppe von Heliotropium curassavicum:
```
    Heliotropium curassavicum   3.2       4.2 10.3  +.1  +.1     | 2.1            4.2
    Spergularia marina          1.1       1.1  4.1               | 4.1            4.1  8.2  +.2
    Frankenia pulverulenta                1.1  2.2               | 2.3  2.2  4.2  7.2  +.1       1.2   1.4
    Sonchus maritimus                     1.2  2.1  2.1  2.1     | 1.1            1.1  4.3            1.2
    Launaea nudicaulis                    2.1  3.1  1.1  1.2  5.1| 2.1  2.1  5.1  1.1  1.1  3.1       4.1
```
Frühjahrsarten:
```
    Sphenopus divaricatus                                        | 2.4            1.1  4.3                  1.1
    Parapholis incurva                                           | 1.4            1.3  5.3  2.1       2.1   1.2
    Hymenolobus procumbens                                       | 1.2            2.1  3.2  2.1  1.1
    Polypogon monspeliensis                                      | 1.2            1.1  6.2  1.2             2.1
```
Ökologische Gruppe von Convolvulus arvensis:
```
    Convolvulus arvensis                  2.2  5.2  8.3  8.2  6.2|           1.1  2.1  7.3  9.3  4.2
    Cynodon dactylon            3.3       6.3  8.2  9.4  9.3  9.5| 2.2       8.3  5.3  8.3 10.4  7.3   4.3
    Conyza canadensis           1.1       2.2       3.1  4.2  4.1|           1.2  +.2  2.1       3.1
    Daucus carota               1.1       2.1  3.1  4.1  5.1  4.2| 1.1       3.1  4.1  6.1  6.1  4.1   1.2
    Beta vulgaris                              3.1  2.1  1.1  1.1|           1.2  5.1  1.1  1.1  1.1
    Melilotus indica                      1.1  +.1       +.1  1.1| 1.1  2.1  2.2  7.3  5.2       6.3   3.2
    Cynanchum acutum            2.1       1.2  1.1  1.1  1.1     |           1.2  2.1
```

```
Imperata cylindrica              1.1     +.1 2.3 4.2    1.4     3.1     1.2     3.2
Apium graveolens                 1.1 1.1 1.1 1.1        1.1             1.1     1.1
Polygonum equisetiforme          1.1     2.1 2.1 2.2    2.2 1.1 2.1 +.1                 3.1
Malva parviflora                         1.1 +.1 4.1            1.2 2.1 2.1 4.2 2.2 6.1
Sonchus oleraceus                3.1 1.1 2.1 1.2        1.1     1.1 6.1 6.1 9.1 6.1 2.1
Launaea resedifolia              1.2     +.1 +.1                4.2 1.1 +.1 +.1         4.2
Chenopodium murale               1.3 2.1 1.1 1.1 1.1    1.1     3.1 4.1 3.1 8.2 2.1 5.2
Lotus corniculatus                   +.1     2.1 4.2    +.1     1.1 2.1 1.2     4.4

Ökologische Gruppe von Setaria verticillata:

Setaria verticillata             1.1 9.310.4 8.4 7.3
Amaranthus graecizans                5.1 1.1     3.1
Portulaca oleracea                   2.2 4.2 1.1 2.1
Digitaria sanguinalis            1.3 2.1 5.3 7.3 3.2
Dactyloctenium aegyptium             4.2 5.3 5.2 1.2
Echinochloa colonum              1.2 2.3 4.3 8.2 7.2
Cyperus rotundus                     1.2 4.3 3.2 4.2
Amaranthus lividus               1.2 2.1 3.1 3.2 1.1
Cuscuta epithymum                1.2 +.3 1.2 1.1 1.1

Ökologische Gruppe von Fumaria bastardii:

Fumaria bastardii                                               1.1 1.3 4.1 9.2 1.1
Euphorbia peplus                         2.1 3.2                    +.2 4.2 9.3 8.1
Rubia tinctorum                  +.1     4.2 2.3                        3.2     1.1
Chenopodium album                1.1 +.1 2.1 1.2                        1.1 +.1 1.1 2.2
Dittrichia viscosa                   +.1 1.4                                +.1
Plantago major                   +.1 1.1 1.2            1.2             1.1     2.1
Lippia nodiflora                         1.5 1.1        1.1 +.2 1.1
Samolus valerandi                +.2 +.1                1.2             2.1             1.1
Stellaria media                          1.2                            3.3 4.4
Aetheorrhiza bulbosa                     2.1 1.2                2.2 5.2 1.1 6.2
Parietaria diffusa                       1.5 1.2                +.1 1.2         3.1
Galium aparine                           1.2 1.1                        2.1     1.1
Anagallis arvensis                       2.1 1.1                2.2 6.210.2 5.2 1.1
Oxalis pes-caprae                        4.3 4.3                1.1 4.5 4.4 2.2
Lolium multiflorum               +.1     +.1            2.1 1.1 5.2 7.310.2 5.3 3.1
Silene rubella                                                  1.2 4.2 6.1 1.1
Melilotus sulcata                                                   +.2 3.2 8.1 4.1 2.1
Polygonum aviculare                                             1.1 2.1 1.1 2.1
Bromus rigidus                                                      +.1 1.4     1.1
Piptatherum miliaceum                                                   1.1
Plantago lanceolata                                                 +.1 1.2     2.1
Sisymbrium irio                                                 1.2 1.1 1.1 5.2 2.1 3.3
Euphorbia terracina                                             2.1     +.2 1.1     1.1
Foeniculum vulgare                                              1.1 1.1 1.1
Bupleurum semicompositum                                        1.4 1.3 1.2     2.2 2.2
Hordeum murinum                                                         1.1     2.1 1.2
Brachypodium distachyon                                             1.3 3.3     3.3 3.1
Plantago afra                                                   1.1     +.2     2.1 2.3
Papaver dubium                                                              +.2 4.1
Galium tricornutum                                              1.1 1.2 3.1 4.1
Ranunculus muricatus                                            1.1 2.2 1.1 1.3
Papaver hybridum                                                    +.1 1.0
Gladiolus italicus                                                  1.3 1.0 1.2
Scandix pecten-veneris                                              +.1         1.1
Bromus madritensis                                              +.3 2.3         1.3 2.1

Ökologische Gruppe von Emex spinosa:

Emex spinosa                                                            8.2
Polycarpon tetraphyllum                                                 6.1
Fumaria parviflora                                                      5.3

Ökologische Gruppe von Medicago polymorpha:

Medicago polymorpha                      +.3 3.2                1.1 2.2     9.3 3.1
Scorpiurus muricatus                     +.2 2.1                +.1 +.1     6.3
Solanum nigrum                       +.1 1.1 3.2                    1.1     2.1
Agrostis stolonifera             1.2 1.3 3.2                    +.1 +.3     6.3
Vicia angustifolia                                              +.1 2.2     3.2
Avena sterilis                                                      2.2     3.3
Torilis nodosa                                                      1.2     4.2
Hypericum tomentosum                         2.1                                1.2
Nasturtium officinale                        1.1
Cichorium intybus                            1.2
Sanguisorba minor                            1.1                        3.1
Rumex pulcher                        +.2     1.2                        1.1

Frühjahrsarten:

Sherardia arvensis                                                      4.1
Malva sylvestris                                                        4.4
Urospermum picroides                                                +.2 4.1
Silene vulgaris                                                         3.1
Aegilops ventricosa                                                     2.2
Cynoglossum cheirifolium                                                1.1
Ononis serrata                                                          1.2
Catapodium rigidum                                                      1.1
Lathyrus laevigatus                                                     1.1
Erodium malacoides                                                      1.1
Veronica agrestis                                                       1.1
```

Ökologische Gruppe von Anthemis pedunculata:

```
Anthemis pedunculata                                              7.1
Trigonella stellata                                               4.1
Schismus barbatus                          2.1      1.1           8.3
Diplotaxis harra                                1.2               5.2
Chrysanthemum trifurcatum                                         3.2
Reaumuria vermiculata                               1.1 +.1       3.2
Cutandia dichotoma                              2.2 1.1 +.1 +.2   3.1
Centaurea dimorpha                                                3.1
Ifloga spicata                                                    3.1
Astragalus sinaicus                                 1             3.1
Atriplex inflata                      +.1                1.3      3.1
Retama retam                                                      3.1
Plantago albicans                                                 3.1
Aizoon canariense                     1.1                     1   3.1
Moricandia arvensis                   1.1                     1.1 2.2
Astragalus cruciatus                            1.0      +.0      2.1
Pteranthus dichotomus                                             2.1
Erodium glaucophyllum                                             2.1
Cotula cinerea                                                    2.1
Linaria laxiflora                                                 2.1
Aristida acutiflora                                               2.1
Plantago ciliata                                                  2.1
Paronychia arabica                                                2.1
Atractylis serratuloides                                          1.1
Spergula flaccida                                                 1.3
Centaurea microcarpa                                              1.1
Echium trygorrhizum                                               1.1
Herniaria hirsuta                                                 1.1
Sclerocephalus arabicus                                           1.1
Hypecoum geslini                                                  1.1
---------------------------------------------------  -----------------
GESELLSCHAFT:              1   2   3   4  5a  5b  6 | 1  2  3  4 5b 5c  6  7
```

Erläuterung zur Tabelle:

Ziffer vor dem Punkt: Stetigkeit in 10er Stufen

+ = 0-5% Stetigkeit

1 = 5-15% Stetigkeit

usw.

Ziffer hinter dem Punkt: Wurzel aus der mittleren Deckung

0 = < 0.5% Deckung

1 = 1% Deckung

2 = 4% Deckung

usw.

9 = 81% Deckung

Die resultierenden Pflanzengesellschaften der tunesischen Oasen sind als entsprechende Kombination der klassifizierten ökologischen Gruppen zu verstehen. Sofern keine Charakterarten im weiteren Sinne die einzelnen Pflanzengesellschaften kennzeichnen, wurden unterschiedliche Dominanz- und Deckungsverhältnisse der ökologischen Gruppen mit Hilfe der Histogramm-Transformation zur Trennung der Vegetationseinheiten herangezogen. Bei den nun folgenden 7 Pflanzengesellschaften soll die Verteilung der ökologischen Gruppen in den einzelnen Gesellschaften betrachtet werden. Die Angaben zur synsystematischen Stellung der wichtigsten Artenvertreter sollen nur als orientierender Hinweis betrachtet werden, da die Arbeitsmethode auf Grundlage ökologischer Gruppen als ranglos gilt und somit außerhalb des Synsystematik angesiedelt ist. Somit können Charakterarten höheren Ranges (Klasse, Unterklasse, Ordnung, Verband) des pflanzensoziologischen Systems durchaus als kennzeichnend für die ausgegliederten Gesellschaften eingestuft werden.

Bei den ersten vier zu besprechenden Pflanzengesellschaften handelt es sich um Halophytenbestände des angrenzenden Schottrandes und stark bis leicht versalzter Oasenbereiche. Nach KILLIAN & LEMÉE (1949) und BRAUN-BLANQUET (1964) weist die halophile Flora der Sahara enge Beziehungen zu den litoralen Arten des mediterranen Raumes auf, wie Arbeiten für Tunesien von BUXBAUM (1927) und WILHELM (1937), für Südfrankreich von BRAUN-BLANQUET (1933a) sowie für Spanien von RIGUAL (1968), RIVAS-MARTINEZ et al. (1984) und PEINADO et al. (1992) belegen. Trotz dieser Ähnlichkeiten treten am Chott el Djérid aber dennoch Unterschiede sowohl in floristischer als auch synsystematischer Hinsicht auf. Die Beziehungen der südtunesischen Halophytenvegetation zur Systematik der europäischen Salzpflanzengesellschaften sind aus der detaillierten Zusammenstellung von BEEFTINK (1968) abzuleiten.

Auf pflanzensoziologischer Ebene liegt eine erste Untersuchung von BRAUN-BLANQUET (1949) vor, der im Bereich der Djérid-Oasen die zwei Assoziationen von Halocnemum strobilaceum und Frankenia reuteri (= *Frankenia thymifolia* Desf.) sowie Limoniastrum guyoniani und Nitraria retusae unterscheidet (Klasse: Salicornietea fruticosae (Br.-Bl. et R. Tx. 1943) R. Tx. et Oberdorfer 1958; Ordnung: Salicornietalia fruticosae (Br.-Bl. 1931) R. Tx. et Oberdorfer 1958; 2 Verbände[41]: Halocnemion occidentale Br.-Bl. 1949 und Limoniastro-Nitrarion Br.-Bl. 1949). GUINOCHET (1951) faßt die südtunesischen Salzgesellschaften hingegen in einer neuen Ordnung, dem Limoniastretalia guyoniani[42] zusammen und hält die Trennung in zwei Verbände mit je einer Assoziation, wie dies BRAUN-BLANQUET (1949) vorschlägt, für nicht haltbar. GUINOCHET (1951) beschreibt den Verband Limoniastrion guyoniani mit der Assoziation von Limoniastreto-Halocnemetum strobilacei (entspricht den beiden Assoziationen von Braun-Blanquet) und unterteilt diese in drei Subassoziationen, das Nitrarietosum tridentatae (*Nitraria tridentata* Desf. = *Nitraria retusa* (Forsk.) Asch.), das Arthrocnemo-Halocnemetosum[43] sowie das Halocnemetosum (*Halocnemum strobilaceum*

---

[41] BERGER-LANDEFELDT (1959) gibt den unterschiedlichen Bodenwassergehalt als ausschlaggebenden Faktor für das Auftreten der beiden Verbände an, wobei das Halocnemion den stärker hygrischen Verband darstellt; für BRAUN-BLANQUET (1949) ist der Bodensalzgehalt die maßgebliche Ursache mit dem Halocnemion als mehr halischem Verband

[42] QUÉZEL (1965) bevorzugt die Bezeichnung des Verbandes als Salsoleto-Nitrarietalia, da die namensgebenden Arten im gesamten Sahararraum verbreitet sind, *Limoniastrum guyonianum* jedoch nur in der nördlichen Sahara Algeriens und Tunesiens

[43] TADROS (1953) beschreibt eine quasi-identische Gesellschaft von Halocnemum strobilaceum und Arthrocnemum glaucum aus Ägypten und weist auf die Möglichkeit hin, daß es sich um eine Subassoziation der Gesellschaft von Halocnemum strobilaceum und Frankenia reuteri Br.-Bl. 1949 handeln könnte

in Reinbeständen). Die nachfolgende synsystematische Zuordnung der wichtigsten Arten erfolgt aufgrund der umfangreicheren Erhebungen nach der Einteilung von GUINOCHET (1951), der innerhalb des Verbandes Limoniastrion guyoniani noch zwei weitere Assoziationen beschreibt, die Gesellschaften von Suaeda fruticosa und Salsola tetrandra sowie von Traganum nudatum und Suaeda vermiculata (= *Suaeda mollis* (Desf.) Del.).

- Die Arthrocnemum glaucum-Gesellschaft wird von den Arten der ökologischen Gruppe von *Arthrocnemum glaucum* dominiert, welche hier ihren Schwerpunkt haben. Mit höchsten Stetigkeitswerten prägt *Arthrocnemum glaucum*, Klassencharakterart der Salicornietea fruticosae, diese Gesellschaft. *Halocnemum strobilaceum*, Kennart des Limoniastreto-Halocnemetum strobilacei sowie die weniger stete Charakterart *Nitraria retusa* des Nitrarietosum tridentatae vervollständigen diese Vegetationseinheit. Die Binse *Juncus maritimus*, Charakterart der Klasse Juncetea maritimi Br.-Bl. 1931 em. Beeftink (1964) 1965, kann als Indikator feuchter Halophytenstandorte herangezogen werden (KILLIAN & LEMÉE, 1948; QUÉZEL, 1965; OZENDA, 1977). Sowohl das Nitrarietosum tridentatae als auch das Arthrocnemo-Halocnemetosum können bei erhöhter oder verlängerter Bodenfeuchtigkeit eine Fazies von *Juncus maritimus* aufweisen.

- Die Limoniastrum guyonianum-Gesellschaft faßt die Arten der ökologischen Gruppe von *Limoniastrum guyonianum* zusammen, die auf diese Gesellschaft beschränkt sind. *Limoniastrum guyonianum* und *Frankenia thymifolia* gelten als Ordnungs- und Verbands-Charakterarten des Limoniastretalia guyoniani bzw. des Limoniastrion guyoniani. Die ebenfalls perenne Art *Spergularia media* (= *Spergularia marginata* Kittel) ist Kennart der Klasse Salicornietea fruticosae. Ebenfalls in dieser Gesellschaft vertreten sind mit *Aeluropus litoralis*, *Limonium delicatulum* und *Zygophyllum album* drei Arten der ökologischen Gruppe von *Aeluropus litoralis*.

- Die Gesellschaft von Aeluropus litoralis ist als Kombination der ökologischen Gruppen von *Aeluropus litoralis* und *Heliotropium curassavicum* zu verstehen. Obwohl die Arten der ökologischen Gruppe von *Aeluropus litoralis* in den zwei zuvor beschriebenen Gesellschaften stark vertreten sind, wurde diese als namensgebend für diese Gesellschaft ausgewählt, da zum einen hohe Stetigkeitswerte die Konkurrenzkraft gegenüber den Arten der anderen ökologischen Gruppe von *Heliotropium curassavicum* belegen, die Artengruppe aber außerdem den Übergang vom Schottrandbereich hinein in die Oase vollzieht und hier die meist jungen, versalzten Brachen charakterisiert. Bei *Aeluropus litoralis*, *Limonium delicatulum* und *Atriplex halimus* handelt es sich um Charakterarten der Klasse Salicornietea fruticosae, *Zygophyllum album* ist als Ordnungs- und Verbandskennart des Limoniastretalia guyoniani bzw. des Limoniastrion guyoniani ausgewiesen. *Sueada mollis* wird von QUÉZEL (1965) der Ordnung Salsoleto-Nitrarietalia als Charakterart zugeordnet, *Phragmites australis* (Kennart der Klasse Phragmitetea R. Tx. et Prsg. 1942), *Inula crithmoides* und *Arthocnemum fruticosum* (= *Salicornia arabica* L.) sind charakteristische Arten der von ihm in algerischen Oasen vorgefundenen Gesellschaft von Salicornia arabica und Phragmites communis (= *Phragmites australis* (Cav.) Trin. ex Steudel). Im Gegensatz zu den beiden bereits beschriebenen Gesellschaften treten in der Gesellschaft von Aeluropus litoralis Therophyten hinzu. Im Sommer sind dies einzig *Cressa cretica* und in einem Frühjahrsaspekt *Ammosperma cinerea, Lotus halophilus, Spergularia bocconei* und *Mesembryanthemum nodiflorum*.

- Die Gesellschaft von Heliotropium curassavicum setzt sich aus den ökologischen Gruppen von *Heliotropium curassavicum, Aeluropus litoralis* und *Setaria verticillata* zusammen. Die Existenz des *Setaria verticillata*-Komplexes mit weiteren reinen Ackerwildkrautarten zeigt das starke Vorkommen dieser Gesellschaft in annuellen Anbaukulturen; sie kommt aber ebenso zusammen mit anderen Arten auf jungen Brachflächen vor. Der in der Neuen Welt beheimatete Neophyt *Heliotropium curassavicum* ist der einzige Halophyt seiner Gattung im tunesisch-libyschen Raum (ALI & JAFRI, 1976-1990). Synsystematisch fand die Art bisher noch keine Beachtung und Einordnung. *Frankenia pulverulenta, Spergularia marina* sowie *Sphenopus divaricatus* (ein Vertreter des Frühjahrsaspektes) sind Klassencharakterarten des Salicornietea fruticosae.

Bei den Arten der folgenden ökologischen Gruppen handelt es sich um die eigentlichen Vertreter der Ackerwildkrautvegetation. Die Bewässerung in den Subtropen ermöglicht nicht nur das ganze Jahr eine durchgehende Kultivierung mit zwei aufeinanderfolgenden Fruchtfolgen, sondern auch eine durchgehende Ackerwildkrautvegetation, die sich saisonal auf einem Standort unterschiedlich ausbildet. EL-HADIDI & KOSINOVÁ (1971) beschreiben für Ägypten drei jahreszeitlich verschieden auftretende Artengruppen. Als Ackerwildkräuter des Winters werden dort *Melilotus indica, Chenopodium murale, Anagallis arvensis, Chenopodium album, Medicago polymorpha, Vicia sativa, Euphorbia peplus, Malva parviflora, Emex spinosa* und *Silene rubella* genannt, für die Ackerwildkräuter des Sommers werden *Echinochloa colonum, Portulaca oleracea, Cyperus rotundus, Amaranthus graecizans, Amaranthus lividus, Setaria verticillata, Digitaria sanguinalis* und *Dactyloctenium aegyptium* aufgeführt. Die dritte Gruppe von Ackerwildkräutern tritt das ganze Jahr hindurch auf, mit den Arten *Cynodon dactylon, Convolvulus arvensis, Sonchus oleraceus, Chenopodium murale* (Schwerpunkt im Frühjahr), *Chenopodium album* und *Polygonum equisetiforme*. In den tunesischen Oasen können vier ökologische Gruppen mit vergleichbarem Arteninventar nach jahreszeitlichem Auftreten klassifiziert werden. Die ökologische Gruppe von *Convolvulus arvensis* prägt die Ackerwildkrautvegetation das gesamte Jahr, die *Setaria verticillata*-Gruppe ist im Sommer/Herbst, die zwei ökologischen Gruppen von *Fumaria bastardii* und *Emex spinosa* sind im Winter/Frühjahr vertreten.

Die Existenz von saisonal differierenden Ackerwildkrautbeständen ist seit längerem für die bewässerten Citruskulturen (POLI, 1966; MAUGERI, 1979; MAUGERI et al., 1979; RAIMONDO et al., 1979; LUCIANI & MAUGERI, 1984; BRULLO et al., 1988) als auch Wein- und Getreidekulturen (BERNHARDT, 1986, 1987) Siziliens bekannt und von RICHTER (1985, 1989, 1997) nicht nur für den mediterranen Raum sondern auch für die Djérid-Oasen Tunesiens beschrieben. Die periodische Abfolge der Ackerwildkrautbestände ist auf die unterschiedliche Keimungsphysiologie der Segetalflora der Sommer- und Winterkulturen zurückzuführen. Bei den im Sommer auftretenden Ackerwildkräutern handelt es sich um Wärmekeimer, die für die Keimung eine hohe Mindesttemperatur benötigen (LAUER, 1953). Ein Großteil der Arten (z.B. *Amaranthus* ssp., *Portulaca oleracea*, *Setaria verticillata*) betreibt die Photosynthese auf dem für xerische Bedingungen angepaßten C_4-Weg (BERNHARDT, 1986).

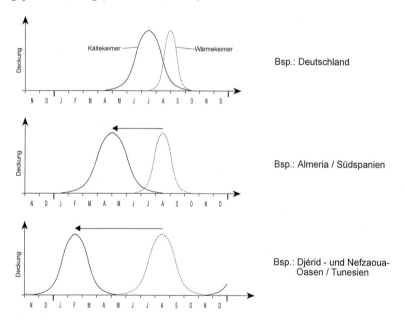

Abb. 39: Jahreszeitliche Verschiebung der Blütezeit kälte- und wärmekeimender Ackerwildkrautarten in Abhängigkeit der geographischen Breite. (Quellen: Deutschland (OBERDORFER, 1990); Almeria/Südspanien (SAGREDO, 1987); Djérid- und Nefzaoua-Oasen/Tunesien (CUÉNOD, 1954; POTTIER-ALAPETITE, 1979, 1981)

In Abb. 39 ist die Verschiebung des jahreszeitlichen Auftretens auf Grundlage der Blütezeit kälte- und wärmekeimender Ackerwildkrautarten in Abhängigkeit der geographischen Breite schematisch dargestellt ist. Zur Erstellung der Graphik dienten lediglich Arten, die in den tunesischen Oasen als Wärme- (*Setaria verticillata, Digitaria sanguinalis, Amaranthus graecizans, Amaranthus lividus*) bzw. Kältekeimer (*Euphorbia peplus, Anagallis arvensis, Euphorbia helioscopia, Stellaria media, Galium aparine*) gelten und in allen drei Gebieten verbreitet sind. Es zeigt sich, daß in erster Linie die Kältekeimer eine Verschiebung in die für sie thermisch günstigere kühle Jahreszeit vollziehen, während die Wärmekeimer ihre Amplitude nur gering in den Sommermonaten ausdehnen[44]. Ist in den gemäßigten Breiten Mitteleuropas die pflanzensoziologische Einordnung wegen der längeren Überlappungszeit noch eindeutig als Aspekt zu werten, so sorgt die fast völlige Trennung der von wärme- bzw. winterkeimenden Arten dominierten Bestände im mediterranen und saharischen Raum für eine kontrovers geführte Diskussion über die synsystematische Zuordnung von Ackerwildkrautgesellschaften der Sommer- und Winterkulturen.

Zwei grundsätzliche Auffassungen herrschen hierbei vor (siehe HOLZNER, 1978). Zum einen führten die ökologischen Unterschiede der Ackerwildkrautgesellschaften zu einer Teilung in zwei verschiedene Klassen (BRAUN-BLANQUET[45] et al., 1952; OBERDORFER, 1990) oder Unterklassen (RIVAS-MARTINEZ, 1987; NEZADAL, 1989). Dies hat zum Resultat, daß zwei aufeinanderfolgende und sich zeitweise überlappende Gesellschaften auf hohem syntaxonomischen Rang getrennt werden. Folgt man der Einteilung von NEZADAL (1989), so sind beispielsweise die beiden von MAUGERI (1979) beschriebenen, saisonal alternierenden Gesellschaften der sizilianischen Citruskulturen auf Ordnungsebene zu trennen. Die im Winter/Frühjahr auftretende Assoziation Fumario-Stellarietum neglectae Maugeri 1979 ist somit zur Ordnung Chenopodietalia muralis Br.-Bl. 1931 (1936) (Verband: Chenopodion muralis Br.-Bl. 1931; Unterverband: Malvenion parviflorae Riv.-Mart. 1978) zu stellen, die Sommer/Herbst-Assoziation Amarantho-Cyperetum rotundi Maugeri 1979 zur Ordnung Eragrostietalia J. Tx. 1961 (Verband: Eragrostion Tx. in Slavn. 1944).

Eine andere Möglichkeit, die saisonale Aufeinanderfolge zweier Vegetationseinheiten zu beschreiben, entwickelten KROPAC et al. (1971) mit dem Ökophasenkonzept für das Ökosystem Acker. Eine Agroökophase (agro-ecophase = AEP)

---

[44] Auf der südlichen Hemisphäre (Bsp.: Südafrika) treten dieselben Gras- (und wahrscheinlich auch anderen Arten) um ein halbes Jahr versetzt aber zur gleichen Jahreszeit auf (RUSSELL et al., 1991)

[45] Die 1952 von Braun-Blanquet aufgeteilten Klassen wurden früher von ihm in der Klasse Ruderali-Secalietea Br.-Bl. 1936 (Rudereto-Secalinetales Br.-Bl. (1931) 1936) zusammengefaßt (vgl. BRAUN-BLANQUET, 1933b)

kann als ein Zeitraum mit gleichen anthropogenen und ähnlichen klimatischen Bedingungen bei einer bestimmten Kulturfrucht verstanden werden. Die Winter/Frühjahrs-Ökophase in den tunesischen Oasen dauert von Ende Oktober bis Juni, die Sommer/Herbst-Ökophase von Juni bis November. In den Übergangsphasen überlappen sich beide Agroökophasen, wobei das Arteninventar der einen allmählich ab- und der anderen zunimmt. Das Agroökophasenkonzept geht von einer am Standort vorkommenden Assoziation mit verschiedenen Aspekten aus, d. h., die Summe aller die Ökophasen begleitenden Ackerwildkrautaspekte stellt die Assoziation dar, die Aufeinanderfolge aller Ökophasen eines Jahres wird als Agroökostufe (agro-ecostage) bezeichnet. Auch NEZADAL (1989) hält die Verwendung des Begriffes Aspekt im Zusammenhang mit den von POLI (1966) beschriebenen, jahreszeitlich verschiedenen Subassoziationen für richtiger. Die klassifizierte Ackerwildkrautgesellschaft der tunesischen Oasen bildet demzufolge Aspekte in unterschiedlichen Jahreszeiten aus.

Die übergeordnete Einheit stellt die Convolvulus arvensis-Gesellschaft dar. Bei den gesellschaftsbildenen Arten der ökologischen Gruppe von *Convolvulus arvensis* handelt es um ganzjährig auftretende Arten. Synsystematisch gehören viele Species zur Stellarietea mediae (Br.-Bl.1931) Tx., Lohm. et Prsg. in Tx. 1950, wie die Klassencharakterarten *Convolvulus arvensis*, *Sonchus oleraceus* und *Hordeum murinum*. *Chenopodium murale*, *Malva parviflora* und *Beta vulgaris* sind Kennarten des Chenopodietalia muralis. Als häufigster Vertreter dieser ökologischen Gruppe tritt *Cynodon dactylon* als ruderales Element hinzu.

- Die Ackerwildkrautvegetation der Sommer/Herbst-Ökophase wird im Sommeraspekt von Setaria verticillata geprägt. Neben der gering vertretenen ökologischen Gruppe von *Heliotropium curassavicum* dominiert die Artengruppe von *Setaria verticillata* deutlich diese Jahreszeit. Nach MAUGERI (1979) sind *Setaria verticillata*, *Portulaca oleracea* und *Digitaria sanguinalis* als Eragrostietalia- bzw. Eragrostion-Charakterarten einzustufen, *Amaranthus graecizans* und *Cyperus rotundus* sind die namensgebenden Charakterarten des Amarantho-Cyperetum rotundi, *Echinochloa colonum* gilt als Differentialart der Subassoziation Amarantho-Cyperetum rotundi echinocloetosum coloni.

- Die Ackerwildkrautvegetation der Winter/Frühjahrs-Ökophase wird von der ökologischen Gruppe von *Fumaria bastardii* gebildet. Im Oktober tritt eine Überlappung der ökologischen Gruppen von *Setaria verticillata* und von *Fumaria bastardii* auf (siehe Tab. 12). Nach dieser Übergangsphase dominieren einzig die Arten der *Fumaria bastardii*-Gruppe die Bestände bis in die Überlappungsphase des Frühsommers. Als Kennarten der Stellarietea mediae sind *Stellaria media*, *Anagallis arvensis*, *Polygonum aviculare* und

Lolium multiflorum vertreten. Im Frühjahrsaspekt überwiegen Arten der Unterklasse Chenopodienea muralis Br.-Bl. ex Riv.-Mart. 1987 ined. mit deren Charakterarten *Euphorbia peplus*, *Silene rubella* und *Melilotus sulcata*. Hinzu kommen mit *Chenopodium album*, *Sisymbrium irio*, *Oxalis pes-caprae* und *Piptatherum miliaceum* (= *Oryzopsis miliacea*) Kennarten der Ordnung Chenopodietalia muralis. Wenig vertreten sind hingegen Arten der Unterklasse Secalienea cerealis Br.-Bl. ex Riv.-Mart. 1987 ined. mit *Papaver dubium* als Charakterart der Aperetalia spicae-venti J. et R. Tx in Mal.-Bel. et al. 1960 und *Galium tricornutum* bzw. *Scandix pecten-veneris* der Secalietalia cerealis Br.-Bl. (1931) 1936 em. J. et R. Tx. in Mal.-Bel. et al. 1960. Mit *Brachypodium distachyon* und *Plantago afra* sind ruderale Arten vertreten.

- Ebenfalls in der Winter/Frühjahrs-Ökophase anzutreffen ist die Ausprägung des Frühjahrsaspektes von Emex spinosa. Die drei Arten der ökologischen Gruppe von *Emex spinosa* sind lediglich auf diese Ausprägung beschränkt. *Fumaria parviflora* gilt als Charakterart der Secalietalia cerealis, *Emex spinosa* als solche der Chenopodietalia muralis. *Polycarpon tetraphyllum* hingegen hat ihren Schwerpunkt in mediterranen Trittgesellschaften.

Bei der folgenden Gesellschaft handelt es sich um einen naturnahen Vegetationstyp sandiger Böden außerhalb der Oasen und erst jüngst angelegter Kulturflächen in Degache.

- Die Anthemis pedunculata-Gesellschaft deckt sich mit der ebenfalls in Degache von BRAUN-BLANQUET (1949) mit lediglich 2 Aufnahmen beschriebenen Assoziation von Retama retam und Diplotaxis harra Br.-Bl. 1949. Als typische Arten dieser Assoziation nennt Braun-Blanquet ohne Angabe des Ranges einen Großteil der Vertreter der ökologischen Gruppe von *Anthemis pedunculata*, wie z. B. die Art selbst, *Diplotaxis harra*, *Retama retam*, *Plantago ciliata*, *Ifloga spicata*, *Astragalus sinaicus*, *Atractylis serratuloides* und *Chrysanthemum trifurcatum*. Die in den Aufnahmen dieser Assoziation gering deckenden Arten *Aristida acutiflora* und *Echium trygorrhizum* sind als Begleiter einzustufen und werden von Braun-Blanquet in der recht nah stehenden Assoziation von Aristida acutiflora und Echium trygorrhizum Br.-Bl. 1949 als Charakterarten ausgewiesen. Hierbei werden u. a. *Plantago albicans*, *Astragalus cruciatus*, *Trigonella stellata*, *Cotula cinerea* und *Centaurea dimorpha* aufgeführt, deren Rang im unklaren bleibt. Beide Assoziationen gehören zur Ordnung Aristidetalia (Verband Astragalo-Aristidion acutiflorae). In dieser Gesellschaft haben auch Sandzeiger wie *Cutandia dichotoma* und *Schismus barbatus* ihren Schwerpunkt.

- Zur Medicago polymorpha-Gesellschaft wurden auf die Fluß- und Gebirgsfußoasen beschränkte oder hier ihren eindeutigen Schwerpunkt aufweisende Arten zusammengefaßt. Neben den perennen Arten *Hypericum tomentosum, Cichorium intybus, Pergularia tomentosa, Sanguisorba minor, Silene vulgaris* und *Taraxacum officinale* treten hier in der Winter/Frühjahrs-Ökophase auch Stellarietea- (*Vicia angustifolia*), Chenopodienea- (*Malva sylvestris, Erodium malacoides, Torilis nodosa, Euphorbia helioscopia, Rumex pulcher, Solanum nigrum*) und Secalienea-Charakterarten (*Sherardia arvensis, Scorpiurus muricatus*) auf. Auf die Sommer/Herbst-Ökophase sind hingegen keine Arten zeitlich beschränkt.

6.3.2 Ökologie

Die Ökologie der tunesischen Oasenvegetation wird in diesem Kapitel auf Grundlage der Vegetationsaufnahmen der Schottoasen im Herbst interpretiert. Da sich die Ergebnisse des Frühjahres in vielem mit dem Herbstdatensatz decken, wird abschließend auf die Unterschiede eingegangen. Anhand der Ordinationsresultate der Korrespondenz- (CA) und kanonischen Korrespondenzanalyse (CCA) werden die Zusammenhänge zwischen den verschiedenen Standortfaktoren und den daraus resultierenden Vegetationseinheiten erläutert.

6.3.2.1 Die Standortfaktoren

Im Gegensatz zum Drâa-Tal in Marokko weist die deutlich erhöhte elektrische Leitfähigkeit der Böden am Chott el Djérid eine hohe positive Korrelation mit dem pH-Wert auf (Tab. 13). Werte unter 9.0 und relativ hohe Karbonatgehalte lassen bei starker Bodenversalzung auf einen geringen Soda-Anteil schließen, da Soda den pH-Wert in den stark alkalischen Bereich anhebt (SAMIMI, 1990, 1991). Die geringere Versalzungstendenz von Sandböden ist hingegen nur durch eine schwach negative Korrelation, umgekehrt der Tongehalt durch eine geringe positive Korrelation mit dem EC-Wert ausgedrückt. Deutlich negativ mit der elektrischen Leitfähigkeit sind die Deckungswerte der Baum- und Strauchschicht sowie der Feldfrucht korreliert. Die Gründe hierfür liegen in der weniger dichten, extensiveren Bewirtschaftung auf versalzten Böden als auch der verdunstungsmindernden Wirkung dichter Bestände, was zur weiteren Abschwächung der Versalzung führt. Bei diesen Korrelationswerten muß jedoch beachtet werden, daß den Halophytenbeständen der Schottvegetation diese Vegetationsschichten generell fehlen. Umgekehrt zeigt die positive Korrelation des EC-Wertes mit dem Standortparameter „Offener Boden", daß durch den beschleunigt nach oben steigenden Bodenwasserstrom bei direkter Sonneneinstrahlung die Tendenz zur Versalzung wächst.

Tab. 13: Korrelationen zwischen den Kopfdaten (hochkorrelierte Werte über ±0,30 sind hervorgehoben)

	EC Boden	pH Boden	Sand	Ton	BS Deckung	F. Deckung	Off. Boden
EC Boden	1.0						
pH Boden	**0.44**	1.0					
Sand	-0.19	-0.04	1.0				
Ton	0.13	-0.08	**-0.75**	1.0			
BS Deckung	**-0.37**	**-0.30**	-0.28	**0.32**	1.0		
F. Deckung	**-0.37**	**-0.39**	-0.07	0.08	0.26	1.0	
Off. Boden	**0.38**	**0.34**	0.19	-0.28	**-0.49**	**-0.52**	1.0

6.3.2.2 Bewertung der ökologischen Gruppen

Bei der Besprechung der Zusammenhänge zwischen Standortfaktoren und Artengruppen anhand der CCA sind einführend die Ergebnisse der Korrespondenzanalyse gestellt, da sie nur auf floristische Daten basiert und als Ausgangsform für die ökologisch besser interpretierbare CCA dient. Dem CA-Ordinationsdiagramm liegen die ersten beiden Achsen zugrunde, welche mit den höchsten Eigenwerten die Datensatzstruktur am besten wiedergeben (siehe Tab. 14).

Achse	Eigenwert
1	0.797
2	0.426
3	0.415
4	0.406

Tab. 14: Eigenwerte der CA (Herbst)

Im CA-Ordinationsdiagramm in Abb. 40 werden die Arten über die zwei wichtigsten Gradienten aufgetrennt. Auf einer gebogenen Linie („Hufeiseneffekt", „arch effect" der CA; siehe hierzu BEMMERLEIN & FISCHER, 1990; GLAVAC, 1996) sind die Arten entlang eines Salzgradienten angeordnet, auf dem vor allem die ökologischen Gruppen von *Limoniastrum guyonianum, Arthrocnemum glaucum, Aeluropus litoralis* und *Heliotropium curassavicum* deutlich voneinander getrennt sind. Aufgrund des seltenen Vorkommens im Datensatz ist die ökologische Gruppe von *Limoniastrum guyonianum* in der äußersten Peripherie des Diagramms plaziert. Entlang der 2. Achse sind diese ökologischen Gruppen auf einem Gradienten (Bodenart) stark auseinandergezogen, was auf eine Komplexität in ihrer Ökologie hinweist. Am stärksten treten diese Unterschiede bei der ökologischen Gruppe von *Aeluropus litoralis* hervor, wobei speziell die Art *Atriplex halimus* wegen extrem hoher Deckungswerte (3 und 4) bei nur zweimaligem Vorkommen im Datensatz an die Peripherie des Ordinationsdiagramms verlagert wurde. Im Zentrum des Diagramms sind die ökologischen Gruppen von *Convolvulus arvensis*, *Setaria verticillata* und *Fumaria bastardii* gruppiert. Die benachbarte Anordnung dieser Artengruppen läßt auf ihre enge ökologische Verwandtschaft schließen. Eine vermittelnde Rolle zwischen den Ackerwildkrautbeständen im zentralen Diagrammbereich und den „Salzgruppen" nimmt die ökologische Gruppe von *Heliotropium curassavicum* ein.

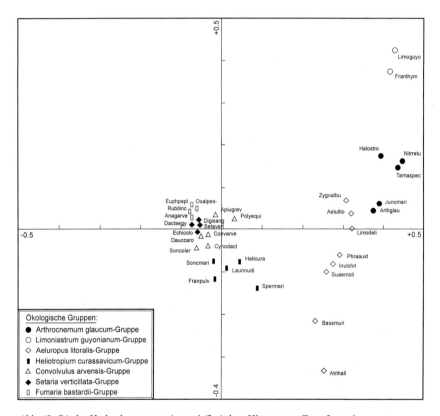

Abb. 40: CA des Herbstdatensatzes, Arten, 1./2. Achse, Histogramm-Transformation

Für die Interpretation der CCA werden ebenfalls die ersten beiden Achsen mit den höchsten Eigenwerten und Art-Umwelt-Korrelationskoeffizienten (Tab. 15) verwendet. Mit der ersten Achse kann in etwa die Hälfte, mit der ersten und zweiten Achse können ca. zwei Drittel der Varianz der Art-Umwelt-Beziehungen erklärt werden.

Tab. 15: Eigenwerte, Art-Umwelt-Korrelationskoeffizienten und kumulative Varianzen der Art-Umwelt-Beziehung bei der CCA (Herbst)

Achse	1	2	3	4
Eigenwert	0.608	0.218	0.150	0.096
Art-Umwelt-Korrelationskoeffizient	0.884	0.803	0.732	0.640
kumulative Varianz der Art-Umwelt-Beziehung in %	48.8	66.3	78.3	86.0

Drücken die Eigenwerte, Art-Umwelt-Korrelationskoeffizienten und die kumulative Varianz der Art-Umwelt-Beziehung bereits die Wichtigkeit der ersten beiden Achsen aus, so sind auch die sechs höchsten Inter-Set-Korrelationen auf diesen Achsen zu finden. Die elektrische Leitfähigkeit des Bodens weist hierbei die höchsten absoluten K- und t-Werte des gesamten Datensatzes auf. Auf den ersten beiden Achsen können alle Standortvariablen aufgrund hoher K- und t-Werte zumindest auf einer der Achsen interpretiert werden. Lediglich der Sandgehalt besitzt weder auf Achse 1 noch auf Achse 2 einen t-Wert über 2.1; nur der mit -391 hohe K-Wert hebt den Einfluß dieses Standortfaktors hervor und läßt zumindest eine heuristische Betrachtung zu.

Tab. 16: Inter-Set-Korrelationen (K-Wert) und t-values zwischen den Umweltdaten und Achsen (t-values über ±2,1 sind in Fettdruck hervorgehoben, die dazugehörenden Inter-Set-Korrelationen erscheinen unterstrichen. Interpretierbare Inter-Set-Korrelationen mit geringen t-values sind ebenfalls hervorgehoben)

	1. Achse		2. Achse		3. Achse		4. Achse	
	K-Wert	t-value	K-Wert	t-value	K-Wert	t-value	K-Wert	t-value
EC Boden	<u>765</u>	**9.4**	<u>185</u>	**4.8**	<u>195</u>	**5.0**	<u>77</u>	**2.3**
pH Boden	<u>572</u>	**3.6**	91	0.6	<u>72</u>	**2.9**	-93	-0.9
Sandgehalt	147	0.2	**-391**	-0.3	112	1.8	**-191**	**2.0**
Tongehalt	-197	0.3	<u>513</u>	**4.1**	-60	0.5	<u>360</u>	**5.2**
Deckung Baum-/ Strauchschicht	<u>-576</u>	**-4.1**	301	1.9	<u>-77</u>	**-2.1**	<u>171</u>	**3.3**
Deckung Feldfrucht	<u>-533</u>	**-2.3**	<u>-218</u>	**-6.7**	<u>503</u>	**7.7**	<u>156</u>	**4.6**
Offener Boden	<u>601</u>	**3.2**	<u>-401</u>	**-8.5**	<u>-337</u>	**-4.0**	<u>174</u>	**6.3**

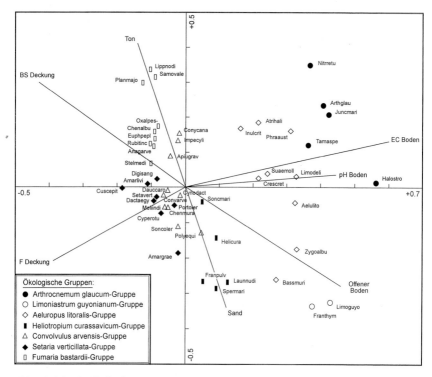

Abb. 41: CCA des Herbstdatensatzes, Arten, 1./2. Achse, Umweltvariablen als Pfeile, Histogramm-Transformation

Die ökologische Gruppe von *Arthrocnemum glaucum* weist sich im Ordinationsdiagramm in Abb. 41 als die am stärksten halophile Artengruppe mit EC-Werten des Bodens von 3.890 bis 24.800 µS/cm auf Standorten mit hohem pH-Wert und offener Bodenoberfläche aus. Sie kommt am Schottrand, in alten, brachgefallenen und stark versalzten Oasenbereichen unter Dattelpalmenbewuchs sowie neu angelegten Oasen vor. *Halocnemum strobilaceum* ist entlang des „Salzpfeiles" am weitesten an die Peripherie verlagert und gilt als hyperhalophile Art auf zeitweise nassen und in der Dürrezeit ausgetrockneten Standorten (BRAUN-BLANQUET, 1949; TADROS, 1953; TADROS & ATTIA, 1958; KNAPP, 1968; QUÉZEL, 1971; AYYAD & EL-GHAREEB, 1982). *Halocnemum strobilaceum* bildet in Reinbeständen den Beginn der Vegetation am Übergang zum pflanzenlosen Salzsumpf des Schotts (BRAUN-BLANQUET, 1964). Während *Halocnemum strobilaceum* hauptsächlich auf Sandböden beschränkt bleibt, sind *Juncus maritimus, Arthrocnemum glaucum, Nitraria retusa* und *Tamarix spec.* häufig auf Lehmböden mit entsprechend höherem Tongehalt anzutreffen. Nach QUÉZEL (1971) besiedeln *Arthrocnemum glaucum* und *Juncus maritimus* Standorte mit hoher Salinität bei ganzjähriger Durchfeuchtung.

Am höchsten mit der Umweltvariablen „Offener Boden" ist die ökologische Gruppe von *Limoniastrum guyonianum* korreliert. Diese Gruppe mit den Arten *Limoniastrum guyonianum* und *Frankenia thymifolia* ist auf stark aber nicht extrem versalzten Böden (5.440-11.160 µS/cm) im Schott und seit längerem aufgegebenen Flächen am Oasenrand anzutreffen. Anders als bei der ökologischen Gruppe von *Arthrocnemum glaucum* bevorzugen die beiden Species lediglich Sandböden (schluffig bis lehmige Sande) und gelten als Zeigerpflanzen gipshaltiger Salzböden (LE HOUÉROU, 1959; KNAPP, 1968; QUÉZEL, 1971; LEIPPERT & ZEIDLER, 1984).

Eine weite Amplitude der Standortansprüche weisen die Arten der ökologischen Gruppe von *Aeluropus litoralis* auf. Entlang des Salinitäts- und pH-Gradienten sind alle Arten im mäßig bis extrem salzhaltigen (max. 24.800 µS/cm) bzw. leicht alkalischen Bereich angeordnet, trennen sich jedoch auf dem Gradienten der Bodenart deutlich voneinander. Die „zentralen" Arten *Aeluropus litoralis*, *Limonium delicatulum*, *Suaeda mollis* und *Cressa cretica* zeigen indifferentes Verhalten bezüglich der Bodenart und wachsen auf mäßig feuchten Habitaten (KNAPP, 1968). *Atriplex halimus*, *Inula crithmoides* und *Phragmites australis* besiedeln hauptsächlich Lehmböden (sL, uL), die während des größten Teils des Jahres feuchte bis nasse Bedingungen bieten, zumindest nicht extrem austrocknen. Auf den hygrophilen Charakter von *Inula crithmoides* und v. a. *Phragmites australis* weisen TADROS (1953), KNAPP (1968), OZENDA (1977), GÖTZ (1984), WALTER & BRECKLE (1991) und SHALTOUT et al. (1995) hin. *Bassia muricata* und *Zygophyllum album* haben ihren Schwerpunkt auf sandigen, zur Austrocknung neigenden Standorten mit geringer Pflanzenbedeckung (hohe Korrelation mit dem Wert des offenen Bodens). Ähnlich wie die Arten der ökologischen Gruppe von *Limoniastrum guyonianum* ist *Zygophyllum album* als Zeiger gipshaltiger Böden bekannt (LE HOUÉROU, 1959; FRANKENBERG & KLAUS, 1987). Zu finden sind die Vertreter der ökologischen Gruppe von *Aeluropus litoralis* im Schottrandbereich in älteren, stark versalzten Oasenbrachen, aber auch auf mäßig versalzten Kulturflächen ausnahmslos junger Oasengärten mit geringer Beschattung.

Die ökologische Gruppe von *Heliotropium curassavicum* ist auf mäßig bis stark versalzten (max. EC-Wert: 9.620 µS/cm) und sandigen Böden mit erhöhtem Anteil an offener Bodenoberfläche zu finden. Ihren eindeutigen Schwerpunkt hat diese Artengruppe auf erst jüngst in Kultur genommenen Anbauflächen. Vertreten ist sie aber auch in Anbauflächen älterer Oasenteile sowie in Brachestadien verschiedener Entwicklungsstufen. Das Auftreten sowohl in Kultur- als auch Brachflächen unterschiedlichen Versalzungsgrades verdeutlicht die intermediäre Stellung entlang des Salzgradienten zwischen den reinen Ackerwildkrautbeständen und den oben als stark halophil herausgestellten ökologischen Gruppen. Sowohl *Heliotropium curassavicum* (ALI & JAFRI, 1976-1990) als auch *Frankenia pulverulenta* (KILLIAN, 1951) werden den Halophyten zugeordnet, *Spergularia marina*, *Sonchus maritimus* und *Launaea nudicaulis* zeichnen sich durch eine ausgeprägte Salztoleranz aus. Im Vergleich zu den anderen Arten zeigt der diese ökologische Gruppe dominierende Neophyt *Heliotropium curassavicum* ein „mittleres" Verhalten gegenüber den Standortfaktoren Bodenart und dem Anteil an offenem Boden. Während *Sonchus maritimus* eher auf lehmigen Böden vorkommt, sind *Frankenia pulverulenta*, *Spergularia marina* und *Launaea nudicaulis* auf Sandböden mit wenig Beschattung durch die Baum- und Strauchschicht (BS Deckung) und geringer Bedeckung der Bodenoberfläche (Offener Boden) anzutreffen.

Die ökologische Gruppe von *Convolvulus arvensis* besitzt von allen Artengruppen der Schottoasen die weiteste Amplitude gegenüber den aufgenommenen Standortfaktoren und ist daher in der Koordinatenmitte des Ordinationsdiagramms positioniert. Die ganzjährig anzutreffenden Arten, hauptsächlich Ackerwildkräuter, kommen vor allem in den nicht versalzten Anbaukulturen der Oasen vor, weichen aber - wenn auch nur sehr selten - auf Brachen mit zum Teil beträchtlichen EC-Werten bis maximal 9.660 µS/cm aus. *Conyza canadensis*, *Apium graveolens* und die hygrophile Art *Imperata cylindrica* sind schwerpunktmäßig auf Lehmböden (sL, uL) unter dichtem Kronenschluß zu finden, *Sonchus oleraceus* und *Polygonum equisetiforme* auf Böden mit höherem Sandgehalt. *Convolvulus arvensis*, *Daucus carota*, *Melilotus indica*, *Chenopodium murale* und v. a. *Cynodon dactylon* verhalten sich gegenüber der Bodenart sowie der Deckung der Baum- und Strauchschicht mehr oder weniger indifferent.

Bis auf seltene Vorkommen in jungen Brachestadien ist die ökologische Gruppe von *Setaria verticillata* auf die Kulturflächen der Oasen beschränkt. Diese Artengruppe siedelt auf nicht bis leicht versalzten (201-3.080 µS/cm), gut bewirtschafteten Böden. Der Großteil der Arten, wie *Digitaria sanguinalis*, *Dactyloctenium aegyptium*, *Setaria verticillata*, *Cyperus rotundus*, *Amaranthus lividus* und *Portulaca oleracea* entwickelt sich auf lehmigen bzw. sandigen Böden mit einer stark deckenden Feldfrucht unter einer lichten bis gut entwickelten Baum- und Strauchschicht. Andere Ansprüche an die Bodenbeschaffenheit stellt die Art *Amaranthus graecizans*, die ohne Ausnahme auf Sandböden (uS, lS, S) vorkommt.

In gleicher Weise wie die Artengruppe von *Setaria verticillata* nehmen die während der Winter- und Frühjahrsökophase auftretenden Arten der ökologischen Gruppe von *Fumaria bastardii* die nicht bis leicht versalzten Kulturflächen der Schottoasen mit EC-Werten von 316 bis 2.770 µS/cm ein. Aufgrund ihrer Ökologie als Kältekeimer und dem höheren Wasserbedarf während der Keimzeit reduziert sich ihr Vorkommen zumindest im noch warmen Frühherbst auf Böden mit hohem Gehalt an Ton wegen der besseren Wasserhaltekapazität und Standorte mit ausgeprägter Beschattung durch die Baum- und Strauchschicht. Ein Vergleich der

Species untereinander verdeutlicht, daß die perennen Arten *Plantago major*, *Lippia nodiflora* und *Samolus valerandi* am stärksten mit dem Tongehalt korrelieren. Diese drei Arten sind auch an besonders stark vernässten, brachgefallenen Stellen alter Oasen zu finden, wo sich die vegetativ über Ausläufer vermehrende *Lippia nodiflora* oft teppichartig ausbreitet. Ebenfalls hohe Deckungsgrade kann *Oxalis pes-caprae* v. a. im Frühjahr erreichen, da die Zwiebelknospung des aus Südafrika stammenden Neophyten durch Hackbau ganz erheblich gefördert wird (RICHTER, 1985, 1989; BRANDES, 1991).

Wie bei den Daten vom Herbst weisen die Eigenwerte, die Art-Umwelt-Korrelationskoeffizienten und die kumulative Varianz der Art-Umwelt-Beziehung der CCA des Frühjahrsdatensatzes die ersten beiden Achsen am besten für die Interpretation geeignet aus (Tab. 17). Darüberhinaus bestätigen die hier nicht aufgeführten Inter-Set-Korrelationen und t-values zwischen den Achsen und Standortfaktoren die Übereinstimmung zwischen beiden Datensätzen, was auch an der ähnlichen Struktur beider CCA-Diagramme erkennbar ist (Abb. 41 u. Abb. 42).

Tab. 17: Eigenwerte, Art-Umwelt-Korrelationskoeffizienten und kumulative Varianzen der Art-Umwelt-Beziehung bei der CCA (Frühjahr)

Achse	1	2	3	4
Eigenwert	0.630	0.361	0.185	0.143
Art-Umwelt-Korrelationskoeffizient	0.926	0.769	0.720	0.638
kumulative Varianz der Art-Umwelt-Beziehung in %	41.6	65.5	77.7	87.2

Die ökologischen Gruppen von *Arthrocnemum glaucum*, *Limoniastrum guyonianum*, *Aeluropus litoralis*, *Heliotropium curassavicum* und *Convolvulus arvensis*, die über das gesamte Jahr vorkommen, weisen im Frühjahr ein nahezu identisches Verhalten gegenüber den pflanzenwirksamen Standortfaktoren auf (Abb. 42). Waren dagegen im warmen Frühherbst die Arten der ökologischen Gruppe von *Fumaria bastardii* auf lehmige Böden mit höherem Tongehalt beschränkt, so wird die Gruppe im Frühjahr von einer Vielzahl Arten ergänzt, die wie *Galium tricornutum*, *Fumaria bastardii* und *Silene rubella* auch sandigere Standorte einnehmen. Auf stark tonhaltigen Böden haben sich zu den bereits genannten *Plantago major*, *Lippia nodiflora* und *Samolus valerandi* nun *Scandix pecten-veneris*, *Galium aparine*, *Bromus rigidus* und *Gladiolus italicus* gesellt.

Ebenso wie viele Arten der ökologischen Gruppe von *Fumaria bastardii* tritt die Artengruppe von *Emex spinosa* nur in der Winter-Frühjahrs-Ökophase auf. Bis auf eine einzige Brache-Aufnahme in der Oase Nefta mit *Emex spinosa* (EC-Wert: 1.875 µS/cm) befinden sich alle anderen Vorkommen in der „Versuchs- und

Forschungsoase" des C.F.R. in Degache. Hier sind *Polycarpon tetraphyllum*, *Fumaria parviflora* und *Emex spinosa* in dicht deckenden Vicia faba- und Luzernekulturen (siehe F Deckung im Diagramm) unter einer stark beschattenden Baum- und Strauchschicht anzutreffen. Die ökologische Gruppe von *Emex spinosa* ist am stärksten negativ mit der Bodenversalzung korreliert. Mit Werten zwischen 217 und 395 µS/cm in Degache liegt die elektrische Leitfähigkeit der sL- bzw. lS-Böden im untersten Bereich des Datensatzes. Diese niedrigen Werte und das fast ausschließliche Vorhandensein der Artengruppe in Degache erklärt sich aus der günstigen Wasserversorgung (Bewässerung ca. alle 10 Tage) und der intensiven Bodenbearbeitung mit künstlichem Sandeintrag, organischer Düngung u.v.m. auf dem Schulungsareal des C.F.R.. In Bezug auf die Bewässerungsintensität entsprechen also die „Schulungsverhältnisse" nicht der Realität in der Praxis.

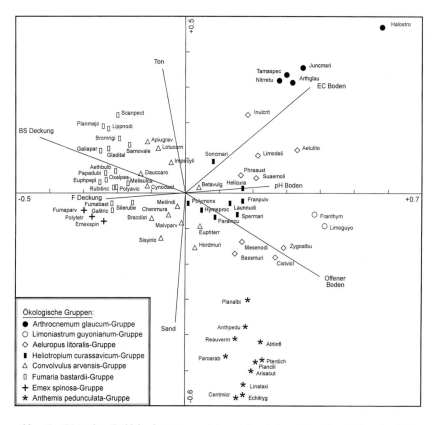

Abb. 42: CCA des Frühjahrsdatensatzes, Arten, 1./2. Achse, Umweltvariablen als Pfeile, Histogramm-Transformation

Einzig im Frühjahrsdatensatz erscheint die ökologische Gruppe von *Anthemis pedunculata*. Obwohl *Reaumuria vermiculata*, *Retama retam*, *Aristida acutiflora* und *Atriplex inflata* das gesamte Jahr auftreten, wurde diese Artengruppe wegen des Therophytenreichtums nur in dieser Jahreszeit aufgenommen. Die Aufnahmen der ökologischen Gruppe stammen aus Degache und Tozeur, wo diese Artengruppe in seit wenigen Jahren kultivierten Bewässerungsflächen, aber auch lange aufgegebenen Oasengärten in Schottnähe auftreten. Eine Vergleichsaufnahme (A 48) zeigt die enge Verwandtschaft zur natürlichen Vegetation (Assoziation von Retama retam und Diplotaxis harra Br.-Bl. 1949) der angrenzenden Flächen, so daß das Auftreten in neuen bzw. das Zurückerobern aufgegebener Bewirtschaftungsflächen aufgrund des vorhandenen Samenpotentials verständlich wird. Die gesamte Artengruppe korreliert sehr stark mit dem Sandgehalt des Bodens (überwiegend uS). Entlang des Bodenversalzungsgradienten befindet sich die ökologische Gruppe von *Anthemis pedunculata* im nicht bis leicht versalzten Bereich mit EC-Werten von 223 bis 2.260 µS/cm.

6.3.2.3 Phytoindikation der Bodenversalzung

Bei der Frage nach der Verwendbarkeit von Pflanzenarten oder -gruppen als Bioindikatoren der Bodenversalzung können die Ergebnisse der kanonischen Korrespondenzanalysen als erste Orientierung betrachtet werden. Die Anordnung der Arten entlang des Bodenversalzungsgradienten in Abb. 41 und Abb. 42 basiert auf dem schwerpunktmäßigen Auftreten, die Streuung um den Mittelwert bleibt hingegen unberücksichtigt. Dies ist jedoch unerläßlich, da die Eignung von Zeigerarten auf einer möglichst engen Korrelation mit den entsprechenden Umweltfaktoren beruht (SCHUBERT, 1985).

Die nach Jahreszeit getrennte Verteilung unterschiedlicher Versalzungsstufen in Abb. 43 zeigt, daß die einzelnen Arten der ökologischen Gruppen der Schottoasen zum Teil beträchtliche Amplituden gegenüber der Bodenversalzung aufweisen (vgl. auch RICHTER, 1997, dort Abb. 30). Die abnehmenden EC-Mittelwerte der einzelnen Arten von der extrem halophilen ökologischen Gruppe von *Arthrocnemum glaucum* bis zur halophoben *Emex spinosa*-Gruppe bestätigen die Ergebnisse der CCAs, doch dokumentieren die überwiegend hohen Standardabweichungen (σ) die ausgeprägte Variabilität des Verhaltens gegenüber der Bodenversalzung vor allem der salztoleranten und salzliebenden Arten. Regressionsanalysen der Deckungswerte der einzelnen Arten und ökologischen Gruppen gegen die elektrische Leitfähigkeit ergaben in keinem Fall enge Korrelationen, auch nicht bei Verwendung logarithmisch transformierter EC-Werte. Die Ermittlung spezifischer Zeigerwerte auf Grundlage gleich großer Werteintervalle der Umweltachsen einer CCA, wie sie von MANZ (1992) für die Gefäßpflanzen der linksrheinischen Niederwälder durchgeführt wurde, kam mangels Treue der Arten

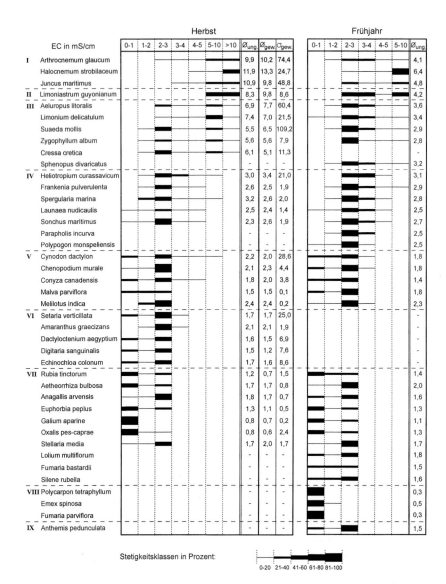

Abb. 43: Die Stetigkeit wichtiger Arten der ökologischen Gruppen der Schottoasen in verschiedenen Bodenversalzungsklassen; gewichtete und ungewichtete EC-Mittelwerte, Standardabweichungen (σ)

zum Standortfaktor Bodensalzgehalt nicht zur Anwendung. Aus den statistischen Ergebnissen ergibt sich für den Herbst- und Frühjahrsdatensatz gleicherweise, daß eine Zuordnung von diskreten Zeigerwerten für definierte Versalzungsstufen nicht möglich ist.

Die hohe Variabilität der Arten gegenüber der Bodenversalzung sowie die sich daraus ergebenden Schwierigkeiten bei der Zuweisung von Zeigerwerten sind in folgenden Ursachen zu suchen:

1) Die Oasenstandorte sind starken anthropogenen Einflüssen ausgesetzt. Der Anbau verschiedener Kulturpflanzen im Rahmen des Fruchtwechsels mit dem Einschub von Brachen bietet vielen Arten mit unterschiedlichen Ansprüchen zumindest für einen begrenzten Zeitraum ein vorübergehendes Habitat. Als Folge entsteht ein Geflecht verschiedener ökologischer Gruppen auf ein und demselben Standort, wobei Arten auch dann noch zu überdauern vermögen, wenn sich ihre bevorzugten Standortverhältnisse bereits wieder geändert haben.

2) Nach DIERßEN (1990) haben Keimlinge bzw. Jungpflanzen vielfach eine andere (engere) ökologische Amplitude und unterscheiden sich in ihrer Konkurrenzkraft von voll entwickelten Individuen. Auch liegt das Keimungsoptimum vieler Halophyten im Süßwassermilieu (BERGER-LANDEFELDT, 1957; KREEB, 1960, 1965, 1971; UNGAR, 1998), was deren Vorkommen auf Böden mit EC-Werten weit unter ihrem eigentlichen Durchschnitt erklärt (siehe Abb. 43).

3) Herdenbildende Arten, wie z. B. *Aeluropus litoralis*, *Phragmites australis* und *Cynodon dactylon*, etablieren sich nur unter relativ engen Standortbedingungen, zeigen danach aber bei fluktuierenden oder sich ändernden ökologischen Verhältnissen durchweg ein hohes Beharrungsvermögen (DIERßEN, 1990). Ihre Anwesenheit spiegelt somit die engeren ökologischen Bedingungen während der früheren Besiedlungsphase wieder, hingegen nicht unbedingt der aktuellen Verhältnisse.

4) Oasenflächen, die erst seit kurzer Zeit (wieder) bewirtschaftet werden, täuschen meist einen falschen Zusammenhang zwischen der Bodenversalzung und der vorkommenden Pflanzendecke vor. So wird in der Regel ein versalzter Standort mit naturnaher Halophytenvegetation zu Beginn der Inkulturnahme mit der Absicht der Salzauswaschung intensiv bewässert. Der EC-Wert sinkt daher rasch ab, während die Halophyten und deren Samenpotential noch länger am Standort verbleiben.

5) Wie Abb. 43 zeigt, verschiebt sich das schwerpunktmäßige Auftreten der Arten in den Bodenversalzungsklassen in Abhängigkeit der Jahreszeit von Herbst bis Frühjahr in Richtung geringerer Versalzung. Gezwungenermaßen müssen vor allem Halophyten eine weite Amplitude gegenüber dem Bodensalzgehalt besitzen, um die natürlichen saisonalen Schwankungen ertragen zu können.

Eine Indikation der Bodenversalzung ist somit nur unter Berücksichtigung der jeweiligen Jahreszeit möglich.

Wenn auch all diese Gründe gegen diskrete Zeigerwerte für einzelne Arten sprechen, so ist zumindest eine Einschätzung der Bodenversalzung anhand des schwerpunktmäßigen Vorkommens von Artengruppen, wie in Abb. 43 dargestellt, unter Berücksichtigung der Abweichungen durchaus möglich. Lassen sich für die mittleren Bodenversalzungsklassen (3-5 mS/cm) aufgrund der Überschneidung mehrerer ökologischen Gruppen mit weiter Amplitude nur schwerlich Rückschlüsse auf den EC-Wert ziehen, so kann anhand einiger ökologischen Gruppe im oberen und unteren Versalzungsbereich zumindest die Tendenz aufgezeigt werden. Ausgehend von den Salzamplituden in Abb. 43 ergeben die beiden Datensätze getrennt nach Jahreszeit folgende Phytoindikatoren (Tab. 18; Tab. 19):

Tab. 18: Phytoindikation der Bodenversalzung im Herbst

EC-Bereich	Phytoindikatoren
0-3 mS/cm	Ökolog. Gruppe von *Setaria verticillata*: selten über 3 mS/cm, dort mit geringer Deckung (1 und +) Ökolog. Gruppe von *Fumaria bastardii*: ab dem Spätherbst als Jungpflanzen hinzukommend
2-6,5 mS/cm	Ökolog. Gruppe von *Aeluropus litoralis* und *Heliotropium curassavicum*: bei gemeinsamen Vorkommen dieser beiden Artengruppen (und gleichzeitigem Fehlen der *Arthrocnemum glaucum*-Gruppe) mit rel. Deckungswerten ab ca. 50 %. Diese Zeigergruppe bildet somit den Übergang von nicht bzw. leicht versalzten zu den stark halinen Standorten der nächsten Indikatorgruppe
5-20 mS/cm	Ökolog. Gruppe von *Arthrocnemum glaucum*: bei relativen Deckungswerten von mehr als 15 % (bei rel. Deckungswerten kleiner als 15 % bis unter das 3 mS/cm-Niveau auftretend)

Die Auflistung in Tab. 18 u. 19 verdeutlicht, daß mit Hilfe von Artengruppen unterschiedliche EC-Bereiche charakterisiert werden können, die jedoch im vorliegenden Fall keine diskreten Trennungen aufweisen. Die Überschneidungen sind letztlich eine Folge der oben dargelegten Variabilität der einzelnen Arten gegenüber der Bodenversalzung. Bei Benutzung der Phytoindikatorgruppen müssen stets das Vorkommen bzw. die Kombination der ökologischen Gruppen

Tab. 19: Phytoindikation der Bodenversalzung im Frühjahr

EC-Bereich	Phytoindikatoren
0-1 mS/cm	Ökolog. Gruppe von *Emex spinosa*: alle Aufnahmen, in denen *Polycarpon tetraphyllum* und *Fumaria parviflora* vorkommen, befinden sich im diesem unversalzten Bereich
0-3 mS/cm	Ökolog. Gruppe von *Fumaria bastardii* Ökolog. Gruppe von *Anthemis pedunculata*
2-4 mS/cm	Ökolog. Gruppe von ***Aeluropus litoralis*** und ***Heliotropium curassavicum***: bei gemeinsamen Vorkommen der beiden ökologischen Gruppen (und gleichzeitigem Fehlen der *Arthrocnemum glaucum*-Gruppe)
2-10 mS/cm	Ökolog. Gruppe von ***Arthrocnemum glaucum***: extrem selten unter der 2 mS/cm-Grenze Ökolog. Gruppe von ***Limoniastrum guyonianum***

(evtl. Abwesenheit einer Artengruppe) und die Deckungsverhältnisse berücksichtigt werden. Nur die Phytoindikatorgruppen für den EC-Bereich von 0-3 mS/cm geben durch reine Anwesenheit genaueren Aufschluß über den Versalzungszustand des Bodens.

Als zusätzliche Hilfe bei der Einschätzung der Bodensalinität im Gelände kann ein Vergleich der Artenzusammensetzung in den Bewässerungsparzellen und auf den sie umrahmenden, stets etwas stärker versalzten Erdwällen dienen. Oft ist ein räumliches Nebeneinander von ökologischen Gruppen oder Gesellschaften anzutreffen, die auch entsprechend ihres schwerpunktmäßigen Vorkommens entlang des EC-Gradienten (siehe CCAs (Abb. 41 u. 42 bzw. Abb. 43) unmittelbar benachbart sind.

In der Aufsicht des Vegetationsbestandes eines unversalzten Kürbisbeetes in Abb. 44 sind die typischen Vertreter des *Setaria verticillata*-Sommeraspektes der Convolvulus arvensis-Gesellschaft innerhalb der Parzelle zu finden. Die geringfügig stärker versalzten Parzellenwälle weisen neben einem erhöhten *Cynodon dactylon*-Anteil auch Arten der *Heliotropium curassavicum*- und *Aeluropus litoralis*-Gruppe auf, welche den halophilen Übergang anzeigen.

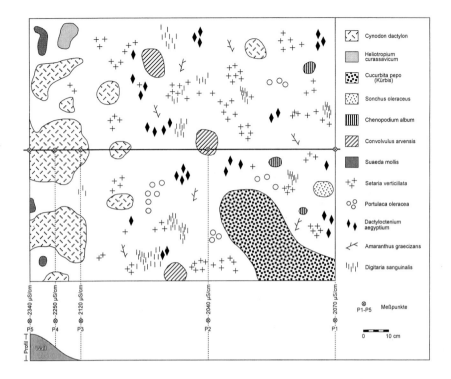

Abb. 44: Aufsicht eines Vegetationsbestandes in einem unversalzten Kürbisbeet (Toumbar/Nefzaoua)

Abb. 45 zeigt die Situation in einem stärker versalzten Luzernebeet. Innerhalb der Parzelle dominieren gemeinsam Arten der ökologischen Gruppen von *Heliotropium curassavicum* und *Aeluropus litoralis*, die *Arthrocnemum glaucum*-Gruppe ist mit einzelnen Individuen nur schwach vertreten. Auf den Wällen fällt *Heliotropium curassavicum* aus, so daß die zwei Arten *Aeluropus litoralis* und *Limonium delicatulum* der *Aeluropus litoralis*-Gruppe, die ihrerseits einen höheren EC-Schwerpunkt haben als *Heliotropium curassavicum* (siehe Abb. 43), diesen stärker versalzten Standort gemeinsam prägen.

Zusammenfassend ergibt sich hinsichtlich der Zeigerwertaussage der Oasen-Wildkräuter zwar keine eindeutige statistische Signifikanz zwischen der spezifischen Artenpräsenz und den Salzgehalten des Bodens; dennoch vermag ein geübter Betrachter in der Musterbildung bei Berücksichtigung der Deckungsverhältnisse sogleich eine Beurteilung der Bewässerungsintensität bzw. -qualität zu liefern.

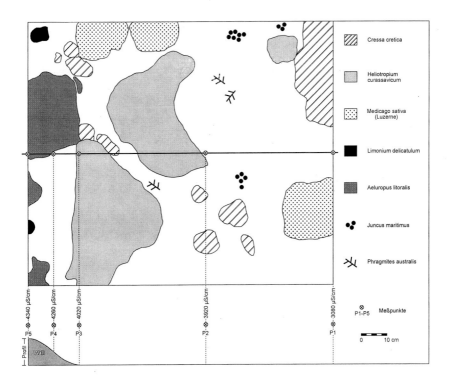

Abb. 45: Aufsicht eines Vegetationsbestandes in einem versalzten Luzernebeet (Toumbar/Nefzaoua)

6.3.3 Geoelementspektren

Das unterschiedliche Verhalten der Arten gegenüber der Bodenversalzung läßt sich auch anhand von Geoelementspektren differenzieren, da die Verbreitung wichtige Informationen über die ökologische Konstitution einer Art enthält. Wie in Kap. 5.3.3 orientiert sich die Ausgliederung der Geoelemente an der Einteilung von LAUER & FRANKENBERG (1977) bzw. FRANKENBERG (1978a) unter Berücksichtigung der Zuordnung der Arealtypen von EIG (1931) und MÜLLER-HOHENSTEIN (1978a, 1978b). Im Gegensatz zur Drâa-Oase wurde die Analyse der tunesischen Oasen um zwei weitere Geoelemente und ein azonales Element (mit * gekennzeichnet) erweitert.

Die einzelnen hier zugrundegelegten Geoelemente schlüsseln sich wie folgt auf:

- Grundelemente

    Außersaharisches Geoelement (**A**): *circumbor., euras., méd., sub.-méd., méd. As., euras.-méd., paléotemp., méd.-S Afr., circumméd, méd.-irano tour.*

    Saharo-Arabisches Geoelement (**S**): *sah., sah.-sind.*

    Tropisches Geoelement (**T**)*: *Afr. Trop., Trop.-Subtrop., Pantrop.*
    4 Arten: *Cyperus rotundus, Dactyloctenium aegyptium, Echinochloa colonum, Pancratium trianthum*

- Verbindungselement

    Außersaharisch-Saharisches Geoelement (**AS**): *méd.-sah.-sind., méd.-sah.-irano tour.*

- Polychore Elemente

    Pluriregionales Geoelement (**P**): alle Kosmopoliten bzw. Quasi-Kosmopoliten, ohne warmtemperierte und halophytische Kosmopoliten

    Thermokosmopoliten (**P$_T$**)*: warmtemperierte Kosmopoliten

- Azonales Element

    Außersaharische und Pluriregionale Halophyten (**AP$_{Halo}$**)*

Beim Vergleich der Geoelementverteilung entlang des EC-Gradienten in Abb. 46 fällt die deutliche Abnahme nördlich der Sahara verbreiteter, außersaharischer Arten (A) und polychorer Arten (P) mit zunehmender Bodenversalzung in beiden Jahreszeiten auf. Die relativen Deckungswerte der außersaharischen Arten sind hierbei im Frühjahr wesentlich höher, die tropischen und polychoren Arten (v. a. Thermokosmopoliten) sind hingegen im Herbst stärker vertreten. Umgekehrt verhält es sich mit den außersaharischen und kosmopolitischen Halophyten (AP$_{Halo}$) und dem saharo-arabischen Geoelement (S). Mit steigender Salinität nehmen sie stetig zu, bis sie in der maximalen Versalzungsstufe die Standorte alleine besiedeln. Abgesehen vom S-Geoelement findet zwischen den Jahreszeiten eine Verschiebung der Geoelementamplituden statt, was auf die saisonal schwankende Bodensalinität zurückzuführen ist.

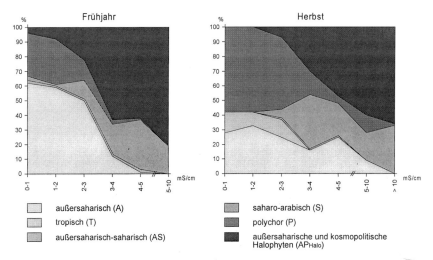

Abb. 46: Geoelementspektren der Schottoasen; rel. Deckung gegen den EC-Wert des Bodens

Betrachtet man in Abb. 47 die von links nach rechts gemäß abnehmender Bodenversalzung angeordneten Geoelementspektren der Pflanzengesellschaften am Chott el Djérid, so fällt zunächst ein ähnlicher Verlauf bezüglich der Zu- und Abnahme der einzelnen Geoelemente wie in Abb. 46 auf - wenn man die Anthemis pedunculata-Gesellschaft vorerst noch unberücksichtigt läßt. Die Aufspaltung des polychoren Geoelements in „normale" Kosmopoliten (P) und Thermokosmopoliten (P_T) bringt den Zuwachs wärmeliebender Arten in der Sommer/Herbst-Ökophase zum Ausdruck. Das P_T-Geoelement steigt in etwa mit abnehmendem EC-Wert an und erreicht im Frühjahr in der Emex spinosa-Gesellschaft, im Herbst in der Setaria verticillata-Gesellschaft (wie auch der tropische Anteil) seinen Maximalwert. Ebenso steigt das außersaharische Geoelement (A) im Frühjahr kontinuierlich von der Arthrocnemum glaucum-Gesellschaft zu den halophoben Gesellschaften an und gipfelt in höchsten Werten in der Fumaria bastardii- und Emex spinosa-Gesellschaft. Im Herbst zeigt das A-Geoelement denselben Verlauf, nur daß sowohl die Arthrocnemum glaucum-Gesellschaft als auch die Limoniastrum guyonianum-Gesellschaft wegen der Abwesenheit von Frühjahrstherophyten keine außersaharischen Arten aufweisen.

Spielen das S-Geoelement und die AP_{Halo}-Arten von der Heliotropium curassavicum- über die Aeluropus litoralis- und Limoniastrum guyonianum- zur Arthrocnemum glaucum-Gesellschaft aufgrund zunehmender Konkurrenzkraft eine immer größere Rolle, so verhält sich das AS-Verbindungselement generell unbedeutend. Lediglich in der Anthemis pedunculata-Gesellschaft erlangen die außersaharisch-saharischen Arten mit 7%

relativer Deckung eine gewisse Relevanz. In dieser Gesellschaft spiegelt sich am besten der präsaharische Übergang der Schottregion wider, was auf die niedrigen EC-Werte im Zusammenhang mit geringem anthropogenen Einfluß zurückzuführen ist.

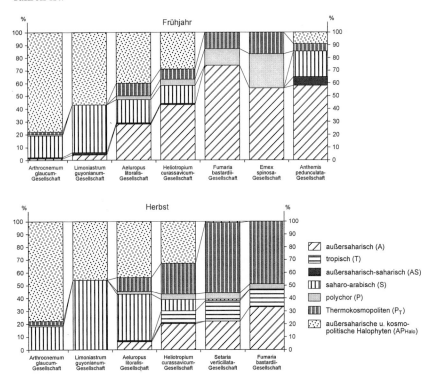

Abb. 47: Geoelementspektren der Pflanzengesellschaften der Schottoasen

Bei der Darstellung der Geoelemente in Abhängigkeit der Baum- und Strauchdeckung am Beispiel von Standorten einjähriger Anbaukulturen in der Oase Toumbar (Abb. 48, rechts) wird der enge Zusammenhang zwischen intensiver Beschattung und dem starken Auftreten des A-, P- und am Ende der warmen Jahreshälfte des T-Geoelements evident. Auf Standorten mit einer geringeren Beschattungsfläche als 25 % nehmen diese Geoelemente zugunsten des saharoarabischen, des außersaharisch-saharischen sowie der außersaharischen und kosmopolitischen Halophyten stark ab. Da sich aus der geringeren Beschattung höhere Temperaturen und Verdunstungsraten folgern lassen, sind die Arten der letztgenannten Geoelemente im Konkurrenzvorteil, zumal damit eine Erhöhung der Bodensalinität verbunden ist.

Fokussiert man die Betrachtung auf das Alter und die Lage der Aufnahmeflächen in der Oase Toumbar (Abb. 48, links), so können sogar Rückschlüsse auf die Intensität der Bewirtschaftung gezogen werden. Wie in Kap. 6.2.1 erläutert, treten im alten Oasenteil der Oase Toumbar Verfallserscheinungen auf, die sich in zunehmender Extensivierung, Absterben von Dattelpalmen und mancherorts in versalzten Brachen zeigen. Daher verwundert nicht, daß im alten Oasenteil Halophyten und Vertreter des saharo-arabischen Geoelements auftreten, während diese im Oasenareal von 1949, dem intensivst genutzten Bereich der Oase, fehlen. Im ebenfalls intensiv genutzten Oasenareal von 1975 sowie in der illegalen Oasenerweiterung erhöht sich der Anteil des S-Geoelements und der Halophyten, da sich hier bereits wieder nachteilige Effekte wie die (noch) geringe Beschattung und höhere Tendenz zur Bodenversalzung (siehe Abb. 36 u. 37) auswirken. Das Oasenareal von 1975 und die illegale Oasenerweiterungen sind zudem in den peripheren Zonen der Oase in unmittelbarer Nähe zum Schott angelegt. Sowohl die saharischen Arten als auch die Schotthalophyten können sich daher bei geeigneten Standortbedingungen leicht als „Invader" in den randlichen Oasenzonen ansiedeln.

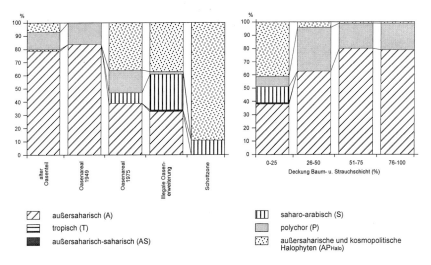

Abb. 48: Geoelementspektren der Oase Toumbar im Frühjahr; rel. Deckung in Abhängigkeit der Baum- u. Strauchdeckung (rechts) und dem Alter bzw. der räumlichen Lage (links)

In Kap. 6.3.1 wurde bereits auf die Verschiedenheit der Ackerwildkrautvegetation in Abhängigkeit der Jahreszeit eingegangen. Dies führte bei den Schottoasen zur Untergliederung der Convolvulus arvensis-Gesellschaft in den Sommeraspekt von *Setaria verticillata* und den Frühjahrsaspekt von *Fumaria bastardii*. Abb. 49 soll klären, inwieweit sich die beiden Aspekte in ihrer

Geoelement-Struktur unterscheiden. Im Frühjahr werden die Ackerwildkrautbestände mit knapp 70 % relativer Deckung von außersaharischen Arten, also Kältekeimern v. a. des eurasiatischen und mediterranen Raumes, dominiert. Die Kosmopoliten (P) und Thermokosmopoliten (P_T) nehmen den Rest der Bestände ein. Das tropische Geoelement ist zu vernachlässigen, da es im Frühjahr nur durch *Cyperus rotundus* im abgestorbenen Zustand vertreten ist. Eine vollkommen andere Situation zeigt sich in der Sommer/Herbst-Ökophase mit dem Sommeraspekt von *Setaria verticillata*. Die kältekeimenden Arten des A-Geoelements sind bis unter 30 % relativer Deckung abgesunken, während nun die trockenresistenten Thermokosmopoliten (z. B. *Cynodon dactylon, Setaria verticillata, Digitaria sanguinalis*) mit durchschnittlich über 50 % das Bild der Bestände bestimmen. Im Sommer und Herbst treten nun die tropischen Arten hinzu. Diese sind sowohl von ihrer Keimungsphysiologie (siehe WENT (1949) in FRANKENBERG, 1978d) als auch ihrem höheren Wärmebedarf im ausgewachsenen Zustand unter ausreichend feuchten Bedingungen (normalerweise Sommerregen, hier Bewässerung!) gut an die sommerlichen Verhältnisse der Oasen angepaßt.

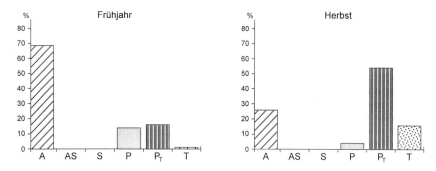

Abb. 49: Geoelementspektren der Winter/Frühjahrs- und Sommer/Herbst-Ökophase einjähriger Anbaukulturen der Schottoasen mit Bodenleitfähigkeitswerten unter 3 mS/cm

6.3.4 Artenvielfalt

Wie bei der Geoelementverteilung wird auch die Artenzahl-Statistik in Abb. 50 von einem deutlichen Zusammenhang mit der Bodenversalzung gekennzeichnet. Die durchschnittliche Artenzahl/Aufnahme nimmt in jeder Jahreszeit mit zunehmendem EC-Wert des Bodens kontinuierlich ab, was den Ergebnissen von RICHTER (1997, Abb. 29) entspricht. Im Vergleich zu den Standorten mit geringeren EC-Werten als 3 mS/cm sticht besonders der beträchtliche Abfall des Gesamtartenbesatzes auf Böden mit Werten über 3 mS/cm hervor. Ab dieser Versalzungsgrenze sind nur noch wenige speziell angepaßte Arten in der Lage zu existieren. Bei weiterem Anstieg bis zur extremsten Bodensalinität sinkt die Diversität bis auf einen absoluten Minimalwert ab, der sich in Reinbeständen von *Halocnemum strobilaceum* manifestiert (SHALTOUT et al., 1995)

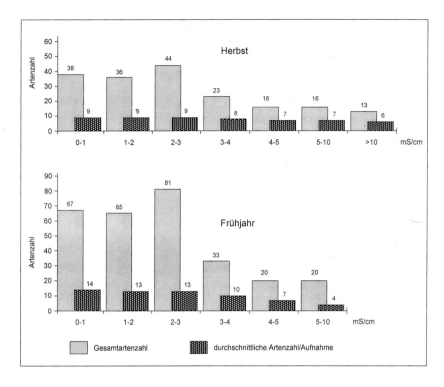

Abb. 50: Artenzahl-Statistik der Schottoasen in Abhängigkeit der elektrischen Leitfähigkeitswerte des Bodens

Im Bereich von 0-3 mS/cm treten die meisten Arten sowohl pro Aufnahme als auch insgesamt auf. Standorte mit ausreichender Bewässerung ohne Erhöhung der Bodensalze bieten einer Vielzahl von Arten ideale Voraussetzungen, wofür die oben bereits erwähnte Durchsetzung mit Arten unterschiedlicher Vegetationseinheiten als Indiz zu werten ist. Höchste Gesamtartenzahlen weisen die Standorte mit EC-Werten zwischen 2 und 3 mS/cm sowohl im Herbst als auch im Frühjahr auf. In diesem Übergangsbereich von nicht bis leicht zu mittel bis stark versalzten Böden treffen sowohl halophobe, salztolerante als auch halophile Arten zusammen. Jede dieser Artengruppen findet ideale oder zumindest ausreichend gute Bedingungen vor, um konkurrenzfähig zu bleiben. Sobald die elektrische Leitfähigkeit des Bodens jedoch 3 mS/cm überschreitet, fällt die Gesamtartenzahl rapide auf etwa die Hälfte ab.

Beim Vergleich der jahreszeitlichen Diversität sind im Frühjahr in allen Versalzungsklassen durchwegs höhere durchschnittliche Artenzahlen/Aufnahme als auch Gesamtartenzahlen zu verzeichnen. Die besseren hygrischen und thermischen Verhältnisse im Frühjahr begünstigen Keimumg und Wachstum v. a. einer Vielzahl außersaharischer Therophyten im unversalzten Bereich, aber auch von Arten wie *Mesembryanthemum nodiflorum, Lotus halophilus, Sphenopus divaricatus, Parapholis incurva, Hymenolobus procumbens* und *Polypogon monspeliensis* auf stärker versalzten Flächen.

6.3.5 Lebensformenspektren

Konnten anhand der Geoelementspektren in Abb. 48 (rechts) Aussagen über die Bewirtschaftungsintensität unterschiedlicher Bereiche der Oase Toumbar erfolgen, so erlaubt ein Vergleich von Lebensformenspektren der Ackerwildkrautbestände in einjährigen Anbaukulturen Interpretationen zum Pflegezustand der bewirtschafteten Parzellen.

Sieht man von der Tatsache ab, daß Ackerwildkräuter an den regelmäßigen Eingriff des Menschen angepaßt sind und somit auch davon abhängen, so weisen einjährige Pflanzen (Thero- und Geophyten) generell eine geringere Anfälligkeit gegenüber äußere Störeinflüsse auf als mehrjährige Arten (Hemikryptophyten und Chamaephyten). Im Ökosystem Acker deutet ein hoher Thero- und Geophytenanteil auf intensive Bodenbearbeitung und Unkrautbekämpfung hin, mangelnde Pflege führt zu vermehrter Etablierung von Hemikrypto- und Chamaephyten. Unter diesem Gesichtspunkt bestätigt ein Vergleich der relativen Anteile mehrjähriger Arten in Abb. 51, daß die Extensivierung des alten Oasenteils Toumbars nicht nur an den bereits beschriebenen Erscheinungen erkennbar ist, sondern auch an der Zusammensetzung der Lebensformen. Die

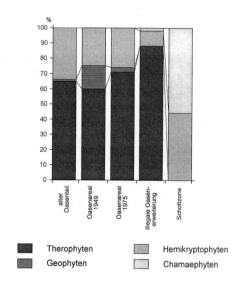

Abb. 51: Lebensformenspektren der Frühjahrs-Ackerwildkrautvegetation einjähriger Anbaukulturen der Oase Toumbar in Abhängigkeit des Alters bzw. der räumlichen Lage

intensiv genutzten Oasenareale von 1949 und 1975 weisen einen höheren und der illegale Oasenbereich den maximalen Anteil einjähriger Arten auf. In der illegalen Oasenerweiterung sind trotzdem einige Chamaephyten anzutreffen, deren Herkunft in der halophilen Schottvegetation zu suchen ist.

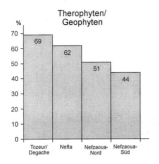 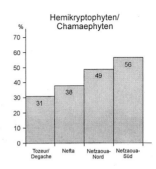

Abb. 52: Vergleich von Lebensformenspektren der Ackerwildkrautvegetation einjähriger Anbaukulturen verschiedener Oasenregionen am Chott el Djérid

Überträgt man diese Methode auf einen größeren Betrachtungsmaßstab und vergleicht die Djérid- mit den Nefzaouaoasen (Abb. 52), so läßt die deutlich höhere relative Deckung einjähriger Arten in den Oasen Tozeur, Degache und Nefta im Djérid auf eine intensivere Bewirtschaftung und Pflege über tiefgründigen Böden mit erhöhtem A_p/A_h-Horizont schließen. Dies verwundert keinesfalls, denn die dortigen großen Oasen weisen eine lange Tradition des Oasenanbaus auf. Im Nefzaoua-Gebiet existieren zwar ebenso alte Oasen, doch bei der Mehrzahl handelt es sich um Gründungen jüngeren Datums mit dem Zweck der Seßhaftmachung von Nomaden. Die Herkunft der „neuen" Oasenbauern mit einer völlig anderen Tradition - nämlich der Viehhaltung - bringt nicht nur Probleme bei der Bewässerung (WEHMEIER, 1977c) sondern auch der phytosanitären Behandlung (zum Schutz vor Parasiten) mit sich, da die ehemaligen Nomaden noch nicht lange mit der Oasenwirtschaft vertraut sind (BISSON, 1992). Der noch fehlende Bezug zur Oasenwirtschaft spiegelt sich daher in der gesamten Nefzaoua-Region auch ethnobotanisch im hohen Anteil von Hemikrypto- und Chamaephyten wider, der in dem am stärksten nomadisch geprägten Süden des Nefzaoua seinen höchsten Wert erreicht.

Vergleicht man die Lebensformenspektren auf Gesellschaftsebene (Abb. 53), so zeigen die Arthrocnemum glaucum- und Limoniastrum guyonianum-Gesellschaft insgesamt den geringsten Therophyten-Anteil, der sich letztlich auf die Frühjahrstherophyten beschränkt. Diese Gesellschaften werden von Chamae- und Hemikryptophyten dominiert, die aufgrund ihrer Beständigkeit einen Konkurrenzvorteil auf stark versalzten Standorten aufweisen. Den höchsten Anteil offener Bodenfläche besitzen die *Limoniastrum guyonianum*-Bestände. Die ebenfalls artenarmen jedoch auf feuchteren Flächen vorkommende Arthrocnemum glaucum-Gesellschaft erweist sich hingegen individuenreicher mit höherer Pflanzenbedeckung.

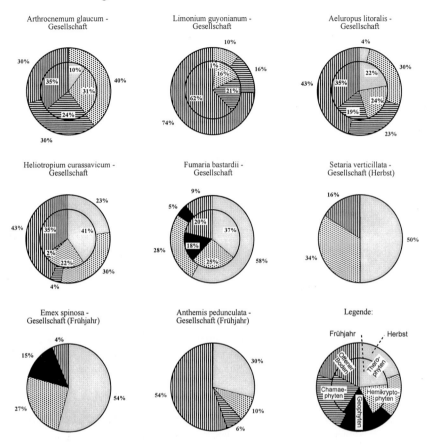

Abb. 53: Lebensformenspektren der Pflanzengesellschaften der Schottoasen

Ebenso werden die Aeluropus litoralis- und Heliotropium curassavicum-Gesellschaft - die typischen Vegetationsbestände versalzter Oasenbrachen und extensiv genutzter Unterkulturen - von einem nahezu identisch hohen Anteil offener Bodenfläche und der Hemikryptophyten geprägt. Beide Gesellschaften lassen sich anhand der Chamae- und Therophyten jedoch klar gegeneinander abgrenzen. Die hauptsächlich auf stark versalzten Brachen vertretene Aeluropus litoralis-Gesellschaft weist einen mit Werten zwischen 19 und 23% erheblichen Anteil von Chamaephyten auf (*Arthrocnemum fruticosum, Atriplex halimus, Bassia muricata, Zygophyllum album*), während solche in der Heliotropium curassavicum-Gesellschaft nur eine untergeordnete Rolle spielen und Therophyten wegen der stärkeren Bewirtschaftung und reduzierten Bodenversalzung deutlich an Bedeutsamkeit gewinnen.

Keine Chamaephyten und die geringsten Werte offener Bodenfläche kommen den eigentlichen Ackerwildkrautbeständen der Fumaria bastardii-, Emex spinosa- und Setaria verticillata-Gesellschaft zu. Dominanz erreichen die Therophyten mit relativen Deckungswerten bis über 50%. Das zweite bestimmende Geoelement bilden die Hemikryptophyten, welche ein Drittel bis mehr als ein Viertel der Bestände einnehmen. Allein auf die am intensivsten bewirtschafteten Flächen der Fumaria bastardii- und Emex spinosa-Gesellschaft beschränken sich die Frühjahrsgeophyten (*Gladiolus italicus* u.v.a. *Oxalis pescaprae*).

Ähnlich wie bei der Limoniastrum guyonianum-Gesellschaft nimmt bei der Anthemis pedunculata-Gesellschaft der offene Boden die größte Fläche ein. Da es sich in beiden Fällen um relativ naturnahe Vegetationseinheiten recht trockener Standorte handelt, können wegen der verstärkten Konkurrenz um den Minimumfaktor Wasser nur wenige Individuen existieren. Aufgrund geringer Bodenversalzung auf Anthemis pedunculata-Standorten sind die Therophyten dominierend, die Chamaephyten (*Reaumuria vermiculata*, *Retama retam*) bedecken die Bestände hingegen wesentlich geringer.

6.3.6 Die Fluß- und Gebirgsfußoasen Tunesiens

Die Untersuchungen der Fluß- und Gebirgsfußoasen des Djebel Negueb sollen Aufschluß darüber geben, inwieweit unterschiedliche Be- und Entwässerungstypen sowie die Wasserqualität eine Rolle bei der Ausbildung der Oasenvegetation spielen und/oder ob die Entfernungen zwischen den inselhaft voneinander getrennten Oasen einen Isolationseffekt bewirken. Desweiteren soll ein Vergleich mit den Oasen des Chott el Djérid und der Drâa-Oase in Marokko Aussagen über Ähnlichkeiten und Unterschiede in edaphischer Hinsicht ermöglichen.

Die Klassifizierung der pflanzensoziologischen Datensätze in Kap. 6.3.1 hat ergeben, daß die Mehrzahl der Aufnahmen der Fluß- und Gebirgsfußoasen eine recht eigenständige Flora gegenüber den Schottoasen aufweist, was schließlich zur Ausgliederung der Medicago polymorpha-Gesellschaft führte (siehe Tab. 22 u. 23 im Anhang). Die Teiltabelle vom Frühjahr (Tab. 20) zeigt aber auch Gemeinsamkeiten von 8 Aufnahmen mit 3 Vegetationseinheiten der Schottoasen - der Aeluropus litoralis-, Heliotropium curassavicum- und Fumaria bastardii-Gesellschaft. Hierbei handelt es sich bis auf eine Ausnahme (A 135, Foum Kranga) um Aufnahmen der Quelloasen am Gebirgsfuß des Djebel Negueb.

Alle Aufnahmen der Flußoase Tamerza und die restlichen vier von Foum Kranga beschränken sich auf die Medicago polymorpha-Gesellschaft.

Tab. 20: Pflanzensoziologische Teiltabelle der Fluß- und Gebirgsfußoasen, Frühjahr

Gesellschaften:

1 Aeluropus litoralis-Gesellschaft
2 Heliotropium curassavicum-Gesellschaft
3 Convolvulus arvensis-Gesellschaft (Frühjahrsaspekt von Fumaria bastardii)
4 Medicago polymorpha-Gesellschaft

```
Gesellschaft                             1 | 2|  3  |          4
-----------------------------------------|--|-----|-------------------
Aufnahmenummer                          11|11|1111 |1111111111111111
                                        32|24|2333 |2222233433334444444
                                        99|61|7578 |234580102346234567
Orte                                    LA|CL|AFLL |CCCCAAALFFFTTTTT
                                        AB|HA|BKAA |HHHHBBBAKKKKMMMMMM
-----------------------------------------|--|-----|-------------------
```

Ökologische Gruppe von Aeluropus litoralis:

```
 88 Suaeda mollis                   1a b.    ....  ..................
 40 Limonium delicatulum             .+ 1.   ....  ..................
 16 Bassia muricata                 11  .    ....  ..................
 18 Ammosperma cinereum              .+ +.   ....  ..................
 17 Mesembryanthemum nodiflorum     b+  .. +...    ..................
 71 Spergularia bocconei            1.  1.   ....  ..................
```

Ökologische Gruppe von Heliotropium curassavicum:

```
 41 Spergularia marina               .. .1   ....  ..................
 13 Frankenia pulverulenta           .1 b.   ....  ..................
 90 Sonchus maritimus                .. ..   ....  ..1.............
 35 Launaea nudicaulis               .+ .+ ...1    ......++......+....
128 Parapholis incurva               .1 .. +.+.   ...+..+...........
```

Ökologische Gruppe von Convolvulus arvensis:

```
  7 Convolvulus arvensis             .. .. .+..   ........a111+a1.1a
  9 Cynodon dactylon                 m. .m .+..   m..a.a.baa11bbama1
 61 Conyza canadensis                .. .. baaa  +........1m.1.+...
 26 Melilotus indica                 .1 .a .... 1bb+3++a.a........
 22 Sonchus oleraceus                .. .. a.+1  ++..+...+1+.+1.+++
  4 Chenopodium murale               .. .1 .... ...+....++.+....+.
 30 Daucus carota                    .. .. +... +......1...+1+.1.1
 94 Imperata cylindrica              .. .. .... a+1..a.......+....
 45 Malva parviflora                 .. +. .1.. .a...+........1.
 60 Lotus corniculatus               .. .. .... 1a..a3.b....+.....
  1 Sisymbrium irio                  .. 1. ...1 ..+........+....1+.
 82 Bupleurum semicompositum         .. a. .... ..11..1...........
112 Hordeum murinum                  .+ .. 1... ...............+..+.
118 Brachypodium distachyon          .1 +. +... 3...ba..+.....1..1
141 Plantago afra                    .. .. ..1+ ...+..+....1.+....
```

Ökologische Gruppe von Fumaria bastardii:

```
 10 Fumaria bastardii                .. .+ +... ........11++.+....
 62 Euphorbia peplus                 .. .1 +... ++++1+...+1+1.111a
  6 Anagallis arvensis               .. .a 1... .aa+..1.+a+111.+..
  2 Silene rubella                   .. 1. .... ..++..............
 23 Aetheorrhiza bulbosa             .. .+ ..1. ++++...b.+..1..+++
 93 Parietaria diffusa               .. .. .... ..............+.11+
 69 Melilotus sulcata                .. .. 1..+ .+.1...+....11.++.
```

```
 21 Lolium multiflorum          +. .1 .a3b ..+.a+.1abab.a..bb
 77 Oxalis pes-caprae           .. .. ..+.. .........+3.a1....
 92 Rubia tinctorum             .. .. .... ..........+...+.+.
101 Plantago major              .. .. .... ........+1+.+1.....
  8 Polygonum aviculare         .. .. .... .........++.1++....
 11 Bromus rigidus              .. .. .... ...+.......+b......
 65 Plantago lanceolata         .. .+ ..b+ ...1+.1.+.+........
 72 Galium tricornutum          .. .+ .... .........11++.1++++
 73 Ranunculus muricatus        .. .. .b.. .a.......+..1......
 84 Gladiolus italicus          .. .. .... .............1....a
149 Sherardia arvensis          .. .. .... +1...1......+.++.+
```

Ökologische Gruppe von Medicago polymorpha:

```
108 Medicago polymorpha         .+ a. a.a1 aba1a11.a++aa+1.+1
110 Solanum nigrum              .. .. .... .+........11.+.....
144 Agrostis stolonifera        .. .. .... ++...1......1+b3a+
133 Torilis nodosa              .. .. .... .b...+..1.+a.11.+1
154 Urospermum picroides        .  .. .... .1......1+..+++1.+
153 Rumex pulcher               .. .. .... .+................1
155 Bupleurum lancifolium       .. .. .... .+................
158 Euphorbia helioscopia       .. .. ++.. ................+..
150 Scorpiurus muricatus        .. .+ +..1 1+b+ba+a..........
151 Hypericum tomentosum        .. .. .... 1.................
156 Ononis serrata              .. .. .... ..1...............
159 Thymelaea hirsuta           .. .. .... ....+.............
134 Vicia angustifolia          .. .+ .+a1 ........aab+11...+
142 Avena sterilis              .. ..+.1 ........bbaa1...a+
164 Sanguisorba minor           .. .. .... ............+.++11
165 Malva sylvestris            .. .. .... .........+1.abbb1a
167 Silene vulgaris             .. .. .... ........+....++.++
169 Aegilops ventricosa         .. .. .... .........+....a.a+
170 Cynoglossum cheirifolium    .. .. .... ..............1..+
```

Ökologische Gruppe von Anthemis pedunculata:

```
 42 Diplotaxis harra            1. .. .... ..................
 44 Atriplex inflata            .a .. .... ..................
 53 Moricandia arvensis         .+ .. .... ..................
120 Aizoon canariense           .+ .. .... ..................
-----------------------------------|--|----|-------------------
                                11 |11|1111|1111111111111111
           Aufnahmenummer       32 |24|2333|2222334333344444
                                99 |61|7578|234580102346234567
-----------------------------------|--|----|-------------------
```

Die CA in Abb. 54 spiegelt zwar die große Ähnlichkeit der Quell- und Fluß-oasen wieder, doch weisen die Aufnahmen der Flußoasen Tamerza und Foum Kranga eine ausgeprägte Sonderstellung auf. Während die Aufnahmen der Quelloasen Chebika, Aïn Birda und La Acheche wegen der ähnlichen floristischen Zusammensetzung in den „Schottoasen-Komplex" eingebunden sind, so heben sich die Vegetationsbestände der Flußoasen mit einer Ausnahme diskret davon ab. Arten, wie *Bupleurum semicompositum*, *Imperata cylindrica*, *Lotus corniculatus*, *Melilotus indica* und *Silene rubella*, die in den Schott- und Quelloasen vorkommen, den beiden Flußoasen jedoch nahezu vollständig fehlen, sind als Gründe für die größere Ähnlichkeit ersterer zu nennen.

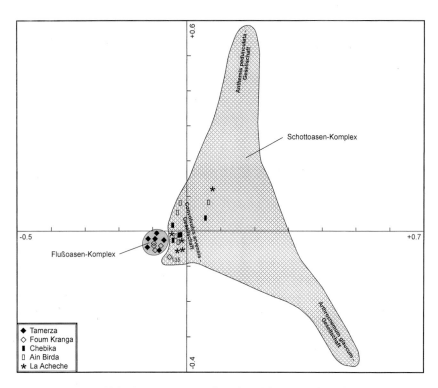

Abb. 54: CA des Frühjahrsdatensatzes von Fluß-, Gebirgsfuß- und Schottoasen; Aufnahmen, 1./2. Achse, Presence-Absence-Transformation

Das Dendrogramm der floristischen Ähnlichkeit in Abb. 55 verdeutlicht die Differenzierung der Artenkomposition innerhalb der Fluß- und Gebirgsfußoasen noch klarer, wobei die zwei Gruppen den beiden Oasenbewässerungstypen entsprechen. Die erste Gruppe faßt bis auf die Aufnahme 135 (Foum Kranga) alle Aufnahmen der Fluß- bzw. gemischten Grundwasseroasen Tamerza und Foum Kranga zusammen, auf welche die Arten *Sanguisorba minor*, *Taraxacum officinale*, *Malva sylvestris*, *Silene vulgaris*, *Aegilops ventricosa*, *Vicia angustifolia*, *Avena sterilis*, *Cynoglossum cheirifolium* und bis auf eine Ausnahme auch *Solanum nigrum* beschränkt sind (siehe Tab. 22 und 23 im Anhang). In der zweiten Gruppe sind die Aufnahmen der Quelloasen Chebika, Aïn Birda und La Acheche vereint. Floristisch heben sie sich von den Flußoasen durch die Arten *Thymelaea hirsuta*, *Hypericum tomentosa*, *Ononis serrata*, *Nasturtium officinale* und *Scorpiurus muricatus* ab. In beiden Oasentypen sind *Medicago polymorpha*, *Agrostis stolonifera*, *Cichorium intybus*, *Urospermum picroides*, *Rumex pulcher*, *Torilis nodosa*, *Euphorbia helioscopia* und *Bupleurum lancifolium* vertreten.

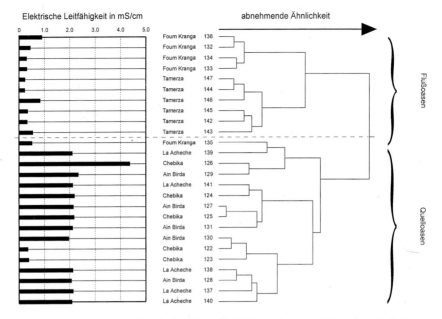

Abb. 55: Dendrogramm der floristischen Ähnlichkeit pflanzensoziologischer Aufnahmen (Frühjahr) der Fluß- und Gebirgsfußoasen Tunesiens im Vergleich mit den entsprechenden EC-Bodenwerten; Analysekriterien: Minimum-Variance-Clustering, Presence-Absence-Transformation, Distanzmaß nach van der Maarel, Aufnahmen normalisiert

Obwohl sich Foum Kranga am Gebirgsfuß des Djebel en Negueb in unmittelbarer Nachbarschaft zu den Quelloasen befindet, sind die Gründe für die floristische Ähnlichkeit mit Tamerza in derselben Wasserherkunft aus dem Fluß bzw. dessen Grundwasser, der gleichen Bodenart (tL) und den geringen EC-Werten der Böden unter 1 mS/cm zu suchen (siehe Abb. 55), was auch CCAs bestätigen. Trotz hoher Kapillarität der tonigen Lehmböden in Tamerza und Foum Kranga fällt die Bodenversalzung sehr gering aus. Wie im oberen Teil der Drâa-Flußoase in Südmarokko sorgen ganzjährig hohe Bewässerungsraten und Abflußspitzen des Oueds im Winterhalbjahr mit einem zeitweisen Überangebot an Wasser für eine ausgiebige Auswaschung der Bodensalze, welche über den Grundwasserstrom des Flusses in idealer Weise in Richtung Chott el Gharsa abgeführt werden. Diese besonders vorteilhafte Art der natürlichen Drainage ist bei den Quelloasen nicht gegeben, trotz besserer Drainierbarkeit der schluffig bis sandigen Lehme. Die ganzjährig gleichmäßige Quellschüttung reicht demzufolge nicht für eine ausreichende Auswaschung der Salze aus, auch nicht im klimatisch günstigen Winterhalbjahr. Gemessene EC-Werte von Bewässerungswässern in Tamerza mit 2.480 µS/cm, Foum Kranga mit 3.400 µS/cm und Chebika mit 2.980 µS/cm belegen, daß die höchsten EC-Werte des Irrigationswassers nicht automatisch mit stärkster Bodenversalzung korrespondieren.

Die unterschiedlichen edaphischen Standortbedingungen zwischen den beiden Flußoasen und den drei Quelloasen liefern wichtige Erklärungen für das jeweils eigenständige Arteninventar der beiden Oasentypen. Trotzdem bleibt darüberhinaus die Frage offen, weshalb die geringe Entfernung zwischen Foum Kranga und den 3 Quelloasen nicht zu einer höheren Ähnlichkeit ihrer Vegetationszusammensetzung führt und die weiter entfernt gelegene Oase Tamerza nicht einem Isolationseffekt unterliegt. Hypothetisch kann vermutet werden, daß man sich am Djebel Negueb - ausgehend vom größeren Vorkommen außersaharischer Arten in der Gegend um Tamerza im Vergleich zur südlich angrenzenden Region des Chott el Gharsa und Chott el Djérid (FRANKENBERG, 1978a[46]) - in einem Grenzraum befindet, wo Arten auf kürzester Distanz ihre südliche Verbreitungsgrenze erreichen. Bei den auf die Quelloasen beschränkten Arten handelt es sich ausnahmslos um mediterrane und kosmopolitische Species, die Flußoasen weisen neben mediterranen vor allem eurasiatische Florenelemente auf (*Malva sylvestris*, *Sanguisorba minor*, *Silene vulgaris* und *Taraxacum officinale*). Denkbar wäre eine Verbreitung einiger dieser Arten über den beide Oasen verbindenden Oued Kranga, der mit dem Bewässerungswasser das Samenmaterial von Tamerza in die Parzellen der tiefergelegenen Oase Foum Kranga einbringen könnte. Während *Aegilops ventricosa*, *Malva sylvestris* und *Silene vulgaris* in Tamerza recht häufig und z. T. stark deckend vorkommen, erscheinen diese Arten in Foum Kranga nur vereinzelt mit geringer Deckung, was sporadisches Auftreten vermuten läßt.

Zusammenfassend lassen die Ergebnisse der Fluß- und Gebirgsfußoasen engere floristische Beziehungen der Quelloasen zu den Schottoasen feststellen und ein stärker eigenständiges Arteninventar der Flußoasen. Außer einem möglichen Samentransfer von der höher gelegenen Flußoase Tamerza nach Foum Kranga über das Bewässerungswasser des Oueds sind für deren floristische Ähnlichkeit jedoch die nahezu identischen edaphischen Standortbedingungen (Bodenversalzung, Bodenart) maßgeblich. Bezogen auf die Gebirgsfuß- und Schottoasen mit z. T. beträchlichen Boden-EC-Werten läßt die geringer ausgeprägte Bodenversalzungstendenz der beiden tunesischen Flußoasen eine offensichtliche Parallele zur südmarokkanischen Drâa-Flußoase erkennen. Floristische Gemeinsamkeiten zwischen beiden Flußoasen-Komplexen äußern sich in den Arten *Avena sterilis*, *Torilis nodosa*, und *Vicia angustifolia*, die den tunesischen Gebirgsfuß- und Schottoasen nahezu vollständig fehlen. In allen untersuchten Flußoasen wirkt somit die Fluß- mit ergänzender Grundwasserirrigation bei

---

[46] FRANKENBERG (1978a) gibt in seinen Florenelementkarten für Gafsa/Tamerza 297-370 Arten außertropischer Verbreitung an, für die Schottregion 223-296

winterlichen Bewässerungsspitzen (zur ausreichenden Salzauswaschung) im Zusammenspiel mit permeablen Böden und einem natürlichen Abtransport des Drainagewassers über das sich in ausreichender Tiefe befindende Grundwasser positiv einer starken Bodenversalzung entgegen.

7 Praxisbezogener Ausblick

Die in Kap. 6.3.6 erläuterten Übereinstimmungen in edaphischer Sicht zwischen den Flußoasen Tunesiens und der marokkanischen Drâa-Oase einerseits sowie ihren floristischen als auch edaphischen Unterschiede zum „Schottkomplex" andererseits dürfen jedoch nicht zu dem Schluß verleiten, daß eine partielle Übertragbarkeit der Ergebnisse zu einer Generalisierung auf gesamtmaghrebinischer Ebene führt.

So unterscheidet RICHTER (in prep.) mit Hilfe einer Ähnlichkeitsanalyse von ca. 300 Aufnahmen in Oasen des gesamten Maghreb (Algerien, Marokko, Tunesien) vier Ackerwildkraut-Typen (Abb. 56). Der „Erg-Typ" umfaßt die Oasen des Erg Occidental sowie des Erg Oriental und deren Randgebiete in Algerien, also die großen Sandgebiete der Sahara. Auch die Oase Marrakech (1) zeigt Verwandtschaft mit dieser Gruppe. Ihr ist mit allen Oasen des „Erg-Typs" (1-7) der hohe Sandanteil des Bodens gemeinsam, was eine leichte Salzauswaschung, aber auch eine schnellere Austrocknung bewirkt. Die Ackerwildkrautvegetation dieser Oasen wird durch die Arten *Adonis microcarpa* DC. (= *A. dentata* Del.), *Polypogon monspeliensis*, *Reichardia intermedia* (Schultz Bip.) Coutinho und *Silene c.f. arenarioides* Desf. charakterisiert. Der „Atlas-Typ" reicht vom Anti-Atlas (Amtoudi, 9) über den Hohen Atlas (Tinerhir, 10) bis zu den Oasen am Djebel Negueb in Tunesien (8) und vereint somit die Oasen des südlichen Atlasrandes. Schwere, tonhaltige Böden kennzeichnen diese Oasen. Als charakteristische Species sind *Euphorbia helioscopia*, *Poa annua*, *Scorpiurus muricatus* und *Stellaria media* zu nennen, die hier besonders stark vertreten sind.

Eine enge regionale Begrenzung spiegelt sich im „Chott-Typ" (11-13) wider. Die am endorhëischen Becken des Chott el Djérid gelegenen Oasen sind mit leichter zur Versalzung neigenden Böden verbunden, was sich im halophytischen Arteninventar manifestiert. Auf leicht bis mittel stark versalzten Standorten einjähriger Anbaukulturen sind daher *Frankenia pulverulenta*, *Heliotropium curassavicum* und *Spergularia marina* prägend. Unversalzte Flächen werden v. a. in den Djérid-Oasen von *Oxalis pes-caprae* mit zum Teil flächenhaftem Auftreten eingenommen[47]. Es ist anzunehmen, daß die nicht in die Analyse einbezogenen algerischen Schottoasen ebenfalls dem „Chott-Typ" zuzuordnen sind. Deutlich von den bisher angesprochenen Ackerwildkraut-Typen trennt sich bei der Ähnlichkeitsanalyse (siehe Trennlinie (TL) in Abb. 56, links) der „Drâa-Typ" (14-17)

---

[47] Es bleibt eine interessante Beobachtung, inwiefern sich dieses neophytische Wildkraut aus Südafrika als ständiger Begleiter der Oasenkulturen etablieren wird. Fortlaufende Überwachungen in mediterranen Rebgärten lassen vermuten, daß es sich bei diesem Geophyten nur um einen vorübergehenden Masseninvasor handelt (RICHTER, persönl. Mitteilung).

ab. Diese Oasen zeichnen sich durch gut infiltrierbare Böden aus, auf denen Arten wie *Avena sterilis*, *Leontodon hispidulus* und *Vicia monantha* dominieren.

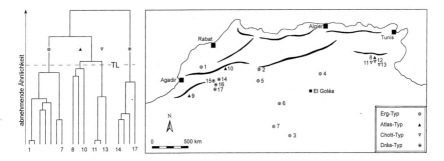

Abb. 56: Dendrogramm der floristischen Ähnlichkeit pflanzensoziologischer Aufnahmen maghrebinischer Oasen (Algerien, Marokko, Tunesien). Analysekriterien: Minimum-Variance-Clustering, Presence-Absence-Transformation, Distanzmaß nach van der Maarel, Aufnahmen normalisiert (links). Räumliche Verteilung der 4 Ackerwildkraut-Typen im Maghreb (rechts). (Quelle: RICHTER (in prep.))

Die vier ausgegliederten Ackerwildkraut-Typen lassen erkennen, daß die Bodenverhältnisse eine stärkere Rolle bei der Ausbildung der Ackerwildkrautvegetation spielen als die klimatischen und hygrischen Bedingungen. Hinsichtlich der Übertragbarkeit der Phytoindikation der Bodenversalzung ist anzumerken, daß diese nur im Gebiet der tunesischen und algerischen Schotts anwendbar ist. Das spezifische Arteninventar der Schotts sowie die stark salinen Verhältnisse in deren Oasen beschränken diese Methode daher regional.

Unabhängig von dieser eingeschränkten Übertragbarkeit der Methode der Phytoindikation, bleiben die folgenden Punkte als Praktiken einer nachhaltigen Nutzung unabdingbar, um die Gefahr der Bodenversalzung in maghrebinischen Oasen langfristig abzumildern. Hierbei kommt eine Fülle an Maßnahmen und Verfahren auf unterschiedlichen Bewirtschaftungsebenen in Betracht:

- mechanisch:
  - Tiefpflügen und Unterbodenlockerung fördern die Durchlässigkeit des Bodens für Wasser bzw. Luft und verbessern somit die Salzauswaschung.
  - Eintrag von Sand verringert durch einen erhöhten Grobporenanteil den kapillaren Aufstieg von Wasser.

- biologisch:
  - Vermehrter Einsatz von organischen Düngern (Gründüngung, Stallmist, Kompost) führt zur Bodenstrukturverbesserung. Neben der Bereitstellung

organischer Mineralien wird insbesondere die Durchlässigkeit beim Bewässern schwerer Böden, aber auch die Wasserretention leichter Böden bis zur nächsten Irrigation erheblich erhöht.

- Ferner vermögen Mulchverfahren mit Ernterückständen oder Palmwedeln v. a. in den ersten Jahren der Kultivierung für eine verdunstungsmindernde Beschattung des Bodens zu sorgen.

- chemisch:
    - Zugabe von Meliorationsstoffen (z. B. Gips) zum Boden erleichtert die Auswaschung von Salzen und drosselt den kapillaren Aufstieg von Wasser und damit die Verdunstung der Bodenlösung.

- hydrotechnisch:
    - Drainagesystem: Optimierung hinsichtlich Instandhaltungsmaßnahmen (regelmäßige Ausräumung von Sedimenten und Bewuchs) und der Anpassung von Drainagetiefe und -abständen an die Bodenart und die angebaute Kulturen.

    - Bewässerungssystem: Instandhaltung (Vermeidung von Wasserverlusten durch Lecks), Modernisierung (Wassereinsparung durch unterirdisch verlegte Kanalrohre).

    - Bewässerungsmethode: Vermeidung der versalzungsfördernden Beregnung, Subventionierung bewässerungsökologisch sinnvoller Techniken (Tröpfchenbewässerung), Förderung des Anbaus von Sonderkulturen in Treibhäusern.

    - Gerechte Wassernutzung contra Wasserrecht: Durchführung einer rationellen Wasserverteilung unter Beachtung der Flächengröße, der Bodenart, dem Pflanzenbedarf und der Salzauswaschung.

    - Bewässerungszyklus: kürzere Bewässerungsintervalle ca. alle 6-7 Tage sind wegen besserer Wasserinfiltration in feuchten Böden langen Umläufen von 3-4 Wochen vorzuziehen.

    - Bewässerungszeitpunkt: Intensivierung abendlicher und nächtlicher Wassergaben wegen geringerer Verdunstung als tagsüber. Das tageszeitliche Abstellen der Tiefenwasserpumpen verbessert die Nachleitung des Porenwassers im Aquifer.

    - Jahreszeitliche Anpassung der Bewässerung: Vermeidung von Wasserverschwendung im Winterhalbjahr unter Wahrung einer ausreichenden Salzauswaschung. Auch hier fördert das Abstellen einzelner Pumpen die Nachleitung des Porenwassers.

- Bewässerung in jungen Oasenteilen: Intensive Irrigation von möglichst kleinen Flächen im Anfangsstadium der Kultivierung, um einen raschen Aufwuchs der oberen zwei Stockwerke zu gewährleisten.

- strukturell:
  - Rasche Förderung einer geschlossenen Bedeckung durch Dattelpalmen zur Verhinderung direkter Sonneneinstrahlung (Verdunstungssenkung); andererseits Auslichten zu dichter Palmenhaine auf ein mittleres Maß zwischen monokulturellem und dem z. T. chaotischen traditionellen Anbau (Wassereinsparung, weniger Parasitenbefall).
  - Neuordnung des Besitzes und Rekultivierung der wegen Erbteilung aufgegebenen Kulturflächen in den alten Oasenarealen. Dies gilt besonders für die Region am Chott el Djérid, wo sich viele Oasen im Zuge von Flächenerweiterung immer mehr dem entwässerungstechnisch benachteiligten Schottrand nähern, während die potentiell begünstigten Oasenteile zusehends verwahrlosen (Bsp. Toumbar).
  - Vermeidung offener Getreidefelder mit großen Flächen, da hier die Verdunstungsraten sehr hoch sind.

Um die Existenz vor allem der Grundwasseroasen am Chott el Djérid langfristig zu sichern, darf nicht nur über wassereinsparende, ökologisch sinnvolle und ökonomisch tragbare Maßnahmen sondern muß bereits heute ernsthaft über eine alternative Wassererschließung nachgedacht werden. Im Kontext stetiger Grundwasserabsenkung und nachlassender Brunnenschüttung müssen vorausschauend Anstrengungen unternommen werden, bevor die fossilen Aquifere aufgebraucht sind. Mag die Meerwasserentsalzung mittels Solardestillation oder der Wassertransfer aus den hygrisch begünstigten nordtunesischen Bergregionen heute noch utopisch anmuten, so muß der Entwicklung zukunftsweisender Konzepte mehr Beachtung geschenkt werden, um zu gegebener über Weichenstellungen entscheiden zu können.

8 Zusammenfassung

In der vorliegenden Arbeit nehmen Untersuchungsergebnisse zum Bodenversalzungsproblem in maghrebinischen Oasen einen Großteil der Ausführungen ein. Hierbei kommt der Phytoindikation der Salinitätsverhältnisse mit Hilfe von Zeigerpflanzengruppen der Ackerwildkrautvegetation die zentrale Bedeutung zu. Für ein besseres Verständnis der unterschiedlich ausgebildeten Vegetationstypen innerhalb der Oasen werden symmorphologische und synchorologische Merkmale in Beziehung zu den wichtigsten Standortparametern gesetzt.

Alle Ergebnisse stützen sich auf Geländearbeiten in der marokkanischen Drâa-Oase und den tunesischen Oasen am Chott el Djérid sowie am Djebel Negueb. Die Auswahl dieser Oasenkomplexe erfolgte aufgrund unterschiedlicher natürlicher Ausgangsbedingungen, wie der Art der Bewässerung als auch den damit verbundenen edaphischen und entwässerungstechnischen Verschiedenheiten. Die südlich des Hohen Atlas gelegene 200 km lange Drâa-Oase weist als Flußoase eine ausgeprägte Abnahme in der Bewässerungsintensität mit zunehmender Länge des Oued Drâa auf (Agdz--Zagora--M'Hamid), was sich agrarökologisch in einer Veränderung der Anbauverhältnisse widerspiegelt; Bewässerungsspitzen im Winterhalbjahr sorgen nahezu überall für eine ausreichende Auswaschung der Bodensalze.

Eine vollkommen andere Ausgangssituation weisen die Oasen am Chott el Djérid in Tunesien auf. Ihre Bewässerungsgrundlage bilden zwei fossile, in unterschiedlicher Tiefe gelegene Grundwasserkörper, deren Nutzung im letzten Vierteljahrhundert eine immense Intensivierung erfahren hat. Die unmittelbare Nähe zu dem als Vorfluter dienenden endorhëischen Becken des Schott beinhaltet erhebliche Probleme für die Entwässerung der Oasenareale, was sich in einer stark ausgeprägten Tendenz zur Bodenversalzung äußert. Die Hinzunahme der Fluß- und Quelloasen am Djebel Negueb in Tunesien soll einen Vergleich mit der Drâa-Flußoase ermöglichen, aber auch Übereinstimmungen und Unterschiede zu den Schottoasen aufzeigen helfen.

Die Untersuchungen der Oasengärten in der Drâa-Oase belegen deutlich den Zusammenhang zwischen der Bewässerungsintensität und den angebauten Kulturpflanzen. Bewässerungsintensive Baum- und Straucharten (Abb. 11) wie Apfel, Aprikose, Mandel, Olive und Weinrebe sind im oberen Bereich der Oase in Agdz stark vertreten, verlieren in Zagora bereits sehr deutlich an Bedeutung und sind in M'Hamid nicht mehr existent. In M'Hamid weisen lediglich Gärten mit zusätzlicher Brunnenbewässerung ein reichhaltigeres Arteninventar auf. Insgesamt nimmt im Drâa-Tal von Agdz bis M'Hamid die Bedeutung der trockenresistenteren Dattelpalme und Granatäpfel stetig zu. Auch die Unterkulturen weisen eine bewässerungsabhängige Veränderung auf (Abb.12). Nehmen in Agdz und Zagora

Gemüse, Gewürzkräuter und die Futterluzerne große Flächen ein, so spielen diese in M'Hamid nur noch eine untergeordnete Rolle oder sind völlig verschwunden. Die Oasengärten in M'Hamid zeichnen sich darüberhinaus durch hohe Anteile an Brachen und der als Ernährungsgrundlage dienenden Gerste aus.

In ähnlicher Weise wie die Kulturpflanzen ist auch die Ackerwildkrautvegetation einem Wandel von Nord nach Süd unterworfen. Hierbei sind auf Grundlage ökologischer Gruppen 6 Pflanzengesellschaften i.w.S. zu unterscheiden (Tab. 7 u. 21): die nur in Agdz vorkommende Lolium multiflorum-Gesellschaft, die Gesellschaften von Torilis nodosa und Polygonum aviculare in Zagora, die beiden auf M'Hamid beschränkten Gesellschaften von Vicia monantha und Centaurea maroccana sowie die in allen Oasenbereichen auftretende Spergularia diandra-Gesellschaft. Die Auftrennung der Pflanzengesellschaften auf die drei weit voneinander getrennten Oasenabschnitte lassen sich mit Hilfe der CCA in Abb. 18 auf die abnehmenden Bewässerungsgaben, aber auch die unterschiedliche Bodenart zurückführen - nicht aber auf zunehmende Bodenversalzung, der in den Aufnahmeflächen der Drâa-Oase nur geringe Bedeutung zukommt.

Beim synchorologischen Vergleich der Pflanzengesellschaften ist eine deutliche „Saharisierung" der Ackerwildkrautbestände von Agdz nach M'Hamid erkennbar (Abb. 21). Während der Anteil außersaharischer Arten mit den zunehmend trockeneren Standortbedingungen deutlich absinkt, nehmen die außersaharisch-saharischen und saharo-arabischen Geoelemente stark zu und erreichen in M'Hamid ihr Maximum. Auch innerhalb eines Oasenabschnittes lassen sich unterschiedliche Geoelementverteilungen aufgrund der Lage (Oasenmitte, Oasenrand) ausmachen (Abb. 22); gegenüber der Oasenmitte fallen die außersaharischen Arten zu den Oasenrändern hin sichtbar ab, außersaharisch-saharische und saharo-arabische Arten verhalten sich gerade umgekehrt, was sowohl auf die Nähe zur unbewässerten, naturnahen saharischen Vegetation, aber auch auf die trockeneren Bedingungen zurückzuführen ist. Symmorphologisch spiegelt sich die zunehmende Trockenheit entlang der Drâa-Oase auch in abnehmender Artenzahl (Abb. 23) und in der Lebensformenverteilung wider (Abb. 24).

Die einzige Vegetationseinheit, welche Böden mit höherer Bodenversalzung anzeigt, stellt die Spergularia diandra-Gesellschaft mit halophytischen und salztoleranten Arten wie *Frankenia pulverulenta*, *Melilotus indica*, *Spergularia diandra* und v. a. *Spergularia marina* dar (Abb. 20). Aufgrund der guten Infiltrationskapazität der Böden (siehe hierzu Abb. 10), der einer Flußoase entsprechenden regelmäßigen Bewässerung mit Wasserüberschuß im Winterhalbjahr, aber auch der guten Entwässerungsbedingungen über den Grundwasserstrom des Oueds kommt es im Frühjahr auf den Kulturflächen im Drâa-Tal zu keiner nennenswerten Bodenversalzung, so daß die Phytoindikation nur eine unzureichende Anwendbarkeit besitzt.

In den Oasen am Chott el Djérid in Tunesien treten Bodenversalzungserscheinungen weitaus stärker in Erscheinung als im Drâa-Tal, was die gegrabenen Profile der grundwasserbeeinflußten Böden bis hin zur Solontschakisierung belegen (Abb. 25 u. 26). Eine Studie zur Bodensalinitätsentwickung auf dem Gesamtareal der artesischen Grundwasseroase Toumbar/Nefzaoua liefert neue Erkenntnisse über Bodenversalzungstrends in einem Zeitraum von ca. 20 Jahren. In den Abbildungen 34 und 35 zeigt sich ein Anstieg der Salinität von 1975 bis 1987 in der gesamten Oase mit Extremwerten an den am weitesten von den Brunnen entfernten Oasenrändern, aber auch an den erst jüngst in Kultur genommenen Oasenbereichen. Während dieser Zeitspanne verminderte sich die Schüttungsleistung der artesischen Brunnen wegen der Grundwasserabsenkung und Korrosionseffekte um 36%. Die in den 90er Jahren vorgenommene Nachtiefung und Umrüstung der Brunnen auf zusätzliche Motorkraft führte schließlich zu einer Schüttungszunahme und daher zur Umkehrung des Bodenversalzungstrends der 80er Jahre. Die Salinitätswerte liegen im Herbst 1995 (Abb. 36) weit unter denen vom Frühjahr 1987; im darauffolgenden Frühjahr 1996 (Abb. 37) reduzierten sich diese Werte aufgrund der winterlichen Bodenaussüßung noch weiter, womit sich ein saisonaler Trend abzeichnet. Die Untersuchung widerlegt zwar die oft apostrophierte schleichende Versalzungszunahme in den Grundwasseroasen des Chott el Djérid, doch deutet der Zusammenhang zwischen Bewässerungsrate und Salinität auf einen sich wiederholenden Kreislauf hin, da die bereits wieder einsetzende Grundwasserabsenkung mit einer sich allmählich abschwächenden Brunnenschüttung erneut die Bodenversalzungssituation verschärfen wird.

Bei der Untersuchung der Oasenvegetation konnten mit Hilfe ökologischer Gruppen 7 Pflanzengesellschaften differenziert werden (Tab. 12, 22 u. 23). Die artenarme Arthrocnemum glaucum- und die Limoniastrum guyonianum-Gesellschaft stellen die halophilsten Vegetationsbestände mit durchschnittlichen EC-Werten im Herbst von 10.500 bzw. 8.300 µS/cm dar; sie sind charakteristisch für die schottnahe Halophytenvegetation und kommen in aufgegebenen, extrem versalzten Oasenbereichen vor. Typisch für stark versalzte Bracheflächen innerhalb der Oasen ist die Aeluropus litoralis-Gesellschaft mit mittleren herbstlichen EC-Werten von 3.600 µS/cm. Salztolerante Arten auf mehrheitlich extensiv bewirtschafteten Kulturflächen sind in der Heliotropium curassavicum-Gesellschaft mit einem durchschnittlichen EC-Wert von 2.500 µS/cm vereint. Geringe Bodenversalzung wird vom Frühjahrs- und Sommeraspekt der Convolvulus arvensis-Gesellschaft angezeigt. Der relativ naturnahen Therophyten-Gesellschaft von Anthemis pedunculata kommt nur lokal begrenzte Indikatoreigenschaft für neu geschaffene, gering versalzte Oasenbereiche im Gebiet von Degache zu. Sind die verschiedenen ökologischen Artengruppen - von ihren mittleren EC-Werten aus betrachtet - entlang eines Salzgradienten aufgereiht (Abb. 41 u. 42), so unterliegen die Artengruppen als auch die einzelnen

Arten einer zu großen Abweichung um den Mittelwert (Abb. 43). Aufgrund von Signifikanzkriterien konnten daher keine diskreten Zeigerwerteklassen ausgegliedert werden. Mit Hilfe der ökologischen Artengruppen ist dem geübten Auge dennoch eine Beurteilung der Bodenversalzung sowie der damit zusammenhängenden Bewässerungsintensität und -qualität unter Berücksichtigung der Musterbildung als auch der Deckungsverhältnisse durchaus möglich.

Ebenso läßt sich das unterschiedliche Verhalten der Arten gegenüber der Bodenversalzung synchorologisch differenzieren. Mit ansteigendem EC-Wert nehmen die außersaharischen, tropischen und polychoren Geoelemente deutlich ab, die saharo-arabischen sowie die Arten des azonalen Elementes der außersaharischen und kosmopolitischen Halophyten gewinnen an Bedeutung (Abb. 46). Derselbe Sachverhalt zeigt sich auf der Ebene der halophilen bis halophoben Pflanzengesellschaften in Abb. 47. Die jahreszeitlich verschieden ausgebildeten Aspekte der Ackerwildkrautvegetation i.e.S. auf ein und demselben Standort konnten anhand der Geoelementverteilung klar differenziert werden. Ist die Winter/Frühjahrs-Ökophase eindeutig von außersaharischen Arten geprägt, so übernehmen in der Sommer/Herbst-Ökophase wärmekeimende Thermokosmopoliten wie *Cynodon dactylon*, *Setaria verticillata* und *Digitaria sanguinalis* sowie die tropischen bzw. subtropisch-tropischen Vertreter *Cyperus rotundus*, *Echinochloa colonum* und *Dactyloctenium aegyptium* die Dominanz (Abb. 49).

Die Untersuchungen ergaben außerdem einen Zusammenhang zwischen der Artenzahl und der Bodenversalzung (Abb. 51). Oberhalb eines EC-Wertes von 3 mS/cm sinkt die Zahl der Arten rapide ab, da ab diesem Grenzwert nur noch wenige speziell angepaßte Species zu existieren vermögen. Auch die Lebensformen weisen eine Beziehung zum Bodenversalzungsgradienten auf; Thero- und Geophyten dominieren aufgrund höherer Konkurrenzkraft auf den nicht bis leicht versalzten Standorten, während Chamae- und Hemikryptophyten ihre volle Entfaltung im stark salinen Bereich erreichen (Abb. 53). Lebensformenspektren vermögen darüberhinaus bei ausschließlicher Betrachtung einjähriger Anbaukulturen Auskunft über die Bewirtschaftungsintensität zu liefern. Am Beispiel der Oase Toumbar in Abb. 51 indizieren hohe Anteile an einjährigen Ackerwildkräutern einen guten Pflegezustand der Oasengärten, mehrjährige Arten einen weniger intensiven. Unter einem ethnobotanischen Gesichtspunkt ist der Lebensformenvergleich zwischen den Djérid- und Nefzaoua-Oasen zu sehen. Ein höheres Vorkommen an Chamae- und Hemikryptophyten in den Nefzaoua-Oasen läßt im Unterschied zu den Djérid-Oasen eine vernachläßigte Bewirtschaftung erkennen. Dieser Sachverhalt ist auf den hohen Anteil seßhaft gemachter Nomaden zurückzuführen, die mit der Oasenwirtschaft noch nicht sehr lange vertraut sind (Abb. 52).

Die Vegetation der Fluß- und Quelloasen in Tunesien sind den Schottoasen zwar nicht vollkommen unähnlich, doch weisen diese ein recht eigenes Arteninventar auf, was zur Ausgliederung der Medicago polymorpha-Gesellschaft führte (Tab. 20, 22, 23). Die CCA in Abb. 54 zeigt die stärkere Eigenständigkeit der Flußoasen, während die pflanzensoziologischen Aufnahmen der Quelloasen in den „Schottoasen-Komplex" integriert sind. Trotz der räumlich engen Lage differenzieren sich die Fluß- und Quelloasen aufgrund wesentlicher Punkte: unterschiedliche Bodenart, wesentlich höhere Bodenversalzung der Quelloasen wegen geringerer Bewässerung sowie mangelnder Drainagewirkung und ein möglicher Samentransfer über das Bewässerungswasser vom flußaufwärts gelegenen Tamerza nach Foum Kranga. Wie bei der Drâa-Oase unterstreichen die Ergebnisse der tunesischen Oasen Tamerza und Foum Kranga die positiven Voraussetzungen für eine ausreichende Salzauswaschung der Flußoasen. Die nahe am Vorfluter gelegenen Grundwasser- und Quelloasen in Südtunesien zeigen aber eine erkennbar höhere Gefährdung durch Versalzung der Böden.

Generell kann davon ausgegangen werden, daß Flußoasen bei gleichbleibenden klimatischen Bedingungen im Einzugsgebiet der jeweiligen Oueds keine gravierende Versalzungsdegradation zu befürchten haben. Lediglich die längerfristigen Auswirkungen von Staudämmen können hier gewisse Schwierigkeiten aufwerfen. Ganz anders ist es hingegen um die Existenz der Grundwasseroasen in Tunesien und auch in Algerien oder Libyen bestellt. Durch die natürlich gegebene Beckenlage mit schlechteren Drainagebedingungen und der schleichenden Grundwasserabsenkung ist die Zukunft dieses artesischen Oasentyps auf Dauer gesehen mehr als fraglich. Daher müssen versalzungsmindernde Maßnahmen wie die Verbesserung der Entwässerungssysteme und der Bodenmelioration, aber auch wassereinsparende Irrigationsmethoden forciert werden. - Erscheint auch momentan manch Vorschlag zur Erschließung alternativer Wasserressourcen wie der Meerwasserentsalzung und der Wassertransfer aus den hygrisch bevorteilten nordtunesischen Bergregionen noch utopisch, so müssen bereits jetzt ernsthafte Anstrengungen vorangetrieben werden, um nicht in naher Zukunft bei weiterer Grundwasserabsenkung einem weiträumigem Verfall der Oasenwirtschaft am Chott el Djérid hilflos gegenüberzustehen.

Summary

This dissertation focuses primarily on the problem of soil salination in Maghrebine oases. Special attention is being paid to weed plant communities, which serve as phytoindicators of salination. In order to explain the occurrence of different types of oasis vegetation, connections between synmorphological and synchorological characteristics and the main site factors are being established.

All results are based on field operations which took place in the Moroccan Drâa valley and the Tunisian oases on the edge of the Chott el Jerid and those of the Djebel Negueb. The selected oases differ from one another with regard to irrigation, soil and drainage. The Drâa oasis (Agdz--Zagora--M'Hamid) is 200 km long and is located south of the High Atlas. With increasing length of the wadi, irrigation intensity decreases noticeably, which is typical for a river oasis. Agrarecologically this change is reflected in a change of cultivation. Irrigation, which reaches ist peaks during winter term, is responsible for a sufficient wash-out of soluble salts almost everywhere in the Drâa oasis.

For the oases of the Chott el Jerid the situation is completely different. These are located in southern Tunisia and draw their irrigation water from two fossil groundwater bodies in different layers. The exploitation of these aquifers has been greatly intensified during the last 25 years. As the oases are close to the endorheic basin of the salt pan, which also serves as a receiving water, the drainage of the oases is problematic. For this reason, there is a strong tendency to soil salinization in these areas.

My studies in the oasis gardens of the Drâa valley clearly reveal that there is a connection between irrigation intensity and the occurrence of certain cultivated plants. Irrigation-intensive fruit tree and shrub species, such as apple, apricot, almond, olive and grapes, frequently occur in the upper part of the oasis, in the area of Agdz; in Zagora they lose importance and in M'Hamid they are not present anymore. In M'Hamid only the gardens with additional well irrigation show a broader variety of water-intensive species. In general, the predominance of drought resistant date palms and pomegranates in the Drâa valley is increasing steadily from Agdz to M'Hamid. The amount of irrigation also determines the variety of annual plants which grow beneath trees and shrubs. While vegetables, spice plants and medic cover large areas in Agdz and Zagora, in M'Hamid they are minimal or have completely disappeared. Furthermore, the oasis gardens in M'Hamid are characterized by a high proportion of fallow lands and numerous fields of barley, which serves as a basis for nutrition.

Like cultivated plants, the weed vegetation changes from north to south. The weed vegetation can be classified into six plant communities (summarized in tab. 7 a. 21): the Lolium multiflorum community, which can only be found in Agdz; the communities of Torilis nodosa and Polygonum aviculare, which are present in Zagora; the communities of Vicia monantha and Centaurea maroccana, which are restricted to M'Hamid; and the Spergularia diandra community, which appears throughout the oasis. The CCA in fig. 18 indicates that the distribution of the six plant communities over three separated oasis areas is due to the amount of irrigation and the quality of the soil - but not to the extent of salination.

Synchorological comparisons of the plant communities show an increasing „saharization" of weed plants from Agdz to M'Hamid (fig. 21). While the proportion of non-saharian species decreases in drier sites, the number of non-saharian/saharian and saharo-arabian species increases significantly and reaches its maximum in M'Hamid. The floristic element spectra of the Drâa oasis, however, do not only show inter-segmental differences, but also intra-segmental differences. With increasing distance away from the oasis center, the number of non-saharian species decreases, whereby the number of non-saharian/saharian and saharo-arabian plants increases. This is due to the surrounding non-irrigated, quasi-natural saharian vegetation in the outermost zone as well as the drier conditions there. Synmorphologically the increasing dryness is reflected in a reduced number of species (fig. 23) and in different lifeform spectra (fig. 24).

The Spergularia diandra community with its halophilic and salt tolerant species such as *Frankenia pulverulenta*, *Melilotus indica*, *Spergularia diandra* and especially *Spergularia marina* is the only vegetation unit which can serve as an indicator for highly salinated soils (fig. 20). Due to good infiltration capacity of the soils, the typical water surplus of a river oasis in the winter term and sufficient drainage via the groundwater current of the wadi, there is hardly any salination of the soil on cultivated fields of the Drâa valley in spring time. Therefore, phytoindication can not be applied to a river oasis like the Drâa.

In contrast to the Moroccan Drâa oasis, soil salination is more manifest in the Tunisian oases on the edge of the Chott el Jerid. This is exemplified by excavated profiles of groundwater influenced soils, which have solonchak characteristics (fig. 25 a. 26). A detailed long-term investigation of the development of soil salinity throughout the entire region of the artesic groundwater oasis Toumbar/Nefzaoua contains new information on salinization trends over a period of about 20 years. Previous surveys show a rise in salinity in the entire oasis between 1975 and 1987 (fig. 34 a. 35). Maximum values are reached on the edges of the oasis, which are furthest from the wells, and also in newly cultivated palm groves. During this period of time the water output of the ancient artesic wells fell by 36% as a result of groundwater lowering and corrosion effects. The deepening of the wells and the introduction of additional motors in the 1990s, led to an increasing output of water and to a reversal of the salinization trend of the 1980s. In autumn 1995, the salinity values sank far below those of spring 1987. Due to the winter wash-out of salt, the values decreased even further in spring 1996. This indicates a seasonal oscillation. This study refutes the often made claim of a lingering rise of salination in the groundwater oases at the Chott el Jerid. However, the correlation between irrigation intensity and salt content indicates a continuous cycle, because the already receding groundwater table together with the reduced well output will aggravate the soil salinization anew.

The analysis of the oasis vegetation at the Chott has led to the determination of seven plant communities (tab. 12, 22 a. 23). The Arthrocnemum glaucum and Limoniastrum guyonianum community are poor in species and represent the most halophilic vegetation stands. In autumn, they reach average EC-values of 10500 and 8300 µS/cm respectively. Both are characteristic of the halophilic vegetation near the Chott and appear in abandoned or newly reclaimed, extremely salinated parts of the oasis. The Aeluropus litoralis community covers highly salinated fallows within the oases, which have mean EC-values of 3600 µS/cm. Salt tolerant species on predominantly extensively cultivated land are united in the Heliotropium curassavicum community (with average of 2500 µS/cm). Low degrees of soil salination are indicated from the growth of the spring and summer aspect of the Convolvulus arvensis community. The plant community of Anthemis pedunculata, which is relatively poor in species and dominated by therophytes, has only a locally limited indicator quality for the newly cultivated and less salinated fields round Degache. Due to a large deviation around the mean EC-value of the species or groups of species (fig. 43), it was not possible to define distinct classes of indicator values.

The ecological behaviour of the species in relation to the salination is also differentiated synchorologically. With rising EC-values, the non-saharian, tropical and cosmopolitan floristic elements decrease significantly, whereas the saharo-arabian and azonal or cosmopolitan halophytes increase (fig. 46). The same phenomenon can be observed on the level of the halophilic and the non-halophilic plant communities (fig. 47). The seasonally varied development of weed communities on the same site are differentiated with aid of floristic element spectra. While the winter/spring-ecophase is clearly dominated by non-saharian species, the summer/autumn-ecophase is predominated by warmth-germinating thermocosmopolitans such as *Cynodon dactylon*, *Setaria verticillata* and *Digitaria sanguinalis* and the tropical as well as subtropical/tropical representatives such as *Cyperus rotundus*, *Echinochloa colonum* and *Dactyloctenium aegyptium* (fig. 49).

Furthermore, the investigations show that there is a correlation between the species number and the salination of soil (fig. 51). When EC-values of 3 mS/cm are surpassed, the number of species decreases significantly, because only few specially adapted species are able to exist under these conditions. Also the lifeforms show an apparent relation to the gradient of salination; due to their competitive capacity, therophytes and geophytes predominate on non- or little-salinated soils, whereas chamaephytes and hemicryptophytes reach their ecological peak in conditions of high salinity. Additionally, lifeform spectra supply information about the intensity of cultivation. As the example of the

Toumbar oasis shows, high proportions of annual weed plants indicate high intensity of cultivation in the oasis gardens; perennials less intensity. Based on this fact, ethnobotanical information can be gained from a comparison between the Jerid and Nefzaoua oases. In the Nefzaoua oases the number of perennial plants, such as chamaephytes and hemicryptophytes, is relatively high. This suggests that the oases are not as well tended as the Jerid oases and can be attributed to the fact that the nomads, who have been forced to settle in those areas, are not well acquainted with the methods of oasis cultivation.

Concerning their floristic composition, the river and well oases in the Tunisian Djebel Negueb area are not completely different from the Chott oases, however, they have some species which are restricted to these two oasis types. This allows the classification of the Medicago polymorpha community (tab. 20, 22, 23). The CCA in fig. 54 shows a greater pecularity of the river oases, while the well oases are integrated phytosociologically into the complex of the Chott oases. Despite close spatial proximity, the river and well oases differ in important points: the composition of the soil, salinity of the soil (due to low irrigation and deficient drainage the soils of the well oases show a higher salination) and the possibility to seed transfer (which is higher in river oases). The results gained from the investigations of the Tunisian river oases, like those of the Moroccan Drâa valley, indicate good prospects for sufficient wash-out of salt in river oases. Because of the proximity to the endorheic basin of the Chott, the well and groundwater oases are noticeably more threatened by soil salinization.

In general the author comes to the conclusion that no grave degradation in soil salinization is to be expected in river oases, given that no change in climate occurs in the catchment areas of the rivers. Singularly problematic, in this instance, are the long term consequences of dam building. The situation of the groundwater oases in Tunisia as well as in Algeria and Libya is less positive. Due to the disadvantageous drainage conditions of the natural basin as well as the gradual recession of the groundwater, the permanent existence of the artesic oasis type is doubtful. For this reason, measures which would reduce salinization must be taken. These measures could take the form of improved drainage systems or soil amelioration as well as water conserving irrigation methods. Even though some proposals concerning the tapping of alternative water resources such as seawater desalination and the transfer of water in canals from water rich mountain regions of northern Tunisia may seem unrealistic, it now needs to be the duty and task of all responsible, to advance serious efforts already today - if we are not to be helpless witnesses to a drastic collapse of all oases at the Chott el Jerid with its valuable ecosystems, culture and people.

9 Literaturverzeichnis

ABAAB, A. & M. LAMARY (1985): Les oasis du Sud Tunisien et l'impératif d'une restructuration profonde. In: Rivista di Agricoltura Subtropicale e Tropicale 79 (1-2). - Florenz, S. 147-169.

ACHENBACH, H. (1969): Tunesien - ein landeskundlicher Überblick. In: Zeitschrift für Kulturaustausch 19. - Stuttgart, S. 81-91.

ACHENBACH, H. (1971): Agrargeographische Entwicklungsprobleme Tunesiens und Ostalgeriens. In: Jahrbuch der Geograph. Gesell. zu Hannover. - Hannover, 285 S.

ACHENBACH, H. (1981): Agronomische Trockengrenzen im Lichte hygrischer Variabilität - dargestellt am Beispiel des östlichen Maghreb. In: Würzburger Geogr. Arb. 53. - Würzburg, S. 1-21.

ACHENBACH, H. (1983): Agrargeographie - Nordafrika (Tunesien, Algerien). 32°-37°30'N, 6°-12°E. Afrika-Kartenwerk N 11. Herausgegeben im Auftrag der Deutschen Forschungsgemeinschaft. - Berlin, Stuttgart, 83 S.

ACHENBACH, H. (1984): Agrare Entwicklungsprobleme. In: Schliephake, K. [Hrsg.]: Tunesien. - Stuttgart, S. 496-523.

ACHTNICH, W. (1974): Untersuchungen über die Anbauwürdigkeit verschiedener Gemüse- und Futterpflanzen unter extremen Klimabedingungen bei Verwendung salzhaltigen Bewässerungswassers auf rekultivierten Flächen verschiedenen Versalzungsgrades. In: Zeitschrift für Bewässerungswirtschaft 9 - Frankfurt/Main, S. 16-30.

ACHTNICH, W. (1975): Geht das Oasensterben weiter? Versuch einer Prognose. In: Zeitschrift für Bewässerungswirtschaft 10 (1). - Frankfurt/Main, S. 99-110.

ACHTNICH, W. (1980): Bewässerungsfeldbau. Agrotechnische Grundlagen der Bewässerungswirtschaft. - Stuttgart, 621 S.

ACHTNICH, W. & B. HOMEYER (1980): Protective measures against desertification in oasis farming, as demonstrated by the example of the oasis Al Hassa, Saudi Arabia. In: Meckelein, W. [Hrsg.]: Desertification in extremely arid environments. Stuttgarter Geograph. Stud. 95. - Stuttgart, S. 93-105.

ACHTNICH, W. & H. LÜKEN (1986): Bewässerungslandbau in den Tropen und Subtropen. In: Rehm, S. [Hrsg.]: Grundlagen des Pflanzenbaues in den Tropen und Subtropen. (2., völlig neubearb. und erw. Aufl.) - Stuttgart, S. 285-342.

ADEL, H. (1985): Stratégie nationale de lutte contre la désertification (note de synthèse). In: Rivista di Agricoltura Subtropicale e Tropicale 79 (1-2). - Florenz, S. 207-240.

ALI, S. I. & S. M. H. JAFRI (1976-1990): Flora of Libya. Band 1-150. - Tripoli.

ALLAN, J. A. (1976): The Kufrah agricultural schemes. In: Geographical Journal 142 (1). - London, S. 48-56.

ALLAN, J. A. (1980): Resource degradation on agricultural schemes in the Central Sahara. In: Meckelein, W. [Hrsg]: Desertification in extremely arid environments. Stuttgarter Geograph. Stud. 95. - Stuttgart, S. 145-156.

ALLAN, J. A. (1984): Oases. In: Cloudsley-Thompson, J. L. [Hrsg.]: Sahara desert. - Oxford, S. 325-333.

ALLAN, J. A. (1987): Water for agriculture in the 1990s. In: Khader, B. & B. El-Wifati [Hrsg.]: The economic development of Libya. - London, S. 124-133.

ALMÁSY, L. E. (1939): Unbekannte Sahara. Mit Flugzeug und Auto in der Libyschen Wüste. - Leipzig, Neudruck Innsbruck 1997: Schwimmer in der Wüste. Auf der Suche nach Zarzura., 253 S.

A.N.A.F.I.D. (Association Nationale des Améliorations Foncières, de l'Irrigation et du Drainage) (1990a): L'irrigation au Maroc. - Rabat, 47 S.
A.N.A.F.I.D. (Association Nationale des Améliorations Foncières, de l'Irrigation et du Drainage) (1990b): Gestion des grands périmètres irrigués au Maroc, Volume 1. - Rabat, 229 S.
ANDREAE, B. (1983): Agrargeographie. Strukturzonen und Betriebsformen in der Weltlandwirtschaft. - Berlin, New York, 504 S.
ANDREAE, B. (1985): Allgemeine Agrargeographie. - Berlin, 219 S.
AOUANALLAH, M. (1973): Essai de drainage dans l'oasis de Tozeur (Tunisie). In: Hommes, Terre et Eaux, No. 7-2é (Revue trimestrielle publiée par A.N.A.F.I.D. et A.N.P.A.). - Rabat, S. 127-128.
ARBEITSGRUPPE BODENKUNDE (1994): Bodenkundliche Kartieranleitung. (4., verbesserte und erweiterte Auflage). - Hannover, 392 S.
ARMITAGE, F. B. (1985): Irrigated forestry in arid and semi-arid lands: a synthesis. International Research Centre. - Ottawa, 160 S.
ARNDT, U. (1992): Einführung in die Bioindikation. In: Kohler, A. & U. Arndt [Hrsg.]: Bioindikatoren für Umweltbelastungen. 24. Hohenheimer Umwelttagung, 31. Januar 1992. - Weikersheim, S. 13-18.
ASCHE, H. (1981): Al Masna'ah und Hazm. Aspekte des neuzeitlichen Wandels traditionaler südost-arabischer Oasentypen. In: Geograph. Rundschau 33. - Braunschweig, S. 52-57.
ASCHERSON, P. (1885): Bemerkungen zur Karte meiner Reise nach der Kleinen Oase in der Libyschen Wüste. In: Zeitschrift der Gesellschaft für Erdkunde zu Berlin 20. - Berlin, S. 110-160.
ATTIA, H. (1957): L'organisation de l'oasis. In: Les Cahiers de Tunisie 17. - Tunis, S. 39-49.
AYAD, M. & J. LE COZ (1991): Vers une nouvelle ère hydraulique au Maroc? In: Éspace Rural 25. - Montpellier, S. 15-41.
AYYAD, M. A. & R. E. M. EL-GHAREEB (1982): Salt marsh vegetation of the western mediterranean desert of Egypt. In: Vegetatio 49. - Den Haag, S. 3-19.
BADUEL, P. R. (1979): Semi-nomades du Sud Tunisien: de l'intégration à la dépendance. In: Maghreb-Machrek 84. - Paris, S. 60-64.
BADUEL, P. R. (1980): Société et émigration temporaire au Nefzaoua (Sud-Tunisien). - Paris, 144 S.
BAHANI, A. (1995): La "nouba" d'eau et son évolution dans les palmeraies du Draa Moyen du Maroc. In: Les oasis au Maghreb. Mise en valeur et développement (Cahiers du C.E.R.E.S., Série Géographique, 12). - Tunis, S. 107-126.
BARKMAN, J. J., DOING, H. & S. SEGAL (1964): Kritische Bemerkungen und Vorschläge zur quantitativen Vegetationsanalyse. In: Acta Bot. Neerlandica 13. - Amsterdam, S. 394-419.
BATTAGLIA, M., DELCROIX, N. & S. SENINI (1988): Il palmeto specializzato nel Nefzaoua. Aspetti tecnici ed economici. In: Rivista di Agricoltura Subtropicale e Tropicale 82 (1-2). - Florenz, S. 322-343.
BÉDOUCHA, G. (1987): «L' eau, l' amie du puissant». Une communauté oasienne en Sud-Tunisie (Collection «Ordres Sociaux»). - Paris, 427 S.
BÉDOUCHA-ALBERGONI, G. (1976): Système hydraulique et société dans une oasis tunesienne. In: Études rurales 62. - Paris, S. 39-72.

BEEFTINK, W. G. (1968): Die Systematik der europäischen Salzpflanzengesellschaften. In: Pflanzensoziologische Systematik. Bericht über das Internationale Symposium in Stolzenau/Weser 1964 der Internationalen Vereinigung für Vegetationskunde [Hrsg.: Tüxen, R.]. - Den Haag, S. 239-263.

BELHEDI, A. (1995): Stratégies et contre-stratégies communautaire, étatique et individuelle aux prises des problèmes de développement à Souk Lahad (Nefzaoua). In: Les oasis au Maghreb. Mise en valeur et développement (Cahiers du C.E.R.E.S., Série Géographique, 12). - Tunis, S. 229-246.

BEL KHADI, M. S. & V. GERINI (1988a): Première contribution à l'étude des nématodes phytoparasites dans les oasis du Nefzaoua. In: Rivista di Agricoltura Subtropicale e Tropicale 82 (1-2). - Florenz, S. 281-296.

BEL KHADI, M. S. & V. GERINI (1988b): Apate monachus. F: coleoptera, bostrychidae. Un insecte qui pourra devenir un fléaux aux palmier dattiers dans les oasis du Gouvernorat de Kebili, en Tunisie. In: Rivista di Agricoltura Subtropicale e Tropicale 82 (1-2). - Florenz, S. 371-377.

BELKHODJA, K. (1969): Les sols halomorphes de Tunisie. In: Sols de Tunisie - Bulletin du Service Pédologique 1. - Tunis, S. 21-48.

BEMMERLEIN, F. A. & H. S. FISCHER (1990): Multivariate Methoden in der Ökologie Teil 1. (vervielf. Kursskript IFANOS-Nürnberg). - Nürnberg, 133 S.

BENCHERIFA, A. (1990): Die Oasenwirtschaft der Maghrebländer: Tradition und Wandel. In: Geograph. Rundschau 42 (2). - Braunschweig, S. 82-87.

BENCHERIFA, A. (1991): Écologie culturelle de l'oasis de Figuig (Maroc du Nord-Est). L'utilisation actuelle des ressources hydro-agricoles entre l'abandon, la consolidation et l'intensification. In: Éspace Rural 25. - Montpellier, S. 53-66.

BENCHERIFA, A. (1993): Migration extérieure et développement agricole au Maroc. État de la connaissance, observations empiriques récentes et perspectives de recherches futures. In: Révue de Géographie du Maroc 15. - Rabat, S. 51-92.

BENCHERIFA, A. & H. POPP (1990): L'économie oasienne de Figuig entre la tradition et le changement. In: Bencherifa, A. & H. Popp [Hrsg.]: Le Maroc. Espace et société. - Passau, S. 37-48.

BENCHERIFA, A. & H. POPP (1991): Tradition und Wandel in der Bewässerungswirtschaft der Oase Figuig (Marokko). In: Passauer Schriften zur Geographie 10. - Passau, S. 9-133.

BERGER-LANDEFELDT, U. (1957): Beiträge zur Ökologie der Pflanzen nordafrikanischer Salzpfannen. In: Vegetatio 7. - Den Haag, S. 169-206.

BERGER-LANDEFELDT, U. (1959): Beiträge zur Ökologie der Pflanzen nordafrikanischer Salzpfannen. In: Vegetatio 9. - Den Haag, S. 1-47.

BERNHARDT, K.-G. (1986): Die Begleitflora der Weinkulturen in Westsizilien unter besonderer Berücksichtigung der jahreszeitlichen und durch Bearbeitungsmaßnahmen bedingten Veränderungen. In: Phytocoenologia 14 (4). - Berlin, Stuttgart, S. 417-438.

BERNHARDT, K.-G. (1987): Untersuchungen zur Biologie der Begleitflora mediterraner Wein- und Getreidekulturen im westlichen Sizilien. In: Dissertationes Botanicae 103. - Berlin, Stuttgart, 116 S.

BESLER, H. (1989): Dünenstudien am Nordrand des Großen Östlichen Erg in Tunesien. In: Stuttgarter Geograph. Stud. 100. - Stuttgart, S. 221-246.

BISSON, J. (1960): Évolution récente des oasis du Gouara (1952-1959). In: Trav. de l'Inst. de Rech. Sahar. 19 (1/2). - Paris, S. 183-194.

BISSON, J. (1983): Un front pionnier au Sahara Tunisien: Le Nefzaoua. In: Bulletin d'Association de Géographes Français 68 (4). - Paris, S. 299-309.

BISSON, J. (1991): Le Sahara dans le développement des états maghrébins I. In: Maghreb-Machrek 134. - Paris, S. 3-27.
BISSON, J. (1992): Le Sahara dans le développement des états maghrébins II. In: Maghreb-Machrek 135. - Paris, S. 79-108.
BISSON, J. (1997): Technologie und Landwirtschaft in den Oasen der Sahara. In: Geograph. Rundschau 49 (2). - Braunschweig, S. 74-81.
BLISS, F. (1981): Kulturwandel in der Oase Siwa (Ägypten). Geschichte, Wirtschaft und Kultur einer ägyptischen Oase seit dem Mittelalter. - Bonn, 294 S.
BLISS, F. (1983): Die Oasen Bahriya und Farafra. Bestimmungsfaktoren und Folgen des sozialen und wirtschaftlichen Wandels in zwei Oasengesellschaften der Westlichen Wüste Ägyptens. - Bonn, 537 S.
BLISS, F. (1984): Wüstenkultivierung und Bewässerung im „Neuen Tal" Ägyptens. In: Geograph. Rundschau 36 (4). - Braunschweig, S. 256-262.
BLISS, F. (1989): Traditionelle Bewässerung und moderne Regionalentwicklung. Das ägyptische Beispiel „Neues Tal". In: Die Erde 120. - Berlin, S. 213-221.
BLISS, F. (1998): Siwa - die Oase des Sonnengottes. Leben in einer ägyptischen Oase vom Mittelalter bis in die Gegenwart. - Bonn, 358 S.
BÖHM, K. & J. VON SEGGERN (1990): Starkregenereignisse in Tunesien. Chergui. In: Praxis Geographie 20 (11). - Braunschweig, S. 50-52.
BONARIUS, H. (1970): Untersuchungen über die Wasser- und Salzbewegung im Boden in Abhängigkeit vom Jahreswitterungsverlauf und von der Bewässerung in der Sibari-Ebene (Süditalien). Dissertation. - Kiel, 172 S.
BORCHERDT, C. (1996): Agrargeographie. - Stuttgart, 215 S.
BORN, K. (1951): Die Oasen der Sahara. In: Geograph. Rundschau 3. - Braunschweig, S. 136-140.
BOULET, C. & M. HAMMOUMI (1984): Répartition des principales adventices du domaine océanique du Maroc Occidental. In: 7ème Colloque International sur l'Écologie, la Biologie et la Systématique des Mauvaises Herbes. - Paris, S. 173-182.
BOUMANS, J. H. (1975): Wasserbedarf für Salzauswaschung und Entwässerungsmaßnahmen zum Zwecke der Salzbodenmelioration. In: Zeitschrift für Bewässerungswirtschaft 10. - Frankfurt/Main, S. 7-24.
BOUTITI, R. (1995): Étude des ressources en eau du Sahara Septentrional. Le plan directeur de l'utilisation des eaux du Sud (P.D.E.S.). In: Sols de Tunisie, Bulletin de la Direction des Sols, No. 16 (La salinisation des sols et la gestion des eaux dans les oasis). - Tunis, S. 48-58.
BRANDES, D. (1991): Soziologie und Ökologie von Oxalis pes-caprae L. im Mittelmeerraum unter besonderer Berücksichtigung von Malta. In: Phytocoenologia 19. - Berlin, Stuttgart, S. 285-306.
BRAUN-BLANQUET, J. (1933a): Cercle de végétation méditerranéen: Ordre Ammophiletalia Br.-Bl. (1921) 1933 et Salicornietalia Br.-Bl. 1930. In: Prodrome des Groupements Végétaux, Vol. 1. - Montpellier, S. 5-23.
BRAUN-BLANQUET, J. (1933b): Cercle de végétation méditerranéen: Classe: Rudereto-Secalinetales Br.-Bl. 1936. In: Prodrome des Groupements Végétaux, Vol. 1. - Montpellier, S. 3-25.
BRAUN-BLANQUET, J. (1949): Premier aperçu phytosociologique du Sahara Tunisien. In: Mémoires hors-série de la Société d'Histoire Naturelle de l'Afrique du Nord, Tome II (Festband für R. Maire). - Algier, S. 39-50.
BRAUN-BLANQUET, J. (1964): Pflanzensoziologie. Grundzüge der Vegetationskunde. (3. Auflage). - Wien, New York, 865 S.

ELLENBERG, H. (1956): Aufgaben und Methoden der Vegetationskunde. In: Walter, H.: Einführung in die Phytologie. Band IV: Grundlagen der Vegetationsgliederung. - Stuttgart, 136 S.
EMBERGER, L. (1955): Une classification biogéographique des climats. - Rec. Trav. Lab. Bot. Géol. Zool., Fac. des Sciences, Univ. de Montpellier, Série Botanique, H.7. - Montpellier, S. 3-43.
ENQUÊTE OASIS 1976 (1977): Ministère de l'Agriculture (ined.). - Tunis.
FINCK, A. (1982): Pflanzenernährung in Stichworten. - Kiel, 200 S.
FINZI, A., SCAPPINI, A. & A. TANI (1988): Les élevages cunicoles dans la région du Nefzaoua en Tunisie. In: Rivista di Agricoltura Subtropicale e Tropicale 82 (1-2). - Florenz, S. 435-462.
FISCHER, H. (1989): Das Pflanzensoziologische ProgrammSystem Version April 1989. (vervielf. Kursskript IFANOS-Nürnberg). - Nürnberg, 50 S.
FITZNER, R. (1897): Die Regentschaft Tunis. Streifzüge und Studien. - Berlin, 360 S.
FLOHN, H. & M. KETATA (1971): Études des conditions climatiques de l'avarice du Sahara tunisien. In: W.M.O. Technical Note 116. - Genf, S. 1-32.
FLORET, C. & R. PONTANIER (1982): L' aridité en Tunisie présaharienne. Climat, sol, végétation et aménagement. In: Travaux et Documents de l'O.R.S.T.O.M., No. 150.- Paris, 544 S.
FONTAINE, J. (1996): La Libye: un désert côtier riche en hydrocarbures ... et en eau? In: Annales de Géographie 589. - Paris, S. 279-295.
FRANKE, G. (1976): Nutzpflanzen der Tropen und Subtropen. - Leipzig, 423 S.
FRANKE, W. (1997): Nutzpflanzenkunde - Nutzbare Gewächse der gemäßigten Breiten, Subtropen und Tropen. (6., neubearb. Aufl.). - Stuttgart, 509 S.
FRANKENBERG, P. (1978a): Florengeographische Untersuchungen im Raume der Sahara. Ein Beitrag zur pflanzengeographischen Differenzierung des nordafrikanischen Trockenraumes. In: Bonner Geograph. Abh. 58. - Bonn, 136 S.
FRANKENBERG, P. (1978b): Methodische Überlegungen zur floristischen Pflanzengeographie. In: Erdkunde 32. - Bonn, S. 251-258.
FRANKENBERG, P. (1978c): Zur pflanzengeographischen Nordgrenze der Sahara in Tunesien. In: Natur und Museum 108. - Frankfurt/Main, S. 22-25.
FRANKENBERG, P. (1978d): Lebensformen und Florenelemente im nordafrikanischen Trockenraum. In: Vegetatio 37 (2). - Den Haag, S. 91-100.
FRANKENBERG, P. (1980a): Evapotranspiration, bilan de l' eau et variabilité des précipitations en Tunisie en relation avec l'agriculture. In: Méditerranée 4. - Aix, Marseille, Avignon, Nice, S. 49-55.
FRANKENBERG, P. (1980b): The southern limit of the mediterranean flora in North Africa. In: Geographical Journal 146 (2). - London, S. 335-338.
FRANKENBERG, P. (1981): Tunesien - Ein Entwicklungsland im maghrebinischen Orient (2., korr. Aufl.).- Stuttgart, 172 S.
FRANKENBERG, P. (1982): Vegetation und Raum. Konzepte der Ordinierung und Klassifizierung. - Paderborn, 245 S.
FRANKENBERG, P. (1986a): Zeitlicher Vegetationswandel und Vegetationskonstruktion des „neolithischen Klimaoptimums" in der Jeffara Südtunesiens. In: Abh. der Math.-Naturw. Klasse der Akad. der Wiss. und der Lit., Nr. 4. - Stuttgart, 83 S.
FRANKENBERG, P. (1986b): Erfassung geoökologischer Gradienten am Nord- und Südrand der Sahara bzw. des Sahel. In: Geomethodica 11. - Basel, S. 27-78.
FRANKENBERG, P. & M. RICHTER (1981): Zusammenhänge zwischen Pflanzenvielfalt, Wasserhaushalt und Mikroklima in Tunesien. In: Aachener Geograph. Arb. 14. - Aachen, S. 243-271.

FRANKENBERG, P. & D. KLAUS (1987): Studien zur Vegetationsdynamik Südosttunesiens. Quantitative Bewertung klimatischer und anthropo-edaphischer Bestimmungsfaktoren. In: Bonner Geograph. Abh. 74. - Bonn, 110 S.

GAILLARD, C. (1957): Quelques aspects du problème de l'eau dans les oasis. In: Les Cahiers de Tunisie 17. - Tunis, S. 7-21.

GALIGANI, I. & A. TANI (1988a): Utilizzabilità dei prodotti e sottoprodotti della palma da dattero per l'alimentazione animale nel Nefzaoua. In: Rivista di Agricoltura Subtropicale e Tropicale 82 (1-2). - Florenz, S. 463-471.

GALIGANI, I. & A. TANI (1988b): Prova preliminare sull'utilizzazione del seme di dattero nella dieta del coniglio da carne. In: Rivista di Agricoltura Subtropicale e Tropicale 82 (1-2). - Florenz, S. 473-480.

GANSSEN, R. (1968): Trockengebiete. Böden, Bodennutzung, Bodenkultivierung, Bodengefährdung. Versuch einer Einführung in bodengeographische und bodenwirtschaftliche Probleme arider und semiarider Gebiete. - Mannheim, Zürich, 168 S.

GANSSEN, R. (1971): Die Böden. In: Schiffers, H. [Hrsg.]: Die Sahara und ihre Randgebiete. Darstellung eines Naturgroßraumes. Band 1. Physiogeographie. Afrika-Studien Nr. 60. - München, S. 389-404.

GANSSEN, R. (1972): Bodengeographie. - Stuttgart, 325. S.

GIEßNER, K. (1985): Klimageographie - Nordafrika (Tunesien, Algerien). 32°-37°30'N, 6°-12°E. Afrika - Kartenwerk N 5. Herausgegeben im Auftrag der Deutschen Forschungsgemeinschaft. - Berlin, Stuttgart, 124 S.

GIEßNER, K. (1988): Sahara - »Die Große Wüste« als Forschungsobjekt der Physiogeographie. In: Eichstätter Hochschulreden 50. - München, 70 S.

GIORDANI, C. & C. ZANCHI (1988): Studio dell'entita e della dinamica dell'erosione eolica nella regione Nefzaoua. In: Rivista di Agricoltura Subtropicale e Tropicale 82 (1-2). - Florenz, S. 241-259.

GLAUERT, G. (1963): Tunesien. In: Geograph. Rundschau 15. - Braunschweig, S. 89-102.

GLAVAC, V. (1996): Vegetationsökologie. - Grundlagen, Aufgaben, Methoden. - Jena, 358 S.

GÖTZ, E. (1984): Zur Biologie einiger häufiger Saharapflanzen. In: Stuttgarter Geograph. Stud. 106. - Stuttgart, S. 49-116.

GRIRA, M. (1995): Hydromorphie et salures des sols des oasis de Nefzaoua et Gherib. Étude de cas de Regim Maatoug 1 et 2. In: Sols de Tunisie, Bulletin de la Direction des Sols, No. 16 (La salinisation des sols et la gestion des eaux dans les oasis). - Tunis, S. 108-109.

GROTZ, R. (1984): Neue Entwicklungen in der Oase Ben Galouf (Südtunesien). In: Die Erde 115. - Berlin, S. 111-122.

GSCHWEND, M. (1954): Oasen in Südmarokko. In: Geographica Helvetica 9. - Bern, S. 11-16.

GUILIANI, F. (1988): I rischi di un orientamento genetico mono-varietale nella fenicicoltura del Nefzaoua. In: Rivista di Agricoltura Subtropicale e Tropicale 82 (1-2). - Florenz, S. 361-370.

GUINOCHET, M. (1951): Contribution à l'étude phytosociologique du Sud Tunisien. In: Bull. Soc. Hist. Nat. Afrique du Nord 42. - Algier, S. 131-153.

GUITONNEAU, G. (1952): Les aménagements hygro-agricoles du Maroc: L'aménagement du bassin versant de l'Oued Dra et les périmètres d'irrigation (O.R.M.V.A.) - Ouarzazate.

GUITONNEAU, G. (1953): La mise en valeur des territoires du Sud. L'aménagement hydraulique du bassin versant l'oued Draa. In: Bull. Écon. et Soc. du Maroc 58 (2). - Rabat, S. 391-416.

HAGEDORN, H. (1967): Siedlungsgeographie des Sahara-Raums. In: Afrika Spektrum 3. - Pfaffenhofen, S. 48-59.
HAMMOUDI, A. (1982): Droits d'eau et société: La vallée du Dra. In: Hommes, Terre et Eaux 12, No. 48. - Rabat, S.105-118.
HAMZA, M. A. (1991): Irrigation et stratification socio-spatiale dans une oasis sans palmier. Le cas du Dadès. In: Éspace Rural 25. - Montpellier, S. 71-85.
HAMZA, M. A. (1997): Auswirkungen der Arbeitsmigration auf die Oasen in Südmarokko. In: Geograph. Rundschau 49 (2). - Braunschweig, S. 82-88.
HANF, M. (1990): Ackerunkräuter Europas mit ihren Keimlingen und Samen. (3., überarb. Aufl.) - München, Wien, Zürich, 496 S.
HAYDER, A. (1991): Le problème de l'eau à Gabès: gestion conflictuelle et étatisation. In: L'eau et la ville. URBAMA, Fascicule de Recherches No. 22. - Tours, S.289-300.
HAYDER, A. (1995): Les activités artisanales et de service dans la dynamique récente du Nefzaoua méridional. In: Les oasis au Maghreb. Mise en valeur et développement (Cahiers du C.E.R.E.S., Série Géographique, 12). - Tunis, S. 247-268.
HEIDLER, C. (1985): Agrarstrukturwandel am Rande der Sahara am Beispiel des Djerid (Tunesien). Examensarbeit (ined.). - Aachen, 110 S.
HEIMANN, H. (1966): Plant growth under saline conditions and the balance of ionic environment. In: Boyko, H. [Hrsg.]: Salinity and aridity. New approaches to old problems. - The Hague, S. 201-212.
HENIA, L. (1994): La secheresse au cours de la saison des pluies en Tunisie: étude à partir des bilans hydriques agroclimatiques. In: Maheras, P. [Hrsg.]: La Secheresse en Méditerrannée et dans les pays environnements. Association International de Climatologie: Publications de l'Association Internationale de Climatologie, 6. - Aix-en-Provence, S. 47-56.
HENNING, I. & D. HENNING (1984): Die klimatologische Wasserbilanz der Kontinente. Ein Beitrag zur Hydroklimatologie. In: Münstersche Geograph. Arb. 19. - Münster, 83 S.
HERBIG, H.-G. (1986): Lithographisch-fazielle Untersuchungen im marinen Alttertiär südlich des zentralen Hohen Atlas. In: Berliner Geowissenschaftl. Abh., Reihe A, Bd. 66. - Berlin, S. 343-380.
HOLZNER, W. (1978): Weed species and weed communities. In: Vegetatio 38 (1). - Den Haag, S. 13-20.
IBRAHIM, F. N. (1984a): Der Hochstaudamm von Assuan - eine ökologische Katastrophe? In: Geograph. Rundschau 36 (5). - Braunschweig, S. 237-242.
IBRAHIM, F. N. (1984b): Der Wasserhaushalt des Nils nach dem Bau des Hochstaudammes von Assuan. In: Die Erde 115. - Berlin, S. 145-161.
IBRAHIM, F. N. (1986): Nubien - das Ende einer Kultur im Stausee. Die Auswirkungen des Hochstaudammes von Assuan in ökologischer und ethnischer Sicht. In: Ökozid 2 [Hrsg.: Stüben, P.E.]. Nach uns die Sintflut: Staudämme - Entwicklungs"hilfe", Umweltzerstörung und Landraub. - Gießen, S. 99-118.
IZCO, J. & S. CIRUJANO (1975): Vegetación halófila de la Meseta Sur Española. In: Colloques Phytosociologiques 4. - Lille, S. 99-113.
JACOB, K. (1987): Die Wildkräuter im Kulturland am mittleren Oued Qibane (Haute Chaouia, Marokko). Dipl.-Arbeit (ined.). - Bayreuth, 87 S.
JACOBSHAGEN, V. (1986): Zur Baugeschichte des zentralen Hohen Atlas. In: Berliner Geowissenschaftl. Abh., Reihe A, Bd. 66. - Berlin, S. 455-470.
JACQUES-MEUNIÉ, D. (1973): La vallée du Dra au milieu du XXe siècle (Maroc saharien). In: Despois, J. [Hrsg.]: Maghreb & Sahara. - Paris, S. 163-192.

JÄGGI, M. (1994): Tourismus und Ressourcennutzung in der südtunesischen Oase Douz. Ein sozialgeographischer Beitrag zur Umweltforschung (Europäische Hochschulschriften/04, Diss.). - Bern, 231 S.

JÄGGI, M. & B. STAUFFER (1990): Grün und integriert. Wie in Tunesien Naturlandschaften für Luxustourismus zerstört werden. In: Kleine Reihe Tourismus und Entwicklung 4. - Zürich, 154 S.

JÄGGI, M. & B. STAUFFER (1992): Umweltschäden durch touristische Großprojekte in Tunesien. In: Bruhns, Barbro-Isabel [Hrsg.]: Ökologische Zerstörung in Afrika und alternative Strategien. Bremer Afrika Studien Bd. 1. - Münster, Hamburg, S. 196-213.

JAHANDIEZ, E. & R. MAIRE (1931-1934): Catalogue des plantes du Maroc. Bd. 1-3. - Algier.

JEDIDI, M. (1990): L'expansion du tourisme en Tunisie et ses problèmes. In: Révue Tunisienne de Géographie 18. - Tunis, S. 149-180.

JELLOULI, D. & H. OUTABIHT (1988): L'influence de l'irrigation et du drainage sur le milieu ambiant, tout en mettant specialement l'accent sur la qualité des eaux de surface et souterraines. Cas de Drâa moyen. Comité National Marocain [Hrsg.]. - Rabat.

JOB, J.-O. & C. ZIDI (1995): Le paysage oasien: Les sols, l' eau et les sels. In: Sols de Tunisie, Bulletin de la Direction des Sols, No. 16 (La salinisation des sols et la gestion des eaux dans les oasis). - Tunis, S. 44-47.

JOHNSTON, H. H. (1898): A journey through the Tunisian Sahara. In: The Geographical Journal 11. - London, S. 581-608.

JONGMAN, R.H.G., TER BRAAK, C.J.F. & O.F.R. VAN TONGEREN (1995): Data analysis in community and landscape ecology. - Cambridge, 299 S.

JUNGFER, E. (1990): Wasserressourcen, Wassererschließung und Wasserknappheit im Maghreb. In: Geograph. Rundschau 42. - Braunschweig, S. 64-69.

KACEM, M. (1995): Étude des principaux facteurs régissant la qualité des eaux de drainage. Cas de l' oasis Smida - Kebili. In: Sols de Tunisie, Bulletin de la Direction des Sols, No. 16 (La salinisation des sols et la gestion des eaux dans les oasis). - Tunis, S. 81-90.

KADRI, A. & T. GALLALI (1988): Contribution à l'étude hydro-pédologique et géochimique des accumulations gypso-salines dans le Nefzaoua, Tunisie présaharienne. In: Rivista di Agricoltura Subtropicale e Tropicale 82 (1-2). - Florenz, S. 189-240.

KADRI, A. & G. SARTORI (1988): Étude pédologique d'un nouveau périmètre irrigué en Atilet dans la région de Nefzaoua, Tunisie. In: Rivista di Agricoltura Subtropicale e Tropicale 82 (1-2). - Florenz, S. 261-279.

KAPPEN, H. (1929): Die Bodenacidität. - Berlin, 123 S.

KASSAB, A. (1973): Les pluies exceptionelles de Septembre et d'Octobre 1969 en Tunisie. - In: Despois, J. [Hrsg.]: Maghreb & Sahara. - Paris, S. 193-218.

KASSAH, A. (1989): Le Sahara tunisien ou la sédentarisation en voie d'achèvement. In: Le nomade, l'oasis et la ville. URBAMA, Fascicule de Recherches No. 20. - Tours, S. 73-90.

KASSAH, A. (1990): Le secteur dattier en Tunisie. In: Revue Tunisienne de Géographie 18. - Tunis, S. 201-235.

KASSAH, A. (1993): Tozeur et son oasis. Problèmes d'aménagement d'une ville oasienne. In: Les Cahiers d'URBAMA, No. 8. - Tours, S. 51-75.

KASSAH, A. (1995a): Société et espaces oasiens dans le Sud Tunisien: Mutations, aménagement et perspectives de developpement. In: Sols de Tunisie, Bulletin de la Direction des Sols, Nr. 16 (La salinisation des sols et la gestion des eaux dans les oasis). - Tunis, S. 7-29.

KASSAH, A. (1995b): Synthèse générale. In: Les oasis au Maghreb. Mise en valeur et développement (Cahiers du C.E.R.E.S., Série Géographique, 12). - Tunis, S. 309-319.
KASSAH, A. (1997): Auswirkungen des Tourismus auf die Oasen in Südtunesien. In: Geograph. Rundschau 49 (2). - Braunschweig, S. 89-96.
KHANA, A. & H. OUTABIHT (1991): Évolution de la salinité et la sodicité des sols de la palmeraie de Fezouata (Vallée du Drâa). Conference internationale sur les aménagements agricoles dans les zones affectées par la salinité. Organisée par ISESCO en collaboration avec I.A.V. Hassan II Rabat. - Agadir.
KILLIAN, C. (1951): Observations sur la biologie d'un halophyte saharien. Frankenia pulverulenta L. In: Trav. de l'Inst. de Rech. Sahar. 7. - Algier, Neudruck Amsterdam 1969, S. 87-109.
KILLIAN, C. & G. LEMÉE (1948): Étude sociologique, morphologique et écologique de quelques halophytes sahariens. In: Révue Génerale de Botanique 55. - Paris, S. 376-402.
KILLIAN, C. & G. LEMÉE (1949): Étude sociologique, morphologique et écologique de quelques halophytes sahariens. In: Révue Génerale de Botanique 56. - Paris, S. 28-48.
KISHK, M. A. (1986): Land degradation in the Nile Valley. In: Ambio 15 (6). - Stockholm, S. 226-230.
KLEOPOW, I. (1941): Florenanalyse der Laubwälder Osteuropas. (Diss., russisch). - Charkow, 468 S.
KLITZSCH, E. (1967): Über den Grundwasserhaushalt der Sahara. In: Afrika-Spektrum 3. - Pfaffenhofen, S. 25-37.
KLITZSCH, E. (1971): Das Wasser im Untergrund der Sahara. In: Schiffers, H. [Hrsg.]: Die Sahara und ihre Randgebiete. Darstellung eines Naturgroßraumes. Band 1. Physiogeographie. Afrika-Studien Nr. 60. - München, S. 417-428.
KNAPP, R. (1968): Vegetation und Landnutzung in Südtunesien. Ber. d. Oberhessischen Gesellschaft für Natur- und Heilkunde zu Gießen. In: N. F. Naturwiss. Abt., 36. - Gießen, S. 103-124.
KNAPP, R. (1973): Die Vegetation von Afrika. Unter Berücksichtigung von Umwelt, Entwicklung, Wirtschaft, Agrar- und Forstgeographie. - Stuttgart, 626 S.
KOCH, S. (1986): Die Ackerwildkräuter der Provinz Settat. Diplomarbeit (ined.). - Bayreuth, 87 S.
KOOL, R. G. A. (1963): L'Agriculture tunisienne. Analyse d'une économie en voie de modernisation. - Wageningen, 189 S.
KOVDA, V. D. (1983): Loss of productive land due to salinization. In: Ambio 12 (2). - Stockholm, S. 91-94.
KREEB, K. (1960): Salzschädigungen bei Kulturpflanzen. In: Zeitschrift für Pflanzenkrankheiten und Pflanzenschutz 67. - Stuttgart, S. 385-399.
KREEB, K. (1964): Ökologische Grundlagen der Bewässerungskulturen in den Subtropen. Mit besonderer Berücksichtigung des Vorderen Orients. - Stuttgart, 149 S.
KREEB, K. (1965): Die ökologische Bedeutung der Bodenversalzung. In: Angew. Bot. 39. - Berlin, Hamburg, S. 1-15.
KREEB, K. (1971): Ökophysiologie natürlicher Streßeinwirkungen. In: Ber. Dtsch. Bot. Ges. 84 (9). - Stuttgart, S. 485-496.
KREEB, K.-H. (1983): Vegetationskunde. Methoden und Vegetationsformen unter Berücksichtigung ökosystemischer Aspekte. - Stuttgart, 331 S.
KRESS, H. J. (1977): Andalusische Strukturelemente in der kulturgeographischen Genese Tunesiens. In: Beiträge zur Kulturgeographie der Mittelmeerländer III. Marburger Geograph. Schriften 73. - Marburg, S. 237-284.

KRETZSCHMAR, R. (1991): Kulturtechnisch-Bodenkundliches Praktikum. Ausgewählte Laboratoriumsmethoden. Eine Anleitung zum selbständigen Arbeiten an Böden. - Kiel, 514 S.

KREUTZMANN, H. (1988): Oases of the Karakoram: The Evolution of irrigation and social organization in Hunza (North Pakistan). In: Allan, N. J. R., Knapp, G. W. & C. Stadel [Hrsg.]: Human impact on mountains. - Totowa, N.J., S. 243-254.

KREUTZMANN, H. (1990): Oasenbewässerung im Karakorum. Autochtone Techniken und exogene Überprägung in der Hochgebirgslandschaft Nordpakistans. In: Erdkunde 44 (1). - Bonn, S. 10-23.

KREUTZMANN, H. (1996): Wasser als Entwicklungsfaktor in semiariden montanen Siedlungsräumen. Systemansatz und Entwicklungspotential. In: Zeitschrift für Wirtschaftsgeographie 40 (3). - Frankfurt/Main, S. 129-143.

KROPÁC, Z., HADAC, E. & S. HEJNÝ (1971): Some remarks of the synecological and syntaxonomic problems of weed plant communities. In: Preslia 43. - Praha, S. 139-153.

LARBI, S. H. (1990): Les zones phoenicicoles marocaines. In: Options Méditerranéennes. Serie A: Seminaires Méditerranéennes Nr. 11: Les systèmes agricoles oasiens (Actes du colloque de Tozeur, 19.-21. Nov. 1988). - Paris, S. 41-53.

LASRAM, M. (1990): Les systèmes agricoles oasiens dans le sud de la Tunisie. In: Options Méditerranéennes. Serie A: Seminaires Méditerranéennes Nr. 11: Les systèmes agricoles oasiens (Actes du colloque de Tozeur, 19.-21. Nov. 1988). - Paris, S. 21-27.

LASTIC, P.-Y. (1989): Die Unkrautgesellschaften der Rharb-Ebene (Marokko). (Diss.). - Bayreuth, 151 S.

LAUER, E. (1953): Über die Keimtemperatur von Ackerunkräutern und deren Einfluß auf die Zusammensetzung der Unkrautgesellschaften. In: Flora 140. - Jena, S. 551-595.

LAUER, W. & P. FRANKENBERG (1977): Zum Problem der Tropengrenze in der Sahara. In: Erdkunde 31. - Bonn, S. 1-15.

LAUER, W. & P. FRANKENBERG (1979): Zur Klima- und Vegetationsgeschichte der westlichen Sahara. In: Abh. der Math.-Naturw. Klasse der Akad. der Wiss. und der Lit. Mainz 1, - Wiesbaden, 61 S.

LAUER, W., RAFIQPOOR, M. D. & P. FRANKENBERG (1996): Die Klimate der Erde. Eine Klassifikation auf ökophysiologischer Grundlage der realen Vegetation. In: Erdkunde 50 (4). - Bonn, S. 275-300.

LE HOUÉROU, H. N. (1959): Recherches écologiques et floristiques sur la végétation de la Tunisie méridionale. Mém. 6, Inst. de Rech. Sahariennes, Univ. Algier, 2 Bde + Karten- und Tabellenteil. - Algier.

LE HOUÉROU, H. N. (1975): Problèmes et potentialités des terres arides de l'Afrique du Nord. In: Options méditerranéennes 26. - Paris, S. 17-35.

LEIPPERT, H. & H. ZEIDLER (1984): Vegetationsgeographie-Nordafrika (Tunesien, Algerien). 32°-37°30′N, 6°-12°E. Afrika - Kartenwerk N 7. Herausgegeben im Auftrag der Deutschen Forschungsgemeinschaft. - Berlin, Stuttgart, 121 S.

LESER, H. (1980): Ökologische Aspekte der Desertifikation. In: Geomethodica 5. - Basel, S. 165-171.

LINDACHER, R. (1996): Verifikation der potentiellen natürlichen Vegetation mittels Vegetationssimulation am Beispiel der TK 6434 „Hersbruck". In: HOPPEA 57. (Diss.). - Regensburg, S. 5-143.

LUCIANI, F. & G. MAUGERI (1984): Recherches sur la périodicité des mauvaises herbes des cultures siciliennes. Proc. EWRS 3rd Symp. on Weed Problems in the Mediterranean Area 2. - Oeiras, Portugal, S. 397-404.

MADKOURI, M. (1975): Travaux préliminaires en vue d'une lutte biologique contre *Parlatoria blanchardi (Hom., Diaspididae)* au Maroc. In: Options méditerranéennes 26. - Paris, S. 82-85.

MAINGUET, M. (1994): Desertification. Natural background and human mismanagement. - Berlin, Paris, New York, 314 S.

MAIRE, R. (1952-1977): Flore de l'Afrique du Nord. 14 Bände. - Paris.

MAMOU, A. (1973): Étude sommaire de la région de la Presqu'Île de Kebili. République Tunisienne, Ministère de l'Agriculture, Division des ressources en eau. - Tunis, 40 S.

MAMOU, A. (1976): Contribution à l'étude hydrogéologique de la Presqu'Île de Kebili. Diplôme de docteur de 3e cycle, Université Paris, Vol. 1: Textes, 107 S., Vol. 2.: Annexes. - Paris, 128 S.

MAMOU, A. (1984): Ressources hydrogéologiques et développement agricole dans le Sud Tunisien. In: Enjeux Sahariens. - Paris, S. 267-274.

MAMOU, A. (1995a): Incidence de l'exploitation des nappes du Sud Tunisien dans les oasis sur la qualité chimique de leurs eaux. In: Sols de Tunisie, Bulletin de la Direction des Sols, No. 16 (La salinisation des sols et la gestion des eaux dans les oasis). - Tunis, S. 30-43.

MAMOU, A. (1995b): Le développement des zones sahariennes en Tunisie et son incidence sur les ressources en eaux. In: Les oasis au Maghreb. Mise en valeur et développement (Cahiers du C.E.R.E.S., Série Géographique, 12). - Tunis, S. 71-86.

MANN, G. (1982): Leitfaden zur Vorbereitung von Bewässerungsprojekten. In: Forschungsberichte des Bundesministeriums für wirtschaftliche Zusammenarbeit 26. - München, Köln, London, 234 S.

MANZ, E. (1992): Ermittlung spezifischer Zeigerwerte für die Gefäßpflanzen der linksrheinischen Niederwälder. In: Verhandlungen der Gesellschaft für Ökologie 21. - Berlin, S. 309-320.

MASSING, L. & P. WOLFF (1987): Melioration von Salz- und Alkaliböden - eine praktische Anleitung. In: Der Tropenlandwirt, Beiheft Nr. 30. - Kassel, 108 S.

MAUGERI, G. (1979): La vegetazione infestante gli agrumenti dell'Etna. In: Notiziario Soc. Ital. Fitosoc. 15. - Pavia, S. 45-54.

MAUGERI, G., LEONARDI, S., TINÈ, R. & L. DI BENEDETTO (1979): Aggruppamenti dell'Eragrostion nelle colture siciliane. In: Notiziario Soc. Ital. Fitosoc. 15. - Pavia, S. 57-62.

MAY, D. (1984): Untersuchungen zur geoökologischen Situation der nördlichen Nefzaoua-Oasen (Tunesien). In: Stuttgarter Geograph. Stud. 102. - Stuttgart, 223 S.

MECHERGUI, M. & M. H., SNANE (1995): Diagnostic et modélisation de la gestion de l'eau à la parcelle dans quelques oasis du Sud tunisien. In: Les oasis au Maghreb. Mise en valeur et développement (Cahiers du C.E.R.E.S., Série Géographique, 12). - Tunis, S. 87-106.

MECKELEIN, W. (1977): Zur Geomorphologie des Chott Djerid. In: Meckelein, W. [Hrsg.]: Stuttgarter Geograph. Stud. 91. - Stuttgart, S. 247-285.

MECKELEIN, W. (1979): Einige aktuelle Fragen der Saharaforschung. In: Innsbrucker Geograph. Stud. 5 (Festschrift für A. Leidlmair). - Innsbruck, S. 543-550.

MECKELEIN, W. (1980a): Das Problem der Desertifikation innerhalb der Wüste. Eine Einführung und einige Schlußfolgerungen. In: Stuttgarter Geograph. Stud. 95. - Stuttgart, S. 23-28.

MECKELEIN, W. (1980b): Saharan oases in crisis. In: Meckelein, W. [Hrsg.]: Desertification in extremely arid environments. In: Stuttgarter Geograph. Stud. 95. - Stuttgart, S. 173-203.

MECKELEIN, W. (1983): Die Trockengebiete der Erde. Reserveräume für die wachsende Menschheit? In: Colloquium Geographicum 17 (Richthofen-Gedächtnis-Kolloquium, 26.11.1979). - Bonn, S. 25-58.

MEIRI, A. & J. SHALHEVET (1973): Crop growth under saline conditions. In: Yaron, B., Danfors, E., Vaadia, Y. [Hrsg.]: Arid Zone Irrigation. Ecological Studies, Vol. 5. - Berlin, Heidelberg, New York, S. 277-290.

MENSCHING, H. (1957): Marokko. - Heidelberg, 254 S.

MENSCHING, H. (1964): Zur Geomorphologie Südtunesiens. In: Zeitschrift für Geomorphologie 8 (5). - Berlin, S. 424-439.

MENSCHING, H. (1971a): Nomadismus und Oasenwirtschaft im Maghreb. In: Braunschweiger Geograph. Stud. 3. - Braunschweig, S. 155-165.

MENSCHING, H. (1971b): Geomorphologie. In: Schiffers, H. [Hrsg.]: Die Sahara und ihre Randgebiete. Darstellung eines Naturgroßraumes. Band 1. Physiogeographie. Afrika-Studien Nr. 60. - München, S. 189-226.

MENSCHING, H. (1979a): Tunesien: Eine geographische Landeskunde. - Darmstadt, 284 S.

MENSCHING, H. (1979b): Desertification. Ein aktuelles geographisches Forschungsproblem. In: Geograph. Rundschau 31. - Braunschweig, S. 350-355.

MENSCHING, H. (1980): Desertifikation. Ein komplexes Phänomen der Degradierung und Zerstörung des marginaltropischen Ökosystems in der Sahelzone Afrikas. In: Geomethodica 5. - Basel, S. 17-41.

MENSCHING, H. (1990): Desertifikation: Ein weltweites Problem der ökologischen Verwüstung in den Trockengebieten der Erde. - Darmstadt, 170 S.

MENSCHING, H., GIESSNER, K. & G. STUCKMANN (1970): Die Hochwasserkatastrophe in Tunesien im Herbst 1969. In: Geographische Zeitschrift 58. - Stuttgart, S. 81-94.

MENSCHING, H. & E. WIRTH (1989): Nordafrika und Vorderasien. Fischer-Länderkunde. (überarb. Neuausgabe). - Frankfurt/Main, 329 S.

MEUSEL, H. (1943): Vergleichende Arealkunde. Einführung in die Lehre von der Verbreitung der Gewächse mit besonderer Berücksichtigung der mitteleuropäischen Flora. Band 1. - Berlin-Zehlendorf, 466 S.

MORVAN, T. (1993): Nouïel, oasis du Nefzaoua (Tunisie): De la source aux forages illicites. In: Les Cahiers d'URBAMA, No. 8. - Tours, S. 29-49.

MOSCHNER, H. (1987): Die Wildkräuter der Oberen Chaouia. Dipl.-Arbeit (ined.). - Bayreuth, 85 S.

MTIMET, A. & R. PONTANIER (1995): Contraintes edaphiques et utilisation des eaux saumatres en milieu oasis. In: Sols de Tunisie, Bulletin de la Direction des Sols, No. 16 (La salinisation des sols et la gestion des eaux dans les oasis). - Tunis, S. 91-102.

MÜLLER, S. & M. RICHTER (1984): Entwicklungsablauf eines Scirocco und seine Abwandlungen durch die Orographie (dargestellt am Beispiel des 30./31.3.1981). In: Aachener Geograph. Arb. 16. - Aachen, S. 3-39.

MÜLLER-DOMBOIS, D. & H. ELLENBERG (1974): Aims and methods of vegetation ecology. - New York, London, Sydney, Toronto, 547 S.

MÜLLER-HOHENSTEIN, K. (1978a): Die ostmarokkanischen Hochplateaus. Ein Beitrag zur Regionalforschung und zur Biogeographie eines nordafrikanischen Trockensteppenraumes. In: Erlanger Geograph. Arb., Supplementbände 7. - Erlangen, 186 S.

MÜLLER-HOHENSTEIN, K. (1978b): Nordafrikanische Trockensteppengesellschaften. In: Erdkunde 32. - Bonn, S. 28-40.

MÜLLER-HOHENSTEIN, K. (1993): Auf dem Weg zu einem neuen Verständnis von Desertifikation - Überlegungen aus der Sicht einer praxisorientierten Geobotanik. In: Phytocoenologia 23. - Berlin, Stuttgart, S. 499-518.

MÜLLER-HOHENSTEIN, K. (1997): Die Dattelpalme. Verbreitung, Anbau und Produkte einer alten Kulturpflanze. In: Geograph. Rundschau 49 (2). - Braunschweig, S. 104-108.

MÜLLER-HOHENSTEIN, K. & H. POPP (1990): Marokko: Ein islamisches Entwicklungsland mit kolonialer Vergangenheit. - Stuttgart, 229 S.

MUNIER, P. (1973): Le palmier dattier. - Maisonneuve et Larose, 221 S.

MUNSELL (1975): Soil Color Charts. - Baltimore.

NEBRI, B. (1990): Étude des ressources en eau et établissement du bilan des eaux des différents bassins versants de la zone d'action de l'O.R.M.V.A. de Ouarzazate (Volume 1). Étude hydrologique du bassin de l'Oued Ouarzazate (Haut Drâa). (ined.) - O.R.M.V.A., Ouarzazate.

NÈGRE, R. (1956): Recherches phytosociologiques sur le Sedd-el-Mess-joun. In: Trav. Inst. Sci. Chérif., Sér. Bot. 10. - Rabat, S. 1-90.

NÈGRE, R. (1961-1962): Petite flore des régions arides du Maroc Occidental. Tome I et II. - Paris.

NÈGRE, R. (1977): Données phytosociologiques sur les associations thérophytiques du Maroc aride. In: Colloques Phytosociologiques 6. - Vaduz, S. 23-32.

NEZADAL, W. (1989): Unkrautgesellschaften der Getreide- und Frühjahrshackfruchtkulturen (*Stellarietea mediae*) im mediterranen Iberien. In: Dissertationes Botanicae 143. - Berlin, Stuttgart, 205 S.

NEUSCHÄFER, D. (1988): Untersuchungen zu Futterwert und Biomasse der Ackerwildkräuter im Rharb (NW-Marokko). Dipl.-Arbeit (ined.). - Bayreuth, 110 S.

NÜSSER, N. (1994): Vegetation und Landnutzung im östlichen Aurès (Algerien). In: Die Erde 125. - Berlin, S. 57-74.

OBERDORFER, E. (1990): Pflanzensoziologische Exkursionsflora. - Stuttgart, 1050 S.

ONGARO, L. (1986): Studio integrato delle risorse naturali de Nefzaoua (Tunisia): carta delle inità di terre dell'area Kebili-Douz. In: Rivista di Agricoltura Subtropicale e Tropicale 80 (2). - Florenz, S. 165-310.

OUHAJOU, L. (1982): Cadres sociaux de l'irrigation dans la vallée du Dra moyen. Le cas de la Targa Tamnougalte. In: Hommes, Terre & Eaux 12, No. 48. - Rabat, S. 91-103.

OUHAJOU, L. (1986): Éspace hydraulique et société: les systèmes d'irrigation dans la vallée du Dra moyen, Maroc. (Diss.). - Montpellier.

OUHAJOU, L. (1991): Les rapports sociaux liés aux droits d'eau. Le cas de la vallée du Dra. In: Éspace Rural 25. - Montpellier, S. 87-100.

OUTABIHT, H. (1981): Aménagement hydraulique du Drâa moyen. In: Hommes, Terre & Eaux 11, No. 43. - Rabat, S. 80-93.

OUTABIHT, H. (1990): L'eau en zone aride. - O.R.M.V.A., Ouarzazate.

OZENDA, P. (1977): Flore du Sahara septentrional et central. - Paris, 598 S.

PEINADO, M., ALCARAZ, F. & J. MARTINEZ-PARRAS (1992): Vegetation of Southeastern Spain. In: Flora et vegetatio mundi 10. - Berlin, Stuttgart, 487 S.

PENMAN, H.L. (1963): Vegetation and hydrology. In: Commonwealth Bureau of Soils, Techn. Commun. 53. - Harpenden, 124 S.

PÉRENNÈS, J.-J. (1991): Évolution de la notion de rareté de l'eau au Maghreb: regards d'un économiste. In: L'eau et la ville. URBAMA, Fascicule de Recherches No. 22. - Tours, S. 29-41.

PÉRENNÈS, J.-J. (1992): Le Maroc à portée du million d'hectares irriguées. Eléments pour un bilan. In: Maghreb-Machrek 137. - Paris, S. 25-42.

PÉRENNÈS, J.-J. (1993): Essai de typologie des irrigations au Maghreb. In: Popp, H. & K. Rother [Hrsg.]: Die Bewässerungsgebiete im Mittelmeerraum. (Passauer Schriften zur Geographie 13). - Passau, S. 173-184.

PLETSCH, A. (1971): Strukturwandlungen in der Oase Dra. Untersuchungen zur Wirtschafts- und Bevölkerungsentwicklung im Oasengebiet Südmarokkos. In: Marburger Geograph. Schriften 46. - Marburg/Lahn, 259 S.

PLETSCH, A. (1977): Traditionelle Landwirtschaft in Marokko. In: Geograph. Rundschau 29. - Braunschweig, S. 107-114.

PONCET, J. (1962): Paysages et problèmes ruraux en Tunisie. In: 3e Série, Mémoires du Centre d'Études de Sciences Humaines, Vol. VIII. - Tunis, 374 S.

POLI, E. (1966): Eine neue Eragrostidion-Gesellschaft der Citrus-Kulturen in Sizilien. In: Anthropogene Vegetation [Hrsg.: R. Tüxen]. Ber. Internat. Symp. Internat. Ver. Vegetationskunde. - Den Haag, S. 60-77.

POPP, H. (1989): Saharische Oasenwirtschaft im Wandel. In: Haversath/Rother [Hrsg.]: Innovationsprozesse in der Landwirtschaft (Passauer Kontaktstudium Erdkunde). - Passau, S. 113-132.

POPP, H. (1990): Oasenwirtschaft in den Maghrebländern. Zur Revision des Forschungsstandes in der Bundesrepublik. In: Erdkunde 44 (2). - Bonn, S. 81-92.

POPP, H. (1993a): Marokkos „Politik der Staudämme" und ihre Folgen für die Bewässerungswirtschaft. In: Popp, H. & K. Rother [Hrsg.]: Die Bewässerungsgebiete im Mittelmeerraum. (Passauer Schriften zur Geographie 13). - Passau, S. 151-159.

POPP, H. (1993b): Nachwort: Die aktuelle Bewässerungslandwirtschaft im Mittelmeergebiet. Versuch eines kritischen Resümees. In: Popp, H. & K. Rother [Hrsg.]: Die Bewässerungsgebiete im Mittelmeerraum. (Passauer Schriften zur Geographie 13). - Passau, S. 193-195.

POPP, H. (1997): Oasen - ein altes Thema in neuer Sicht. In: Geograph. Rundschau 49 (2). - Braunschweig, S. 66-73.

POTTIER-ALAPETITE, G. (1979): Flore de la Tunisie. Angiospermes-Dicotyledones. Apetales-Dialypetales. Première partie. Ouvrage publié par le Ministère de l'Enseignement Supérieur et de la recherche Scientifique et le Ministère de l'Agriculture. - Tunis, S. 1-651.

POTTIER-ALAPETITE, G. (1981): Flore de la Tunisie. Angiospermes-Dicotyledones. Gamopetales. Première partie. Ouvrage publié par le Ministère de l'Enseignement Supérieur et de la recherche Scientifique et le Ministère de l'Agriculture. - Tunis, S. 655-1190.

QUÉZEL, P. (1965): La végétation du Sahara. Du Tschad à la Mauritanie. In: Geobotanica Selecta, Band 2. - Stuttgart, 333 S.

QUÉZEL, P. (1971): Flora und Vegetation der Sahara. In: Schiffers, H. [Hrsg.]: Die Sahara und ihre Randgebiete. Darstellung eines Naturgroßraumes. Band 1. Physiogeographie. Afrika-Studien Nr. 60. - München, S. 429-475.

QUÉZEL, P. & S. SANTA (1962-1963): Nouvelle flore de l'Algérie et des régions désertiques méridionales. Tome 1 et 2. - Paris, 1170 S.

RAIMONDO, F., OTTONELLO, D. & G. CASTIGLIA (1979): Aspetti stagionali e caratteri biochorologici della vegetazione infestante gli agrumenti del palermitano. In: Notiziario Soc. Ital. Fitosoc. 15. - Pavia, S. 159-170.

RATNUSY, A. (1994): Atacama-Oasen im Umbruch. In: Geograph. Rundschau 46 (2). - Braunschweig, S. 96-103.

RATNUSY, A. (1997): Oasen zwischen Peru und Patagonien. In: Geograph. Rundschau 49 (2). - Braunschweig, S. 109-115.

RAVIKOVITCH, S. & A. PORATH (1967): The effect of nutrients on the salt tolerance of crops. In: Plant and Soil 26. - The Hague, S. 49-71.

REDMER, H. (1980): Die Bedrohung der Dattelpalme. In: Schiffers, H. [Hrsg.]: Die Sahara. Entwicklungen in einem Wüstenkontinent (Geokolleg Nr. 8). - Kiel, S. 23-24.

REHM, S. & G. ESPIG (1996): Die Kulturpflanzen der Tropen und Subtropen. - Anbau, wirtschaftliche Bedeutung, Verwertung. (3., neubearb. Auflage). - Stuttgart, 528 S.
REPP, G. (1951): Kulturpflanzen in der Salzsteppe. Experimentell ökologische Untersuchungen zur Salzresistenz verschiedener Nutzpflanzen. In: Bodenkultur 5. - Wien, S. 249-294.
RICHARDS, L. A. & L. E. ALLISON (1954) [Hrsg.]: Diagnosis and improvement of saline and alkali soils. - US Dept. Agric, Agriculture Handbook, Nr. 60. - Washington D. C., 160 S.
RICHTER, M. (1985): Der Epiphytenbewuchs auf Phoenix canariensis CHAUB. in Italien. In: Tuexenia 5. - Göttingen, S. 537-548.
RICHTER, M. (1987): Exkursionsbericht der Tunesien-Exkursion vom 22.2.-3.4.1987. (ined.). - Aachen, 277 S.
RICHTER, M. (1989): Untersuchungen zur Vegetationsentwicklung und zum Standortwandel auf mediterranen Rebbrachen. In: Braun-Blanquetia 4. - Camerino-Bailleul, 196 S.
RICHTER, M. (1995): Les oasis du Maghreb: typologie et problèmes agroécologiques. In: Les oasis au Maghreb. Mise en valeur et développement (Cahiers du C.E.R.E.S., Série Géographique, 12). - Tunis, S. 29-56.
RICHTER, M. (1997): Allgemeine Pflanzengeographie. - Stuttgart, 256 S.
RICHTER, M. (in prep.): Zonale Pflanzengeographie (II. Teil). - Stuttgart, ca. 200 S.
RICHTER, M. & W. SCHMIEDECKEN (1985): Das Oasenklima und sein ökologischer Stellenwert. In: Erdkunde 39. - Bonn, S. 179-197.
RICHTER, M. & J. BÄHR (1998): Risiken und Erfordernisse einer umweltverträglichen Ressourcennutzung in Chile. In: Geograph. Rundschau 50 (11). - Braunschweig, S. 641-648.
RICOLVI, M. (1975): Quelques aspects de la mise en valeur du Djerid (Sud Tunisien). In: Options méditerranéennes 28. - Paris, S. 89-93.
RIGUAL, A. (1968): Algunas asociaciones de la clase *Salicornietea fruticosae* Br.-Bl. & Tx. 1943 en la provincia de Alicante. In: Collect. Bot. 7 (2). - Barcelona, S. 975-995.
RIOU, C. (1990): Bioclimatologie des oasis. In: Options Méditerranéennes. Serie A: Seminaires Méditerranéennes Nr. 11: Les systèmes agricoles oasiens (Actes du colloque de Tozeur, 19.-21. Nov. 1988). - Paris, S. 207-220.
RIVAS-MARTINEZ, S. (1977): Datos sobre la vegetación nitrofila española. In: Act. Bot. Malac. 3. - Málaga, S. 159-167.
RIVAS-MARTINEZ, S. (1978): Sobre la vegetación nitrofila del *Chenopodion muralis*. In: Act. Bot. Malac. 4. - Málaga, S. 71-78.
RIVAS-MARTINEZ, S. (1987): Ensayo taxonómico de la vegetación nitrófila de Europa Occidental. (ined.). - Madrid, 55 S.
RIVAS-MARTINEZ, S. & M. COSTA (1975): Datos sobre la vegetación halófila de la Mancha (España). In: Colloques Phytosociologiques 4. - Lille, S. 81-97.
RIVAS-MARTINEZ, S., ALCARAZ, F., BELMONTE, D., CANTO, P. & D. SANCHEZ-MATA (1984): Contribución al conocimiento de la vegetación de los saladares del sureste de la Peninsula Iberica (*Arthrocnemion glauci*). In: Documents Phytosociologiques N.S., 8. - Vaduz, 335-342.
RÖBER, R. (1969): Untersuchungen über die Wirkung von Chloriden und Nitraten auf junge Gersten-, Tomaten-, Azaleen- und Maispflanzen. (Diss.). - Hannover, 109 S.
ROHLFS, G. (1863): Tagebuch einer Reise durch die südlichen Provinzen von Marokko, 1862. In: Petermanns Geograph. Mitt. 9. - Gotha, S. 361-370.
ROHLFS, G. (1873): Mein erster Aufenthalt in Marokko und Reise vom Atlas durch die Oasen Draa und Tafilelt. - Bremen.

ROHLFS, G. (1875): Quer durch Afrika. Reise vom Mittelmeer nach dem Tschad-See und zum Golf von Guinea (2. Teil). - Leipzig, 298 S.

ROLLI, K. (1991): Pflanzen Nordafrikas, Plantes d'Afrique du Nord. - Sonderpublikation der GTZ (Deutsche Gesellschaft für Technische Zusammenarbeit), Nr. 177. - Eschborn, 235 S.

RÜHL, A. (1933): Tozeur, eine Oase in Süd-Tunesien. In: Mensch en Maatschappij 9. Jahrgang, Nr. 1-2. - Groningen, S. 115-122.

RUSSELL, G. E., WATSON, L., KOEKEMOER, M, SMOOK, L., BARKER, N. P., ANDERSON, H. M. & M. J. DALLWITZ (1991): Grasses of Southern Africa. - Pretoria, 437 S.

SAGREDO, R. (1987): Flora de Almeria. Plantas Vasculares de la Provincia. - Almeria, 555 S.

SAMIMI, C. (1990): Auswirkung der Bewässerung mit salzhaltigem Wasser auf die Qualität subtropischer Oasenböden. Dargestellt am Beispiel Figuig (Marokko). - Magisterarbeit (ined.). - Erlangen, 90 S.

SAMIMI, C. (1991): Die Oasenböden Figuigs unter dem Einfluß salzhaltigen Bewässerungswassers. In: Popp, H. [Hrsg.]: Geographische Forschungen in der Saharischen Oase Figuig. (Passauer Schriften zur Geographie 10). - Passau, S. 161-174.

SANTODIROCCO, F. (1986): Le oasi continentali del sud tunisino: problematiche ed avvenire. In: Rivista di Agricoltura Subtropicale e Tropicale 80 (2). - Florenz, S. 143-164.

SAREL-STERNBERG, B. (1961): Les oasis du Djerid. In: Cahiers Internationaux de Sociologie 12. - Paris, S, 131-145.

SAREL-STERNBERG, B. (1963): Semi-nomades du Nefzaoua. Recherches sur la zone aride. In: UNESCO 19. - Paris, S. 123-133.

SARFATTI, P. (1988): Il clima del Governatorato di Kebili in Tunisia. In: Rivista di Agricoltura Subtropicale e Tropicale 82 (1-2). - Florenz, S. 23-35.

SAUVAGE, C. (1963): Étages bioclimatiques. In: Comité Nat. de Géographie du Maroc [Hrsg.]: Atlas du Maroc. - Rabat, 44 S.

SAUVAGE, C. & J. VEILEX (1973): Les mauvaise herbes des cultures. (ined.). - Rabat, 323 S.

SAVORNIN, J. (1947): Le plus grand appareil hydraulique au Sahara (nappe artésienne dite de l'Albien). In: Trav. de l'Inst. de Rech. Sahar. 4. - Paris, S. 25-66.

SCHAFFER, G. (1974): Untersuchungen von Ver- und Entsalzungsprozessen im Boden sowie Beeinflussungsmöglichkeiten durch Meliorationsmaßnahmen in Ziele und Programme des SFB 150 "Wasserhaushalt und Bodennutzung". Schriftenreihe des SFB 150 (1). - Braunschweig, S. 1-22.

SCHAFFER, G. (1979): Sekundäre Versalzung in Bewässerungsgebieten als Symptom unausgeglichener Wasser- und Salzbilanz. In: Zeitschrift für Bewässerungswirtschaft 14. - Frankfurt/Main, S. 27-42.

SCHEFFER, F. & P. SCHACHTSCHABEL (1992): Lehrbuch der Bodenkunde. - Stuttgart, 491 S.

SCHIFFERS, H. (1951): Wasserhaushalt und Probleme der Wassernutzung in der Sahara. In: Erdkunde 5. - Bonn, S. 51-60.

SCHIFFERS, H. (1970): Stichwort „Oasen". In: Westermann Lexikon der Geographie, Bd. 3. - Braunschweig, S. 618-624.

SCHIFFERS, H. (1971a): Das Schicksal der Oasen. Vergangenheit und Zukunft einer weltbekannten Siedlungsform in den Wüsten. In: Internationales Afrika-Forum 7. - Köln, S. 641-645.

SCHIFFERS, H. (1971b): Das Wasser in der Wüste. In: Schiffers, H. [Hrsg.]: Die Sahara und ihre Randgebiete. Darstellung eines Naturgroßraumes. Band 1. Physiogeographie. Afrika-Studien Nr. 60. - München, S. 405-416.

SCHLICHTING, E., BLUME H.-P. & K., STAHR (1995): Bodenkundliches Praktikum. Eine Einführung in pedologisches Arbeiten für Ökologen, insbesondere Land- und Forstwirte und für Geowissenschaftler. (2., neubearb. Auflage). - Berlin, Wien, S. 295.

SCHLIEPHAKE, K. (1980): Libyan agriculture - natural constraints and aspects of development. In: Maghreb Review 5. - London, S. 51-56.

SCHLIEPHAKE, K. (1993): Libyens Bewässerung und der „Große künstliche Fluß". In: Popp, H. & K. Rother [Hrsg.]: Die Bewässerungsgebiete im Mittelmeerraum. (Passauer Schriften zur Geographie 13). - Passau, S. 185-191.

SCHLIEPHAKE, K. & D. WALTHER (1988): Irrigation concepts and agrarian development - Empirical findings from Northern Africa and Kenya. In: Würzburger Geograph. Arb. 69. - Würzburg, S. 349-374.

SCHMIDT, D. (1990): Starkregenereignisse in Tunesien. Vom trockenen Oued zur Schlammflut. In: Praxis Geographie 20 (11). - Braunschweig, S. 52-53.

SCHMIDT, D. (1991): Die Erfassung geologischer und geomorphologischer Raummuster im Blidjibergland Südtunesiens auf Basis von numerischen Landsat-TM-Daten. Magisterarbeit (ined.). - Erlangen, 83 S.

SCHMIDT, G. (1969): Vegetationsgeographie auf ökologisch-soziologischer Grundlage. Einführung und Probleme. - Leipzig, 596 S.

SCHNEIDER, T. (1998a): Mendoza - Oase im trockenen Westen Argentiniens: Eine länderkundliche Darstellung der Stadt und ihre Umgebung. In: Berliner Geograph. Arb. 85. - Berlin, S. 1-136.

SCHNEIDER, T. (1998b): Weinbau im trockenen Westen Argentiniens. Probleme und Entwicklungen in der Oase von Mendoza. In: Geograph. Rundschau 50 (11). - Braunschweig, S. 631-635.

SCHOLZ, F. (1982): Landverteilung und Oasensterben. Das Beispiel der omanischen Küstenebene "Al Batinah". In: Erdkunde 36. - Bonn, S. 199-207.

SCHOMBERG, R. C. F. (1928): The oasis of Kelpin in Sinkiang. In: The Geographical Journal 71. - London, S. 381-382.

SCHUBERT, R. (1985): Bioindikation in terrestrischen Ökosystemen. - Stuttgart, 327 S.

SCHÜRMANN, H. (1986): Sektoral polarisierte Entwicklung und regionale Partizipation in peripheren Räumen der Dritten Welt. In: Mainzer Geograph. Stud. 22. - Mainz, 272 S.

SCHÜTT, P. (1972): Weltwirtschaftspflanzen. Herkunft, Anbauverhältnisse, Biologie und Verwendung der wichtigsten landwirtschaftlichen Nutzpflanzen. - Berlin, 228 S.

SCHWENK, S. (1977): Krusten und Verkrustungen in Südtunesien. In: Meckelein, W. [Hrsg.]: Stuttgarter Geograph. Stud. 91. - Stuttgart, S. 83-103.

SETHOM, H. (1991): Les dangers de la priorité absolue aux villes dans la répartition de l'eau disponible en Tunisie. In: L'eau et la ville. URBAMA, Fascicule de Recherches No. 22. - Tours, S. 105-118.

SGHAIER, M. (1988): Étude monographique des oasis du Nefzaoua. In: Rivista di Agricoltura Subtropicale e Tropicale 82 (1-2). - Florenz, S. 37-63.

SHALTOUT, K. H., EL-KADY, H. F. & M. AL-SODANY (1995): Vegetation analysis of the mediterranean region of Nile Delta. In: Vegetatio 116. - Den Haag, S. 73-83.

SHAWKI, E. A. (1986): Wasser- und Salzbewegungen in ägyptischen Böden unterschiedlicher Textur. (Diss.). - Gießen, 194 S.

SIDKY, H. (1996): Irrigation and state formation in Hunza. The anthology of a hydraulic kingdom. - Lanham, 181 S.

SMILAUER, P. (1992): Canodraw 3.00 User's Guide. - London, 118 S.

SONGQIAO, Z. (1981): Landwirtschaftliche Erschließung am Nordrand des Tarim-Beckens. In: Geograph. Rundschau 33 (3). - Braunschweig, S. 113-118.
SPILLMANN, Cpt. G. (1931): Districts et tribus de la haute vallée du Dra. In: Villes et tribus du Maroc, Bd. 2. - Paris.
SPILLMANN, Cpt. G. (1938): Les Aït Atta du Sahara et la pacification du Haut Dra. - Rabat.
STRÄSSER, M. (1972): Die Bewässerung der Wasatch Oase in Utah. In: Freiburger Geograph. Arb. 4. - Freiburg, 246 S.
SUNDERMEIER, A. (1992): Ackerbeikrautgesellschaften in moderner und traditioneller Landwirtschaft beiderseits der Straße von Gibraltar. Dipl.-Arbeit (ined.). - Bayreuth, 111 S.
SUTER, K. (1962): Über Quelltöpfe, Quellhügel, und Wasserstollen des Nefzaoua (Südtunesien). In: Vierteljahresschrift der Naturforschenden Gesellschaft Zürich 107. - Zürich, S. 49-64.
SUTER, K. (1964): Das Haus des Djerid. In: Geographica Helvetica 1. - Bern, S. 15-19.
TADROS, T. M. (1953): A phytosociological study of halophilus communities from Mareotis (Egypt). In: Vegetatio 4. - Den Haag, S. 102-124.
TADROS, T. M. & B. A. M. ATTA (1958): Further contribution to the study of sociological and ecology of the halophilus plant communities of Mareotis (Egypt). In: Vegetatio 8. - Den Haag, S. 137-160.
TALEB, A. (1989): Étude de la flore adventice des céréales de la Chaouia (Maroc Occidental). Mémoire d'assistant (I.A.V. Hassan II). - Rabat.
TANJI, A., BOULET, C. & M. HAMMOUMI (1984): Inventaire phytocénologique des adventices de la betterave sucrière dans le Gharb (Maroc). -In: Weed Research 24. - Oxford, S. 391-399.
TANJI, A. & C. BOULET (1986): Diversité floristique et biologie des adventices de la région de Tadla (Maroc). In: Weed Research 26. - Oxford, S. 159-166.
TAUBERT, K. (1981): Strukturwandel in den Nefzaoua-Oasen als Schwerpunktthema für Studentenexkursionen. In: Würzburger Geograph. Arb. 53. - Würzburg, S. 245-267.
TER BRAAK, C. J. F. (1986): A canonical correspondence analysis: a new eigenvector technique for multivariate direct gradient analysis. In: Ecology 67. - S. 1167-1179.
TER BRAAK, C. J. F. (1987): Unimodal models to relate species to environment. Groep Landbouwwiskunde. - Wageningen, 151 S.
TER BRAAK, C. J. F. (1988a): CANOCO - a FORTRAN program for canonical community ordination by [partial] [detrended] [canonical] correspondence analysis and redundancy analysis (version 2.1). - Wageningen, 95 S.
TER BRAAK, C. J. F. (1988b): Partial canonical correspondence analysis. In: Bock, H. H. [Hrsg.]: Classification and related methods of data analysis. - Amsterdam, North Holland, S.551-558.
TER BRAAK, C. J. F. (1990): Update notes: CANOCO Version 3.10. Update notes: CANOCO Version 3.11. - Wageningen, 35 S.
THOMAS, P. (1998): Oasenbewässerung in Trockenräumen: Ansichten zum Problem des Managements von Bewässerungswasser und Einzugsgebieten am Beispiel der Provinz Mendoza - Argentinien. In: Berliner Geograph. Arb. 85. - Berlin, S. 153-178.
THORNTHWAITE, C. W. (1948): An approach toward a rational classification of climate. In: Geographical Review 38. - New York, S. 55-94.
TOUMI, A. (1995): Analyse et diagnostic de l'irrigation dans l'oasis moderne de Draa Sud (Tozeur). In: Sols de Tunisie, Bulletin de la Direction des Sols, No. 16 (La salinisation des sols et la gestion des eaux dans les oasis). - Tunis, S. 59-71.

TOUTAIN, G. (1975): La micro-exploitation phoenicicole saharienne face au développement. In: Options méditerranéennes 26. - Paris, S. 73-81.

TOUTAIN, G. (1977): Éléments d'agronomie saharienne - De la recherche au développement - Marrakech, 276 S.

TOUTAIN, G. (1984): La recherche agronomique et la mise en valeur de la vallée phoenicicole du Draa (sud-marocain). In: Enjeux sahariens (Collections recherches sur les sociétés méditerranéennes). - Paris, S. 293-352.

TROLL, C. (1963): Die Qanat-Bewässerung in der alten und neuen Welt. In: Mitt. d. Österr. Geograph. Ges. 105. - Wien, S. 313-330.

TROUSSET, P. (1987): L'organisation de l'oasis dans l'antiquité: exemples de Gabès et du Jérid. In: L'eau et les hommes en Méditerrannée; ouvrage collectif. Publications C.N.R.S. - Paris. S. 25-42.

TUNDANONGA-DIKUNDA, S. M. (1990): Beitrag zur Klärung der Versalzungsursachen der Böden arider Gebiete West-Ägyptens. (Diss.). - Berlin, 152 S.

TURCHI, F. & A. BELLI (1988): Le colture foraggere ed orticole nelle oasi del Nefzaoua: situazione, problemi e linee di miglioramento. In: Rivista di Agricoltura Subtropicale e Tropicale 82 (1-2). - Florenz, S. 297-319.

TUTIN, T. G., HEYWOOD, V. H., BURGES, N. A., MOORE, D. M., VALENTINE, D. H., WALLERS, S. M. & D. A. WEBB [Hrsg.] (1964-1980): Flora Europaea, 5 Bände. - Cambridge.

UNESCO [Hrsg., 1972]: Étude des ressources en eau du Sahara Septentrional. Plaquette 3. La nappe du Complexe Terminal. Modèle mathématique. - Paris, 78 S.

UNGAR, I. A. (1998): Are biotic factors significant in influencing the distribution of halophytes in saline habitats? In: The Botanical Review 64 (2). - New York, S. 176-199.

URSUA, C. (1986): Flora y vegetación de la Ribera Tudelana. Tesis (ined.). - Pamplona, 646 S.

VAN DER MAAREL, E. (1979): Transformation of cover/abundance values in phytosociology and its effects on community similarity. In: Vegetatio 39.- Den Haag, S. 97-114.

VOLKMANN, S. (1990): Probleme der Bodenversalzung in semi-ariden Klimaten - am Beispiel des Breede-Flusses, Westliche Kap-Provinz, Republik Südafrika. (Diss.). - Bonn, 225 S.

WAGNER, H.-G. (1983): Siedlungsgeographie - Nordafrika (Tunesien, Algerien). 32°-37°30'N, 6°-12°E. Afrika - Kartenwerk N 9. Herausgegeben im Auftrag der Deutschen Forschungsgemeinschaft. - Berlin, Stuttgart, 96 S.

WALTER, H. (1979): Allgemeine Geobotanik. (2., verbess. und neubearb. Auflage). - Stuttgart, 260 S.

WALTER, H. & H. STRAKA (1970): Arealkunde. Floristisch-historische Geobotanik. Einführung in die Phytologie III (2., neubearb. Auflage). - Stuttgart, 478 S.

WALTER, H., HARNICKELL, E. & D. MÜLLER-DOMBOIS (1975): Klimadiagramm-Karten der einzelnen Kontinente und die ökologische Klimagliederung der Erde. In: Veget. Monographien der einzelnen Großräume, Bd. 10. - Stuttgart, 36 S.

WALTER, H. & S.-W. BRECKLE (1991): Ökologie der Erde, Band 1. Ökologische Grundlagen in globaler Sicht. (2., bearb. Aufl.). - Stuttgart, 238 S.

WEHMEIER, E. (1975): Die Bewässerungsoase Phoenix, Arizona. In: Stuttgarter Geograph. Stud. 89. - Stuttgart, 176 S.

WEHMEIER, E. (1977a): Ein bewässerungsökologisches Profil durch den Norden der Region Nefzaoua. In: Meckelein, W. [Hrsg.]: Geographische Untersuchungen am Nordrand der tunesischen Sahara. Stuttgarter Geograph. Stud. 91. - Stuttgart, S. 105-138.

WEHMEIER, E. (1977b): Beobachtungen zum Tagesgang von Luft- und Bodentemperaturen im Nefzaoua-Gebiet. In: Meckelein, W. [Hrsg.]: Geographische Untersuchungen am Nordrand der tunesischen Sahara. Stuttgarter Geograph. Stud. 91. - Stuttgart, S. 139-152.

WEHMEIER, E. (1977c): Untersuchungen in der neugegründeten Oase Klib Dokhan. In: Meckelein, W. [Hrsg.]: Geographische Untersuchungen am Nordrand der tunesischen Sahara. Stuttgarter Geograph. Stud. 91. - Stuttgart, S. 153-166.

WEHMEIER, E. (1980): Desertification processes and groundwater utilization in the northern Nefzaoua, Tunisia. In: Meckelein, W. [Hrsg.]: Desertification in extremely arid environments. In: Stuttgarter Geograph. Stud. 95. - Stuttgart, S. 125-143.

WENT, F. W. (1949): Ecology of desert plants. II. The effect of rain and temperature on germination and growth. In: Ecology 30. - Ithaca (N.Y.), S. 1-14.

WERNER, F. (1962): Entwicklungsmöglichkeiten einer Oase Südtunesiens. In: Raumforschung und Raumordnung 20. - Bonn-Bad Godesberg, S. 164-167.

WILDI, O. & L. ORLÓCI (1990): Numerical exploration of community patterns. (SPB Academic Publishing). - The Hague, 124 S.

WILHELM, H. (1937): Beiträge zur Pflanzengeographie der mediterranen Sandstrand- und Küstendünengebiete. In: Rep. Spec. Nov. Reg. Veg. 96. - Berlin, 124 S.

WILMANNS, O. (1993): Ökologische Pflanzensoziologie. (5., neubearb. Auflage). - Heidelberg, Wiesbaden, 479 S.

WINDHORST, H.-W. & W. KLOHN (1996): Bewässerungslandwirtschaft in Kalifornien und den Great Plains. In: Erdkunde 50. - Bonn, S. 252-266.

WHITTAKER, R. H. (1978): Classification of plant communities. - The Hague, 408 S.

WOLFF, P. (1987): Zur Mechanisierung von Dränarbeiten bei der Entwässerung landwirtschaftlicher Grundstücke. In: Zeitschrift für Bewässerungswirtschaft 22. - Frankfurt/Main, S. 28-46.

WOLFF, P. (1996): Zur Nachhaltigkeit derWassernutzung - eine kritische Betrachtung unter besonderer Berücksichtigung des Wasserbedarfs der Landwirtschaft. In: Zeitschrift für Bewässerungswirtschaft 31 (2). - Frankfurt/Main, S. 129-154.

WOLFF, P., HÜBENER, R. & T.-M. STEIN (1995): Probleme und Bedeutung der Bewässerungslandwirtschaft in der Dritten Welt. In: Zeitschrift für Bewässerungswirtschaft 30 (1). - Frankfurt/Main), S. 3-24.

WOLKEWITZ, H. (1974): Ermittlung der optimalen Bewässerungsverfahren in Trockengebieten. In: Zeitschrift für Bewässerungswirtschaft 9. - Frankfurt/Main, S. 50-65.

YARON, B., DANFORS, E. & Y. VAADIA (1973): Arid zone irrigation. Ecological Studies Vol. 5. - Berlin, Heidelberg, New York, 434 S.

ZAINABI, A. T. (1995): Aménagements hydro-agricoles des zones arides et semi-arides au Maroc: étude comparative de la vallée du Drâa et de la plaine du Tadla. In: Les oasis au Maghreb. Mise en valeur et développement (Cahiers du C.E.R.E.S., Série Géographique, 12). - Tunis, S. 209-226.

ZILLBACH, K. (1984): Geoökologische Gefügemuster in Süd-Marokko. In: Berliner Geograph. Abh. 37. - Berlin, S. 1-88.

10 Anhang

Artenlisten:

In der folgenden Liste sind alle determinierten Arten der Vegetationsaufnahmen in Tunesien und Marokko aufgeführt. Die Benennung der meisten Species erfolgt nach der Nomenklatur der Flora Europaea (TUTIN ET AL., 1964-1980). Bei nordafrikanischen Endemiten wird der jeweilige Autorenname und das verwendete Florenwerk angegeben: Fl. Alg. = Nouvelle flore de l'Algérie (QUÉZEL & SANTA, 1962-1963); Fl. Afr. N. = Flore de l'Afrique du Nord (MAIRE, 1952-1977).

Artenliste Tunesien:

Aizoaceae:
Aizoon canariense
Aizoon hispanicum
Mesembryanthemum nodiflorum

Amaranthaceae:
Amaranthus graecizans
Amaranthus lividus

Amaryllidaceae:
Pancratium trianthum HERB. (Fl. Alg.)

Apiaceae:
Apium graveolens
Bupleurum lancifolium
Bupleurum semicompositum
Coriandrum sativum
Daucus carota
Foeniculum vulgare
Petroselinum crispum
Scandix pecten-veneris
Torilis nodosa

Asclepiadaceae:
Cynanchum acutum
Pergularia tomentosa L. (Fl. Alg.)

Asteraceae:
Aetheorrhiza bulbosa
Anthemis pedunculata DESF. (Fl. Alg.)
Atractylis carduus (FORSK.) CHRIST. (Fl. Alg.)
Atractylis serratuloides SIEB. (Fl. Alg.)
Calendula arvensis
Calendula tripterocarpa
Centaurea microcarpa COSS. et DUR. (Fl. Alg.)
Centaurea dimorpha VIV. (Fl. Alg.)
Chrysanthemum trifurcatum (DESF.) B. et T. (Fl. Alg.)Cichorium intybus
Conyza canadensis
Cotula cinerea DEL. (Fl. Alg.)
Dittrichia viscosa
Ifloga spicata
Inula crithmoides
Launaea nudicaulis
Launaea resedifolia
Leontodon hispidulus
Onopordon arenarium (DESF.) POMEL (Fl. Alg.)
Sonchus maritimus
Sonchus oleraceus
Taraxacum officinale
Urospermum picroides

Boraginaceae:
Cynoglossum cheirifolium
Echium trygorrhizum POMEL (Fl. Alg.)
Heliotropium curassavicum
Moltkia callosa (FORSK.) MAIRE (Fl. Alg.)

Brassicaceae:
Ammosperma cinereum
Diplotaxis harra (FORSK.) BOISS. (Fl. Alg.)
Hymenolobus procumbens
Moricandia arvensis
Nasturtium officinale
Raphanus raphanistrum
Sinapis arvensis
Sisymbrium irio

Caryophyllaceae:
　Herniaria hirsuta
　Polycarpon tetraphyllum
　Sclerocephalus arabicus BOISS. (Fl. Alg.)
　Silene vulgaris
　Spergularia bocconei
　Spergularia marina
　Paronychia arabica L. (DC.) (Fl. Alg.)
　Pteranthus dichotomus
　Silene rubella
　Spergula flaccida
　Spergularia media
　Stellaria media
Cesalpinaceae:
　Ceratonia siliqua
Chenopodiaceae:
　Arthrocnemum fruticosum
　Atriplex hastata
　Atriplex inflata MÜLL. (Fl. Alg.)
　Beta vulgaris
　Chenopodium murale
　Halimione portulacoides
　Suaeda mollis
　Arthrocnemum glaucum
　Atriplex halimus
　Bassia muricata (L.) ASCH. (Fl. Alg.)
　Chenopodium album
　Cornulaca monacantha DEL. (Fl. Alg.)
　Halocnemum strobilaceum
　Traganum nudatum DEL. (Fl. Alg.)
Convolvulaceae:
　Convolvulus arvensis
　Cuscuta epithymum
　Cressa cretica
Cyperaceae:
　Cyperus rotundus
Euphorbiaceae:
　Euphorbia helioscopia
　Euphorbia terracina
　Euphorbia peplus
Fabaceae:
　Astragalus cruciatus
　Lathyrus laevigatus
　Lotus halophilus
　Medicago sativa
　Melilotus sulcata
　Retama retam WEBB. (Fl. Alg.)
　Trigonella stellata FORSK. (Fl. Alg.)
　Vicia faba
　Astragalus sinaicus
　Lotus corniculatus
　Medicago polymorpha
　Melilotus indica
　Ononis serrata
　Scorpiurus muricatus
　Vicia angustifolia
Frankeniaceae:
　Frankenia pulverulenta
　Frankenia thymifolia
Fumariaceae:
　Fumaria bastardii
　Fumaria parviflora
Gentianaceae:
　Centaurium erythraea
Geraniaceae:
　Erodium glaucophyllum L'HER. (Fl. Alg.)
　Erodium malacoides
Hypericaceae:
　Hypericum tomentosum
Iridaceae:
　Gladiolus italicus
Juncaceae:
　Juncus maritimus
Lamiaceae:
　Mentha piperita
Liliaceae:
　Asparagus officinalis
　Asphodelus fistulosus
Malvaceae:
　Malva parviflora
　Malva sylvestris

Oleaceae:
Olea europaea
Orobanchaceae:
Cistanche violacea (DESF.) BECK. (Fl. Alg.)   Orobanche tunetana BECK. (Fl. Alg.)
Oxalidaceae:
Oxalis pes-caprae
Palmae:
Phoenix dactylifera
Papaveraceae:
Hypecoum geslini COSS. et KRAL. (Fl. Alg.)   Papaver dubium
Papaver hybridum   Roemeria hybrida
Plantaginaceae:
Plantago afra   Plantago albicans
Plantago ciliata DESF. (Fl. Alg.)   Plantago coronopus
Plantago crassifolia   Plantago lanceolata
Plantago major
Plumbaginaceae:
Limonium delicatulum   Limoniastrum guyonianum DUR. (Fl. Alg.)
Polygonaceae:
Emex spinosa   Polygonum aviculare
Polygonum equisetiforme   Rumex pulcher
Poaceae:
Aegilops ventricosa   Agrostis stolonifera
Aeluropus litoralis   Alopecurus myosuroides
Aristida acutiflora TRIN. et RUPR. (Fl. Alg.)   Avena sterilis
Brachypodium distachyon   Bromus lanceolatus
Bromus madritensis   Bromus rigidus
Bromus rubens   Cenchrus ciliaris
Cenchrus incertus   Cynodon dactylon
Cutandia dichotoma (FORSK.) TRAB. (Fl. Alg.)   Dactyloctenium aegyptium
Desmazeria rigida   Digitaria sanguinalis
Echinochloa colonum   Hordeum murinum
Imperata cylindrica   Lolium multiflorum
Lophochloa pumila   Lygeum spartum
Parapholis incurva   Pipthaterum miliaceum
Phalaris minor   Phragmites australis
Polypogon monspeliensis   Schismus barbatus
Setaria verticillata   Sphenopus divaricatus
Stipa tenacissima   Tragus racemosus
Portulacaceae:
Portulaca oleracea
Primulaceae:
Anagallis arvensis   Samolus valerandi
Punicaceae:
Punica granatum
Ranunculaceae:
Adonis microcarpa   Ranunculus muricatus
Resedaceae:
Reseda alba
Rosaceae:
Prunus armeniaca   Sanguisorba minor
Rubiaceae:
Galium aparine   Galium tricornutum
Rubia tinctorum   Sherardia arvensis

Scrophulariaceae:
  Linaria laxiflora   Veronica agrestis
Solanaceae:
  Solanum nigrum
Tamaricaceae:
  Reaumuria vermiculata   Tamarix spec.
Thymelaeaceae:
  Thymelaea hirsuta
Urticaceae:
  Parietaria diffusa
Verbenaceae:
  Lippia nodiflora
Zygophyllaceae:
  Nitraria retusa (FORSK.) ASCH. (Fl. Alg.) Zygophyllum album

Artenliste Marokko:

Aizoaceae:
  Aizoon hispanicum   Mesembryanthemum nodiflorum
Apiaceae:
  Bupleurum semicompositum   Coriandrum sativum
  Daucus carota   Foeniculum vulgare
  Scandix pecten-veneris   Torilis nodosa
Asteraceae:
  Calendula arvensis   Calendula tripterocarpa
  Centaurea maroccana BALL. (Fl. Alg.)   Chrysanthemum coronarium
  Launaea nudicaulis   Leontodon hispidulus
  Matricaria pubescens (DESF.) SCH. BIP. (Fl. Alg.) Sonchus oleraceus
Boraginaceae:
  Heliotropium bacciferum FORSK. (Fl. Alg.)
Brassicaceae:
  Carrichtera annua   Coronopus squamatus
  Diplotaxis catholica   Diplotaxis virgata
  Hirschfeldia incana   Lepidium alluaudii MAIRE (Fl. Afr. N.)
  Lepidium sativum   Malcolmia africana
  Reboudia erucarioides COSS. (Fl. Alg.)   Raphanus raphanistrum
  Sinapis alba   Sinapis arvensis
  Sisymbrium irio
Caryophyllaceae:
  Silene gallica   Silene rubella
  Spergula flaccida (ROXB.) ASCH. (Fl. Alg.) Spergularia diandra
  Spergularia marina   Vaccaria pyramidata
Chenopodiaceae:
  Atriplex dimorphostegia KAR. et KIR. (Fl. Alg.) Bassia muricata (L.) ASCH. (Fl. Alg.)
  Beta macrocarpa   Chenopodium album
  Chenopodium murale
Convolvulaceae:
  Convolvulus althaeoides   Convolvulus arvensis
  Cressa cretica
Euphorbiaceae:
  Euphorbia dracunculoides   Euphorbia granulata FORSK. (Fl. Alg.)
  Euphorbia helioscopia   Euphorbia peplus
  Euphorbia terracina

Fabaceae:
Astragalus corrugatus BERTOL. (Fl. Alg.)
Lathyrus articulatus
Lotus jolyi BATT. (Fl. Alg.)
Medicago sativa
Melilotus sulcata
Trigonella polyceratia
Vicia faba
Vicia sativa ssp. nigra
Coronilla scorpioides
Lens culinaris
Medicago polymorpha
Melilotus indica
Scorpiurus muricatus
Vicia benghalensis
Vicia monantha
Vicia tenuissima

Frankeniaceae:
Frankenia pulverulenta

Fumariaceae:
Fumaria parviflora

Geraniaceae:
Erodium malacoides

Iridaceae:
Gladiolus italicus

Liliaceae:
Allium ampeloprasum
Ornithogalum narbonense

Asphodelus fistulosus

Malvaceae:
Malva parviflora

Oleaceae:
Olea europaea

Palmae:
Phoenix dactylifera

Papaveraceae:
Glaucium corniculatum
Papaver rhoeas

Papaver hybridum
Roemeria hybrida

Plantaginaceae:
Plantago afra
Plantago coronopus
Plantago major

Plantago amplexicaulis
Plantago lagopus

Polygonaceae:
Emex spinosa

Polygonum aviculare

Poaceae:
Avena sterilis
Bromus rigidus
Cutandia dichotoma (FORSK.) TRAB. (Fl. Alg.)
Hordeum murinum
Lolium multiflorum
Lophochloa cristata
Phalaris minor
Polypogon monspeliensis
Triticum durum

Bromus lanceolatus
Bromus rubens
Cynodon dactylon
Hordeum vulgare
Lolium temulentum
Parapholis incurva
Poa annua
Schismus barbatus

Primulaceae:
Anagallis arvensis

Punicaceae:
Punica granatum

Ranunculaceae:
Ranunculus trilobus

Rosaceae:
Prunus armeniaca

Prunus dulcis

Rubiaceae:
Galium tricornutum

Liste der Kopfdaten (Drâa-Oase - Marokko):

Zahlenreihen entsprechen den Kopfdaten in folgender Reihe:
1 Aufn.-Nr.; 2 Datum; 3 Ort; 4 Meereshöhe (m); 5 pH-Wert; 6 EC-Wert (µS/cm); 7 Bodenart;
8 Art Feldfrucht; 9 Höhe Feldfrucht (cm); 10 Deckung Feldfrucht (%); 11 Deckung Baum- u.
Strauchschicht (%); 12 Offener Boden (%); 13 Deckung Ackerwildkräuter (%); 14 Artenzahl

1	2	3	4	5	6	7	8	9	10	11	12	13	14
1	310393	Z	710	8.3	1169	lS	H	85	80	3	5	70	14
2	310393	Z	711	9.1	277	sU	H	65	60	5	15	40	9
3	310393	Z	709	8.6	715	sL	H	80	95	60	3	40	11
4	310393	Z	711	8.7	519	uL	H	75	75	5	0	75	15
5	310393	Z	709	8.7	274	lS	H	55	60	40	20	60	25
6	010493	Z	708	8.7	349	sL	H	100	80	40	2	75	14
7	010493	Z	708	8.9	224	lS	T	70	75	0	15	60	12
8	010493	Z	708	8.9	288	sL	T	60	70	50	10	65	16
9	010493	Z	708	8.7	462	sL	T	55	70	50	10	60	12
10	010493	Z	706	8.8	413	lS	H	70	70	0	15	55	13
11	020493	Z	707	8.9	283	lS	T	80	65	45	5	75	15
12	020493	Z	707	9.0	204	lS	H	55	60	60	5	70	9
13	020493	Z	708	8.9	295	sL	T	60	60	34	20	35	11
14	020493	Z	707	8.7	395	sL	H	75	50	20	0	85	12
15	020493	Z	708	8.9	411	sL	H	100	80	0	0	65	18
16	030493	Z	716	8.7	576	tL	H	85	75	30	2	65	18
17	030493	Z	715	8.5	1381	tL	H	95	80	40	8	60	19
18	030493	Z	714	8.8	369	uL	T	95	90	15	1	20	15
19	040493	Z	724	8.8	309	uL	T	100	80	25	5	65	24
20	040493	Z	724	8.8	289	uL	H	100	85	5	8	60	18
21	040493	Z	723	8.6	250	sL	H	110	95	30	0	45	22
22	040493	Z	724	8.7	357	uL	H	105	50	95	20	35	15
23	050493	Z	717	8.9	465	tL	T	70	80	68	5	70	18
24	050493	Z	717	8.9	406	sL	H	95	95	25	0	55	20
25	050493	Z	713	8.7	606	uL	H	75	75	5	8	70	22
26	090493	M	542	8.7	324	uL	H	60	55	5	20	50	15
27	090493	M	543	9.1	235	uL	H	80	80	1	1	80	19
28	100493	M	545	8.9	311	sL	H	80	75	15	20	40	12
29	100493	M	545	8.7	337	tL	H	60	70	20	20	30	9
30	100493	M	542	8.7	526	tL	H	85	70	0	15	65	13
31	100493	M	544	8.3	2510	lT	H	85	50	0	35	20	8
32	100493	M	538	9.4	135	S	H	75	60	5	25	20	11
33	100493	M	544	8.4	725	tL	T	55	75	15	20	30	9
34	100493	M	544	8.3	413	sL	H	55	85	20	5	60	13
35	110493	M	542	9.0	298	uL	H	105	85	0	5	50	16
36	110493	M	547	8.8	252	sL	T	70	70	0	15	35	15
37	110493	M	543	8.8	333	uL	H	100	90	20	5	35	16
38	110493	M	545	8.6	299	sL	H	105	85	60	3	65	12
39	120493	M	542	8.6	289	sL	T	55	65	0	25	35	14
40	120493	M	545	8.9	427	tL	H	80	90	10	5	60	14
41	130493	M	545	9.3	160	uS	H	75	70	15	15	55	18
42	140493	M	544	8.6	431	uL	H	60	90	0	8	35	11
43	140493	M	544	8.6	402	tL	T	75	90	5	7	55	17
44	140493	M	545	8.9	454	tL	H	75	85	15	5	50	17
45	140493	M	543	9.0	276	uL	H	105	95	0	2	65	15
46	150493	M	547	8.5	554	uL	T	55	45	0	30	30	14
47	150493	M	544	9.1	207	uL	H	75	60	55	30	30	13
48	150493	M	548	8.7	460	uL	T	60	75	3	25	30	11
49	220493	A	919	8.9	240	tL	T	95	95	45	2	60	17

```
50 220493 A 918 8.7  339 tL T  75  90  0  2 70 14
51 230493 A 917 8.6  362 tL T  55  90  5  5 65 22
52 230493 A 916 8.8  337 tL T  60  80  0 10 60 18
53 230493 A 914 9.3  147 uS T  55  70  0 15 30 14
54 230493 A 914 9.2  348 lS T  75  90  0  7 35 12
55 240493 A 919 8.5  290 tL T 100  95 20  5 60 18
56 240493 A 918 8.8  332 tL H  75  95 22  5 75 14
57 240493 A 917 8.7  328 tL T  70  85 12  7 70 16
58 240493 A 917 8.8  293 tL T 100  85 25  5 75 18
59 240493 A 914 8.9  195 lS H  65  70  3 15 55 20
60 240493 A 915 8.8  346 tL T  75  95  7  2 65 19
61 250493 A 910 8.9  334 tL H  80  85 10  2 75 19
62 250493 A 910 8.9  237 tL H 100  95  7  5 60 23
63 250493 A 911 8.8  242 tL T  80  95 40  3 55 14
64 250493 A 912 8.9  329 tL H  75  95 20  0 65 17
65 260493 A 901 8.4  504 sU H 100  80  2  2 65 20
66 260493 A 901 9.0  173  S T  75  75  0 20 30 16
67 260493 A 902 9.0  311 sL T  95  95 12  3 60 19
68 260493 A 903 9.0  301 sL H  70  85  7  7 55 25
69 260493 A 899 8.7  511 tL H  75  90 10  3 75 17
70 260493 A 900 8.8  360 tL H 105  97 43  2 75 18
71 260493 A 902 8.6  459 tL H  70  95 15  1 80 17
72 270493 A 917 8.8  391 tL H  75  90 21  7 60 18
73 270493 A 917 8.6  352 tL T  60  85 17  1 70 22
```

Abkürzungen: A   Agdz
M   M'Hamid
Z   Zagora

H   Hordeum vulgare (Gerste)
T   Triticum durum (Hartweizen)

Liste der Kopfdaten (Tunesien, Herbst 1995):

Zahlenreihen entsprechen den Kopfdaten in folgender Reihe:

1 Aufn.-Nr.; 2 Datum; 3 Ort; 4 pH-Wert; 5 EC-Wert (μS/cm); 6 Bodenart; 7 Art Feldfrucht; 8 Deckung Baum- u. Strauchschicht (%); 9 Deckung Feldfrucht (%); 10 Deckung Ackerwildkräuter (%); 11 Offener Boden (%); 12 Artenzahl

```
    1     2    3  4      5    6    7   8  9 10 11 12
----------------------------------------------------
 1 080995 TZ 8.1    805  sL   O  55 80 60 10 12
 2 080995 TZ 9.0  11160  lS   -  23  0 95  5  7
 3 080995 TZ 8.3   3100  lS   -  25  0 90 10  2
 4 080995 TZ 8.4   2910  lS   W  25 80 15  5 10
 5 090995 TZ 7.9   2220  uL   P  70 50 90  1 16
 6 090995 TZ 8.0   2050  uL KMP 80 95 70  1 12
 7 090995 TZ 8.0   2070  uL   O  85 95 75  2 12
 8 090995 TZ 8.1   2310  uL   P  70 90 50  3 13
 9 100995 TZ 8.1   2610  sL   L  12 95 30  5  8
10 100995 TZ 7.9    390  sL  WP  90 91 70  1  9
11 100995 TZ 8.2    414  sL   P  90 90 75  1 10
12 100995 TZ 8.0   2070  sL   C  53 50 80  1 10
13 100995 TZ 8.8  18390  sL   -  23  0 85 10  5
```

14	100995	TZ	8.1	2100	sL	C	23	70	25	5	9
15	100995	TZ	8.1	2240	sL	C	20	20	20	50	7
16	110995	TZ	7.8	787	sL	P	0	80	60	5	9
17	110995	TZ	7.6	967	sL	P	65	45	35	30	8
18	110995	TZ	7.5	2240	sL	P	0	60	60	7	7
19	110995	TZ	8.2	2070	sU	KP	21	41	40	20	10
20	110995	TZ	8.2	2300	sL	C	1	25	25	50	12
21	120995	NF	7.8	1581	lS	P	40	85	65	0	12
22	120995	NF	8.0	2150	lS	KP	90	93	45	1	11
23	120995	NF	8.7	24800	uS	-	10	0	40	60	10
24	120995	NF	7.6	1809	uS	KP	50	60	60	10	11
25	120995	NF	7.7	968	uS	MCP	35	42	50	15	8
26	130995	NF	7.7	1907	sL	P	70	75	50	5	12
27	130995	NF	7.6	2710	sL	KP	80	90	55	1	10
28	130995	NF	8.1	2100	sL	KP	45	80	60	5	12
29	130995	NF	7.6	2640	sL	KP	50	65	75	3	6
30	130995	NF	7.7	2800	sL	KP	35	80	80	1	13
31	130995	NF	8.0	2390	uS	C	35	15	50	5	8
32	140995	NF	7.7	734	S	P	85	85	50	1	7
33	140995	NF	7.9	447	S	MP	0	50	60	7	8
34	140995	NF	8.4	487	uS	DaK	75	62	70	0	8
35	140995	NF	8.8	9660	uS	-	15	0	35	65	10
36	150995	IC	7.8	353	uS	KP	82	71	70	1	7
37	150995	IC	8.5	201	uS	P	85	85	50	1	8
38	150995	IC	8.1	420	uS	C	0	30	20	50	5
39	150995	IC	7.9	843	uS	-	50	0	40	30	7
40	160995	EH	8.4	4130	uS	-	80	0	50	50	8
41	160995	EH	8.1	3810	uS	-	0	0	45	55	6
42	160995	KB	8.5	3480	uS	-	20	0	90	10	8
43	180995	JM	7.7	2100	uS	L	2	70	20	15	8
44	180995	JM	8.8	4210	uS	-	5	0	35	65	9
45	180995	DZ	8.2	2080	uS	ZP	5	40	25	40	11
46	180995	DZ	8.4	2140	uS	CK	2	21	25	55	10
47	190995	DZ	7.5	1826	uS	L	45	75	30	2	6
48	190995	DZ	8.0	2170	sU	L	15	85	40	1	6
49	190995	DZ	8.1	9620	uS	-	35	0	80	20	9
50	190995	DZ	7.6	4240	uS	L	40	45	45	10	8
51	190995	DZ	8.0	2300	uS	P	81	60	35	10	7
52	190995	DZ	7.9	2080	uS	KP	65	72	35	5	11
53	200995	ES	7.5	1873	uS	P	10	90	25	2	7
54	200995	ES	7.5	1925	uS	L	5	40	35	25	10
55	200995	ES	7.7	2050	uS	L	25	45	20	40	10
56	200995	ES	8.7	2890	uS	-	0	0	50	50	5
57	200995	ZF	8.3	2070	uS	P	0	50	35	20	11
58	200995	ZF	8.1	2120	uS	L	1	75	10	20	8
59	200995	ZF	8.0	2180	uS	CMi	25	55	25	15	6
60	210995	NO	8.5	1973	sU	C	1	70	10	20	4
61	210995	KL	8.6	295	uS	-	82	0	95	5	4
62	210995	ZC	8.5	1895	S	L	5	65	15	20	4
63	210995	ZC	7.8	1988	S	L	70	40	20	40	8
64	210995	ZC	8.5	3860	S	-	40	0	50	10	8
65	220995	BD	8.4	5480	uS	-	5	0	35	65	4
66	220995	KB	7.8	2200	uS	L	50	50	50	3	8
67	230995	TL	8.1	558	sL	L	75	15	85	2	9
68	230995	TL	8.0	2520	sL	-	80	0	90	10	11
69	230995	TL	8.1	9050	uL	-	30	0	75	20	8
70	230995	TL	7.9	2170	lS	L	67	60	30	15	9
71	230995	TL	7.8	2370	lS	KP	25	80	15	5	9
72	230995	TL	8.1	2340	uS	P	85	80	20	2	9
73	230995	TL	8.1	4650	lS	C	3	20	40	40	6
74	230995	TL	8.0	2890	lS	HTP	10	90	15	10	8
75	230995	TB	7.6	11160	lS	-	0	0	15	85	4

```
 76 230995 TB 8.0  4210 lS  C   2 25 15 60  6
 77 041095 TB 8.1  9550 lS  -   0  0 80 20  5
 78 041095 TB 8.2 10040 lS  -   0  0 70 30  5
 79 041095 TB 8.0  2150 uS MiP 50 67 35 20  9
 80 041095 TB 8.0  2770 sU  L  10 70 20 15  8
 81 041095 TB 8.4  2260 uS  L   2 40 15 45  9
 82 041095 TB 8.2  2770 uS  L  10 60 20 20  8
 83 041095 TB 8.5  3080 uS  CP  5 25 25 55 12
 84 041095 TB 8.6  5440 uS  -   5  0 30 65  5
 85 051095 TB 8.1  2100 lS  MP 55 80 30  5 10
 86 051095 TB 7.9  2110 uS RDL 70 85 20  0 10
 87 051095 TB 7.7  2140 uS  C  40 50 45  5  6
 88 071095 TB 7.6  2120 uS  CP 20 75 30  2  9
 89 131095 TB 7.9  1970 uS  L  50 40 60  2  8
 90 131095 TB 8.1  2060 uS  -  45  0 65 30  9
 91 151095 DG 8.6   317 sL  P  20 50 60  5 10
 92 231095 TZ 8.3   353 sL  -  65  0 90 10 10
 93 231095 TZ 8.2   335 sL  -  50  0 75 20 12
 94 231095 TZ 8.0  2920 sL  -  40  0 85 15  5
 95 231095 TZ 7.6  2070 sL  -  65  0 90  5 17
 96 231095 TZ 7.6  2520 sL  -  75  0 95  2 10
 97 231095 TZ 8.0  2350 uL  P  50 65 25 10  9
 98 241095 TZ 8.0   366 uL  -  50  0 80 15 12
 99 241095 TZ 8.0   316 uL  -  80  0 80 15  8
100 241095 TZ 7.7   826 uL TKP 70 60 75 20 13
101 241095 TZ 8.0   537 uL  P  85 70 35 10 14
102 241095 TZ 8.1   450 uL  -  90  0 75 20 10
103 251095 TZ 8.0   426 uL  P  75 80 20  2  8
104 251095 TZ 7.9  1664 sL  KP 40 40 35 25 12
105 251095 TZ 8.7  7870 uL  -  10  0 80 20  7
106 261095 TB 8.0  2250 lS  KP 15 45 50  2 10
107 261095 TB 8.7  7030 uL  -  30  0 80 20 12
108 261095 TB 8.0  2630 sL  P  25 60 20 20  8
109 261095 TB 8.0  2050 uS  -  35  0 90  3 10
110 261095 TB 7.7  2060 lS  P  65 65 30  8 11
111 261095 TB 7.9  2060 lS  H  60 40 45 15 11
112 261095 TB 7.6  2100 lS  -  85  0 75 20 10
113 271095 TB 7.7  2090 lS  TP 80 70 15 20 12
114 271095 TB 7.7  2140 lS  H  30 55 40  3  9
115 271095 TB 8.0  2650 uS  -  10  0 30 70 10
116 271095 TB 8.0  1964 uS  F  53 55 60  1  9
117 271095 TB 7.9  2050 uS  -  90  0 70 25 12
118 281095 TB 8.0   803 sL  -  50  0 70 25 12
119 281095 TB 8.0  2470 lS  -  15  0 15 80  4
120 281095 TB 7.7  2090 lS  P  40 70 20 10  9
121 281095 TB 8.3  6130 lS  -  10  0 70 25  7
122 281095 TB 8.0  2160 lS  -  30  0 85 10 13
123 291095 TB 8.0  2060 uS  L  45 35 40 20  8
124 171095 CH 0.0   354 sL ODP 85  0 80 20  9
125 171095 CH 0.0   350 sL  -  80  0 85 15  9
126 171095 CH 0.0   953 sL  -  40  0 80 15 13
127 171095 CH 0.0   545 sL  P  75 55 35  5 10
128 171095 CH 0.0   300 sL  L  32 85 25  7 10
129 171095 AB 0.0  1031 uL  TP 35 51 15 30  7
130 171095 AB 0.0  2110 uL  -  30  0 35 40  6
131 171095 AB 0.0  2120 uL  -  20  0 50 50 17
132 181095 AB 0.0  2050 uL  K  15 65 35 10 13
133 181095 AB 0.0   713 uL  -  30  0 90  7 10
134 181095 FK 0.0   708 tL  -  80  0 99  1  8
135 181095 FK 0.0   847 tL  -  65  0 95  5  8
136 181095 FK 0.0   558 tL  -  55  0 95  5  6
137 181095 FK 0.0   723 tL  L  30 25 99  1  6
```

```
138 181095 FK 0.0  839 tL  - 20  0 97  3 10
139 181095 LA 0.0 2050 sL  - 50  0 95  5  2
140 181095 LA 0.0 1850 sL  - 35  0 95  5  7
141 181095 LA 0.0 2260 sL  - 75  0 90 10  8
142 191095 LA 0.0 2120 sL  - 80  0 85 15  7
143 191095 LA 0.0 2050 sL  - 70  0 85 15  8
144 191095 TM 0.0  285 tL KP 50  0 85 15 10
145 191095 TM 0.0  227 tL  - 20  0 95  5  9
146 191095 TM 0.0  242 tL  - 70  0 85 15 11
147 201095 TM 0.0  240 tL  - 90  0 85 15 14
148 201095 TM 0.0  388 tL  - 55  0 90  7 18
149 201095 TM 0.0  387 tL  K 40 25 80  3 15
```

Abkürzungen der Orte:

Schottoasen:

BD	Blidet	DG	Degache	
DZ	Douz	EH	El Hamma	
ES	Es Sabria	IC	Ibn Chabbat	
JM	Jemna	KB	Kebili	
KL	Klebia	NF	Nefta	
NO	Nouail	TB	Toumbar	
TL	Telmine	TZ	Tozeur	
ZC	Zarcine	ZF	Zaafrane	

Fluß- und Gebirgsfußoasen:

AB	Aïn Birda	CH	Chebika
FK	Foum Kranga	LA	La Acheche
TM	Tamerza		

Abkürzungen der Feldfrüchte:

C	Kürbis	D	Karotte	Da	Datura stramonium
F	Fingerhirse	H	Henna	K	Kohl
L	Futterluzerne	M	Mais	Mi	Minze
O	Okra	P	Peperoni	R	Rettich
T	Tomate	W	Wassermelone	Z	Zwiebel

Liste der Kopfdaten (Tunesien, Frühjahr 1996):

Zahlenreihen entsprechen den Kopfdaten in folgender Reihe:

1 Aufn.-Nr.; 2 Datum; 3 Ort; 4 EC-Wert (µS/cm); 5 Bodenart; 6 Art Feldfrucht; 7 Deckung Baum- u. Strauchschicht (%); 8 Deckung Feldfrucht (%); 9 Deckung Ackerwildkräuter (%); 10 Offener Boden (%); 11 Artenzahl

```
         1      2  3     4    5    6  7  8  9 10 11
-------------------------------------------------------
         1 090396 KB 2070 uS  G 50 90 45  2 11
         2 090396 KB 2200 uS  - 10  0 50 40  9
         3 090396 KB 2180 uS  L 46 40 85  1 12
         4 090396 KB 2210 uS  - 10  0 75 25 14
         5 090396 KB 2120 uS  -  0  0 50 50 12
         6 140396 DG 3610 uS  -  5  0 75 25  5
         7 160396 DG 2060 uS  -  0  0 50 50 17
         8 160396 DG 2260 uS  -  0  0 40 60 18
         9 160396 DG  142 sl DL 40 70 50  0 15
        10 160396 DG  316 sL  L 75 50 60  2 16
        11 160396 DG  334 sL  V 55 75 45  3 15
        12 170396 DG  354 sL  V 35 85 50  2 17
```

13	170396	DG	217	sL	-	30	0	95	5	15
14	170396	DG	395	sL	V	65	65	80	2	15
15	170396	DG	1414	lS	-	0	0	80	20	13
16	170396	DG	148	lS	D	0	65	20	20	16
17	170396	DG	290	sL	-	10	0	95	5	15
18	180396	DG	275	uS	-	0	0	55	45	7
19	180396	TZ	3350	lU	-	30	0	80	20	10
20	180396	TZ	8520	lU	-	0	0	80	20	6
21	180396	TZ	2110	lU	-	40	0	93	7	7
22	180396	TZ	7960	lU	-	0	0	50	50	4
23	180396	TZ	5790	lU	-	0	0	40	60	1
24	190396	TZ	337	sL	-	70	0	99	1	8
25	190396	TZ	435	sL	-	85	0	99	1	7
26	190396	TZ	1943	sL	-	30	0	60	2	7
27	190396	TZ	2930	lS	L	5	30	20	50	9
28	200396	DG	307	lS	L	50	70	80	2	19
29	200396	TZ	2600	sL	V	85	55	60	8	16
30	200396	TZ	2390	sL	-	30	0	60	40	7
31	200396	TZ	2570	sL	-	0	0	95	5	5
32	200396	TZ	2030	sL	-	80	0	95	5	8
33	200396	TZ	3000	uL	-	5	0	50	50	8
34	200396	TZ	2950	uL	-	20	0	75	25	13
35	200396	TZ	2110	sL	-	60	0	95	5	10
36	200396	TZ	984	sL	-	85	0	99	1	19
37	210396	TZ	2640	sL	-	5	0	65	35	16
38	210396	TZ	395	sL	-	95	0	98	2	8
39	210396	TZ	2550	sL	-	35	0	70	30	6
40	220396	TZ	3540	uL	-	0	0	65	36	4
41	220396	TZ	2240	uL	L	90	10	95	4	16
42	220396	TZ	328	sl	-	60	0	95	3	12
43	220396	TZ	2040	uS	Be	0	60	20	20	20
44	220396	TZ	2160	uS	Pe	0	65	20	15	17
45	230396	DG	2110	lS	V	0	85	10	5	16
46	230396	DG	2040	S	-	0	0	40	60	22
47	230396	DG	337	uS	Be	5	30	30	40	14
48	230396	DG	223	uS	-	0	0	45	55	22
49	250396	TZ	2040	sL	DL	70	65	70	1	13
50	250396	TZ	2070	sL	VG	60	20	85	1	13
51	250396	TZ	2450	sL	L	5	20	60	35	11
52	250396	TZ	2980	uS	-	0	0	50	50	8
53	260396	TZ	2240	lS	ZVL	15	80	15	5	11
54	260396	TZ	2170	lS	L	10	10	50	40	10
55	260396	TZ	5360	uS	-	0	0	35	65	4
56	260396	TZ	2270	lU	-	0	0	90	10	8
57	260396	TZ	8980	lU	VL	0	0	50	50	2
58	270396	NF	2300	sL	-	80	65	25	10	15
59	270396	NF	1875	sL	V	85	70	60	3	17
60	270396	NF	1955	sL	-	55	0	95	2	5
61	270396	NF	1872	sL	-	90	0	90	7	14
62	270396	NF	2360	lS	-	25	0	70	30	6
63	270396	NF	9080	uS	-	0	0	60	40	2
64	270396	NF	2040	uS	BeV	80	70	50	7	13
65	270396	NF	916	uS	-	15	0	60	40	7
66	280396	NF	1870	sL	-	85	0	98	2	10
67	280396	NF	1650	sL	-	75	0	96	4	8
68	280396	NF	2530	sL	-	15	0	50	50	8
69	280396	NF	1410	sL	K	80	40	40	20	14
70	280396	NF	6900	sL	-	5	0	85	15	3
71	020496	TB	2350	sL	G	10	85	60	10	15
72	020496	TB	3820	sL	-	5	0	60	40	9
73	020496	TB	3610	sL	-	10	0	85	10	16
74	020496	TB	5010	uL	-	5	0	90	10	4

75	020496	TB	3390	sL	LG	5	35	35	25	13
76	020496	TB	8900	lS	-	0	0	60	40	77
77	020496	TB	1852	lS	L	50	50	75	3	14
78	020496	TB	2630	uS	GL	10	65	40	10	9
79	020496	TB	2500	uS	L	1	45	55	15	13
80	030496	TB	2100	lS	G	80	85	85	2	14
81	030496	TB	2040	lS	L	15	35	80	5	14
82	030496	TB	2560	lS	L	60	40	40	15	17
83	030496	TB	3290	uS	BeL	1	35	45	15	11
84	030496	TB	3290	lS	BeG	0	10	60	40	10
85	030496	TB	4660	lS	-	0	0	80	20	3
86	040496	TB	2030	uS	G	75	93	65	1	10
87	040496	TB	2260	uS	Co	45	40	60	10	15
88	040496	TB	3350	uS	Be	0	3	90	10	15
89	040496	TB	2030	uS	-	75	15	85	5	18
90	040496	TB	2080	lS	G	55	90	40	5	14
91	040496	TB	2010	lS	-	5	0	80	20	10
92	040496	TB	2010	lS	-	2	0	85	15	12
93	050496	TB	2030	sL	G	85	80	60	5	15
94	050496	TB	1890	sL	-	70	0	99	1	14
95	050496	TB	2440	sL	-	15	0	65	35	18
96	050496	TB	1870	sL	PeD	85	55	50	3	13
97	050496	TB	2080	uS	-	80	0	95	2	15
98	050496	TB	2100	uS	-	10	0	55	45	16
99	050496	TB	2300	uS	-	0	0	75	25	16
100	170496	TB	2010	uS	L	90	0	95	5	14
101	170496	TB	2030	uS	-	60	0	85	15	16
102	170496	TB	2530	uS	-	35	0	85	15	10
103	170496	TB	1858	uS	D	0	60	30	15	18
104	170496	TB	2100	uS	NiD	45	80	30	5	17
105	170496	TB	2060	uS	-	10	0	75	25	17
106	170496	TB	3340	lS	G	0	90	7	5	11
107	170496	TB	2190	lS	-	0	0	35	65	11
108	180496	TB	2310	lS	Be	8	25	30	40	13
109	180496	TB	5350	uS	-	0	0	15	85	6
110	180496	TB	3310	uS	-	0	0	45	55	9
111	190496	TB	2420	lS	G	70	75	50	2	10
112	190496	TB	2130	lS	-	35	0	90	5	11
113	190496	TB	2050	lS	-	90	0	90	10	14
114	190496	TB	2070	lS	L	70	40	75	7	11
115	190496	TB	4330	lS	-	0	0	65	35	12
116	200496	ZF	2070	S	Kn	3	30	25	45	12
117	200496	ZF	3700	S	-	1	0	45	50	10
118	200496	ZF	2240	S	G	10	65	45	5	10
119	200496	ZF	2840	S	BeZ	5	10	35	55	15
120	200496	ZF	2090	S	-	0	0	50	50	11
121	200496	ZF	2810	S	GL	0	80	35	5	11
122	140496	CH	371	sL	-	80	0	95	3	16
123	140496	CH	399	sL	-	85	0	99	1	20
124	140496	CH	2200	ul	V	25	8	75	20	14
125	140496	CH	2190	uL	V	0	70	35	7	20
126	140496	CH	4370	lS	-	20	0	75	25	13
127	140496	AB	2160	uL	KnV	0	50	65	5	22
128	140496	AB	2080	uL	-	65	0	99	1	10
129	140496	AB	2330	uL	-	0	0	50	50	18
130	140496	AB	1980	uL	-	85	0	95	2	13
131	140496	AB	2110	uL	Be	5	80	20	10	11
132	150496	FK	461	tL	-	60	0	99	0	19
133	150496	FK	312	tL	-	70	0	99	0	20
134	150496	FK	301	tL	-	70	0	99	1	18
135	150496	FK	638	tL	-	70	0	65	45	10
136	150496	FK	912	tL	-	11	0	99	1	17

```
137 150496 LA 2150 sL  - 35  0 95 1 11
138 150496 LA 2130 sL  D 55 50 60 4 12
139 150496 LA 2120 sL  -  0  0 60 40 9
140 150496 LA 2100 sL  - 75  0 95 2 11
141 150496 LA 2120 sL  V 70 60 40 6 16
142 160496 TM  329 tL  - 85  0 95 3 26
143 160496 TM  566 tL  - 50  0 95 2 24
144 160496 TM  242 tL  - 70  0 95 1 20
145 160496 TM  367 tL  - 85 85 95 5 18
146 160496 TM 1840 tL  - 40  0 90 7 27
147 160496 TM  253 tL  - 90  0 95 1 25
```

Abkürzungen der Orte:

Schottoasen: Fluß- und Gebirgsfußoasen:

DG	Degache	KB	Kebili	AB	Aïn Birda	CH	Chebika
NF	Nefta	TB	Toumbar	FK	Foum Kranga	LA	La Acheche
TZ	Tozeur	ZF	Zaafrane	TM	Tamerza		

Abkürzungen der Feldfrüchte:

Be	Beta vulgaris	Co	Coriandrum sativum	D	Karotte	G	Getreide
K	Kohl	Kn	Knoblauch	L	Futterluzerne	Pe	Petersilie
V	Vicia faba	Z	Zwiebel	N	Nigella damascena		

Liste der verwendeten Karten:

Ministère de l'Agriculture et de la Réforme Agraire [Hrsg.], Rabat: Carte du Maroc, Maßstab 1:100.000.

- Feuille NH-29-XVIII-4 Agdz (1968)
- Feuille NH-30-VII-3 Tagounite (1973)
- Feuille NH-30-XIII-3 Tazzarine (1973)
- Feuille NH-30-XIII-1 Zagora (1968)

Service Géographique de l'Armée [Hrsg.], Paris, Maßstab 1:100.000

- Feuille No. LXXI El Hamma du Djérid (1940)
- Feuille No. LXXXI Kebili (1904)
- Feuille No. LXXX Mennchia (1904)
- Feuille No. LXXXIX Douz (1940)

O.R.M.V.A (1981): Établissement d'un plan directeur de mise en valeur agricole de la vallée du Drâa. Étude de l'évolution de la salure de l'Oued Drâa moyen. Cartes de la salinisation du sol, Maßstab 1:20.000.

- Palmeraie Mezguita
- Palmeraie Ternata
- Palmeraie Fezouata
- Palmeraie M'Hamid

Liste der verwendeten Software:

ALDUS Free Hand Version 3.1 (ALTSYS CORPORATION, 1988-1992)
CANOCO Version 3.11 (C.J.F. TER BRAAK, 1990)
CANODRAW Version 3.00 (P. SMILAUER, 1993)
dBASE III Plus Version 1.0 IBM/MSDOS (ASHTON-TATE, 1986)
MULVA (O. WILDI, 1988)
PRIMEL Version 4.5 (H. FISCHER, 1991)
PRIMULA Version 5.0 (H. FISCHER, 1991)
PRIMULA Dos-Version 2.05 (R. LINDACHER, 1992)
SAVED Version 1.4 (R. LINDACHER, 1995)
TRAFO A Version 5.0 (H. FISCHER, 1991)
TRAFO X Dos-Version 2.04 (R. LINDACHER, 1992)